“十三五”江苏省高等学校重点教材（编号：2020-2-212）

电气控制技术

Electrical Control Technology

主　编　刘江文
副主编　舒武强　范学慧
　　　　王冬梅　贺建华

中国矿业大学出版社
·徐州·

内 容 提 要

本教材根据高职高专教学改革的精神，引入思政教学元素，适应项目导向、任务驱动的课改方向，参照相关国家职业标准及行业的职业技能鉴定规范，把电气控制基本知识与安装调试常用技能相融合，注重动手实操，力求做到“学以致用”。全书分为电动机运行控制技术、PLC应用技术两个模块，共计十三个教学项目，每个项目以典型案例为载体，由相关知识、实践操作、知识拓展、技术交流、巩固练习等教学环节组成。贴近生产实际，采用“边学边做”的教学方法，可以使学习者较快具备职业岗位所需的岗位能力和职业素养。

本书可作为高职高专院校机电一体化技术、电气自动化技术、机械自动化技术等相关专业的教材或培训资料，也可供机电类工程技术人员参考。

图书在版编目(CIP)数据

电气控制技术 / 刘江文主编. —徐州 ：中国矿业大学出版社，2020.12

ISBN 978-7-5646-4881-7

Ⅰ. ①电… Ⅱ. ①刘… Ⅲ. ①电气控制—高等职业教育—教材 Ⅳ. ①TM921.5

中国版本图书馆CIP数据核字(2020)第256759号

书　　名　电气控制技术(Dianqi Kongzhi Jishu)
主　　编　刘江文
责任编辑　何晓明
出版发行　中国矿业大学出版社有限责任公司
（江苏省徐州市解放南路　邮编221008）
营销热线　(0516)83884103　83885105
出版服务　(0516)83995789　83884920
网　　址　http://www.cumtp.com　**E-mail**:cumtpvip@cumtp.com
印　　刷　苏州市古得堡数码印刷有限公司
开　　本　787 mm×1092 mm　1/16　**印张** 15.75　**字数** 393 千字
版次印次　2020年12月第1版　2020年12月第1次印刷
定　　价　42.00元

前 言

我国正处于由“制造大国”向“制造强国”过渡的转型时期，机电技术是这一阶段的核心技术。在经济全球化的大背景下，社会上越来越需要具有良好的职业道德、熟练的职业技能，能够进行国际交流的高素质复合型技能人才。

本教材从专业岗位素养的要求出发，发掘课程内的思政元素，细化分解，融入理实一体化的教学过程。“电气控制技术”课程是机电技术专业群的岗位专项能力课程，着重培养机电行业从业人员的职业素养、职业道德、职业操守和个人综合素养，以及工业设备的设计、安装、调试、维护技能和技术管理能力。

本教材以“活页式”教材的组织逻辑编写，将技术理论与实践知识围绕能力点进行呈现，兼顾学习者的知识、技能和素养的提高，各项目模块体系完整又相对独立，从易到难进行编排，具体可分为电动机运行控制技术和PLC应用技术两个模块共计十三个项目，具体包括：电动机直接启动电路、电动机点动与自锁控制电路、电动机正反转控制电路、电动机降压启动控制电路、电动机制动控制电路、调速控制电路的接线与调试等六个基本项目和机床电气控制线路的调试与检修、桥式起重机电气控制线路的分析与检修两个综合项目；基于PLC的电动机运行控制系统、基于PLC的带式输送机控制系统、基于PLC的运料小车往返控制系统、基于PLC的停车场数码显示系统、PLC模拟量控制系统的编程与调试等五个PLC应用技术模块项目。每个项目都有相关联的知识和技能、行业领域的知识拓展、技术交流等环节。

本教材提供了大量图片、动画、视频资料，并制作了微课视频。PLC的编程及仿真软件、产品手册等相关技术资料，读者可扫描书中二维码链接获取。与教材配套建有在线课程，提供了习题库、试卷库，以供读者自行检测学习效果使用。课程网页链接为 http://mooc1.chaoxing.com/course/99082432.html. 作为学习拓展，本教材还提供了电气控制领域经典的教学视频链接以及业界职场常用学习交流平台的链接。

本教材以培养从事机电领域产品和系统初步设计、调试、运行、维护、技术改造及售后服务等工作高技能应用型人才为目标，注意培养学生的沟通协作意识、质量意识、安全意识、成本意识、责任意识。以“学做合一”的教学模式，通过教师讲授与学生动手实践相结合、教师评判与学生讨论交流相结合等形式组织教学。通过本课程的学习，学生可以获得基础知识和操作技能，具备分析、设计、实施、评价的能力，具有获取、分析、使用信息和新技术的能力。

本教材以西门子 S7-200 SMART PLC 为教学实操平台，并加入了机电专业英语的元素，以期培养学生更贴近职场需求，适应经济全球化的发展趋势。

本教材由江苏建筑职业技术学院刘江文任主编，由江苏瑞奇自动化有限公司舒武强以及江苏建筑职业技术学院范学慧、王冬梅、贺建华任副主编。江苏瑞奇自动化有限公司倪卫国、徐工集团陈贺对项目的 PLC 程序进行了测试，并提供了大量技术资料。

在本书的编写过程中得到了徐工集团技能大师李戈、刘斌的悉心指导和多位技术人员的建议，以及毕业校友的帮助。另外，还得到了西门子（中国）有限公司、德力西电气有限公司的大力支持。在此表示衷心的感谢！

由于编者水平所限，书中难免存在不妥之处，恳请广大读者批评指正。

刘江文

2019 年 9 月

目　录

模块一　电动机运行控制技术

项目一　电动机直接启动电路接线与调试

学习目标

1. 通过网络资源展示我国机电领域的发展状况，树立强国信心，激发学习热情。
2. 熟悉三相交流异步电动机的基本结构、工作原理、铭牌参数以及检修。
3. 掌握开启式刀开关、封闭式刀开关、组合开关以及隔离开关的结构、工作原理、型号、规格，能够正确选择和使用。
4. 分组完成电动机直接启动项目实操，了解安全用电常识，掌握急救措施。
5. 培养学生遵守规程规章的意识，逐步养成安全规范的行为习惯。

相关知识

工业生产中的大多数机械设备都是通过电动机进行拖动的，要使电动机按照生产工艺的要求正常地运转，就要组成具备相应控制功能的电路。

一、三相交流异步电动机

三相鼠笼式异步电动机是三相异步电动机的一种，其结构如图 1-1 所示。

1. 定子

(1) 机座。机座是电机的外壳，支撑电机各部件，并通过机座的底脚将电机安装固定。全封闭式电机的定子铁芯紧贴机座内壁，故机座外壳上的散热筋是电机的主要散热面。中小型电动机采用铸铁机座。大型电动机一般采用钢板焊接机座。

(2) 定子铁芯。定子铁芯是电机磁路的一部分，并起固定定子绕组的作用。为了增强导磁能力和减小铁耗，定子铁芯常选用 0.5 mm 或 0.35 mm 厚的硅钢片冲制叠压而成，片间涂上绝缘漆。定子铁芯内圆均匀冲出许多形状相同的槽，用以嵌放定子绕组。

(3) 定子绕组。定子绕组是异步电动机的电路部分，其材料主要采用紫铜。小型异步电动机常采用三相单层绕组，大中型异步电动机常采用三相双层短距叠绕组形式，三相绕组的 6 个出线端均接在机座侧面的接线板上，首端分别标为 U1、V1、W1，末端分别标为 U2、V2、W2，这 6 个出线端可根据需要将三相绕组接成 Y 形或△形。如图 1-2 所示。

2. 转子

转子是电机的旋转部分，包括转子铁芯、转子绕组、转轴、端盖、轴承、轴承端盖和风扇及其他部件。

(1) 转轴。转轴的作用是固定铁芯和传递机械功率。为保证其强度和刚度，转轴一般

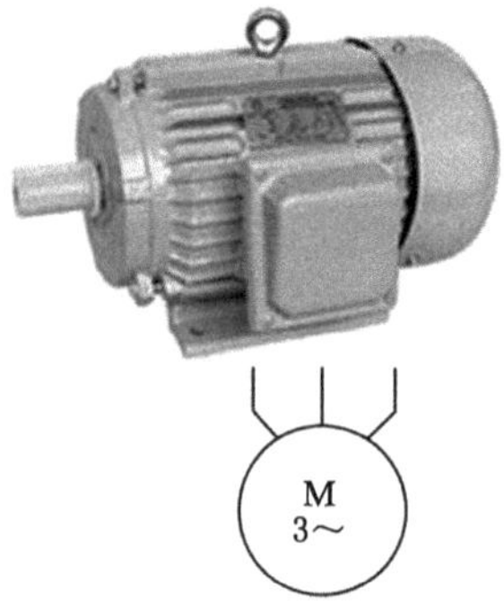

电机运转动画展示

（a）三相鼠笼式异步电动机的外形及符号

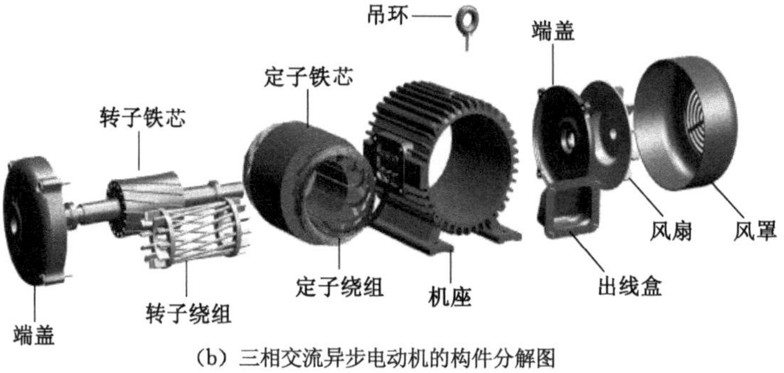

（b）三相交流异步电动机的构件分解图

图 1-1　三相鼠笼式异步电动机结构图

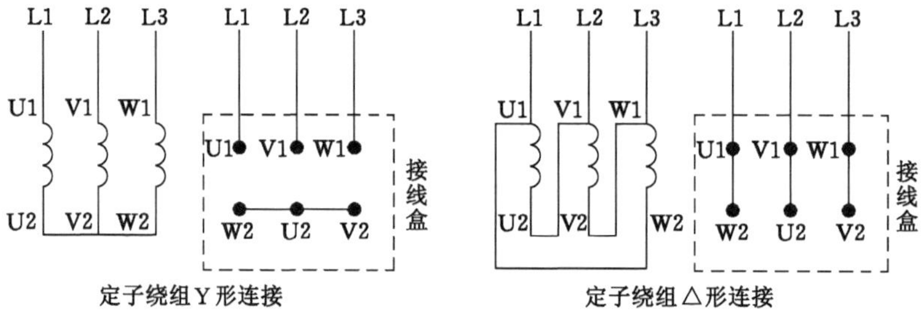

图 1-2　三相交流异步电动机的定子绕组连接方式

由低碳钢或合金钢制成。

（2）转子铁芯。转子铁芯也是电机磁路的组成部分，用来固定转子绕组。铁芯材料也用 0.5 mm 或 0.35 mm 厚的硅钢片冲制叠压而成，故通常用冲制定子铁芯冲片剩余下来的内圆部分制作。转子铁芯固定在转轴上，其外圆上开有槽，用来嵌放转子绕组。

（3）转子绕组。转子绕组的作用是切割定子旋转磁场产生感应电动势及电流，并形成电磁转矩而使电动机旋转。根据构造的不同分为鼠笼式转子和绕线式转子。

① 鼠笼式转子：若去掉转子铁芯，整个绕组的外形像一个鼠笼，故称笼形绕组。小型笼形电动机采用铸铝转子绕组，对于 100 kW 以上的电动机一般采用铜条和铜端环焊接而成。

② 绕线式转子：绕线式转子绕组与定子绕组相似，也是一个对称的三相绕组，一般接成星形，三个出线头接到转轴的三个集电环（滑环）上，再通过电刷与外电路连接，如图 1-3 所示。转子绕组通过滑环和电刷可外串电阻以改善异步电动机的启动和调速性能。与鼠笼式

转子相比较,绕线式转子造价高、制造工艺和维修较复杂,因此仅用于要求启动转矩大、启动电流小和需要调速的场合。为了减小电刷磨损和摩擦损耗,绕线式转子异步电动机一般还装有提刷短路装置,在电动机启动完毕而不需调速时,可将电刷提起并同时将三个滑环短接。

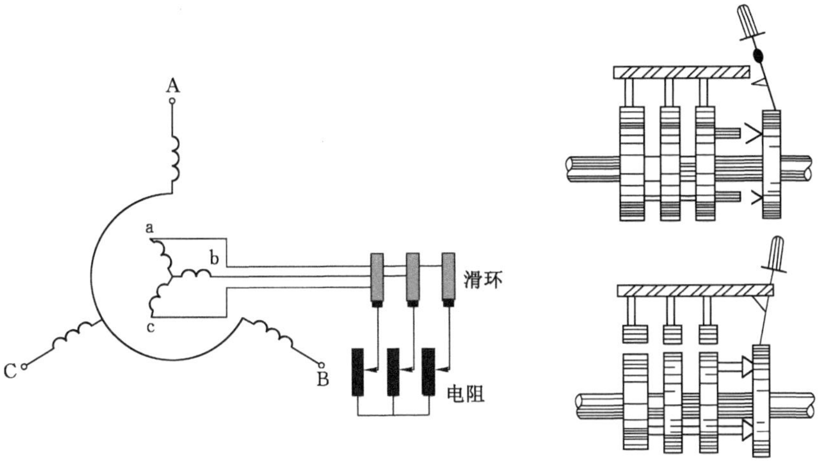

(a) 接线图　　(b) 提刷装置

图 1-3　绕线式转子异步电动机的转子接线示意图

3. 工作原理

三相交流电通入定子绕组,产生旋转磁场。磁力线切割转子导条,使导条两端出现感应电动势,闭合的导条中便有感应电流流过。在感应电流与旋转磁场相互作用下,转子导条受到电磁力并形成电磁转矩,从而使转子转动。

(1) 旋转磁场产生

三相对称交流电流的相序(即电流出现正负值的顺序)为 U→V→W。不同时刻,三相电流正负不同,也就是三相电流的实际方向不同。

在某一时刻,将每相电流所产生的磁场相加,便得出三相电流的合成磁场。不同时刻,合成磁场的方向也不同,如图 1-4 所示。

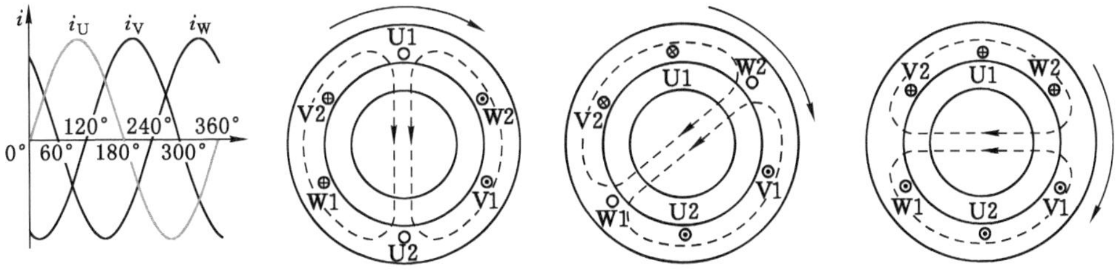

(a) 三相电源相序　　(b) $\omega t=0°$　　(c) $\omega t=60°$　　(d) $\omega t=90°$

图 1-4　三相电流产生的旋转磁场($p=1$)

(2) 转动原理

三相异步电动机转子转动原理如图 1-5 所示。图中 N、S 表示由通入定子的三相交流电产生的两极旋转磁场。

转子中只表示出分别靠近 N 极和 S 极的两根导条(铜或铝)。当旋转磁场顺时针方向旋转时,其磁力线切割转子导条,导条中就感应出电动势,闭合的导条中就有感应电流。

感应电流的方向可以根据右手定则来判断,判断的结果如图 1-5 所示。

导条中的感应电流与旋转磁场相互作用,使转子导条受到电磁力 F。电磁力的方向可以由左手定则确定。靠近 N 极和 S 极的两根导条产生的电磁力形成电磁转矩,使转子转动起来。

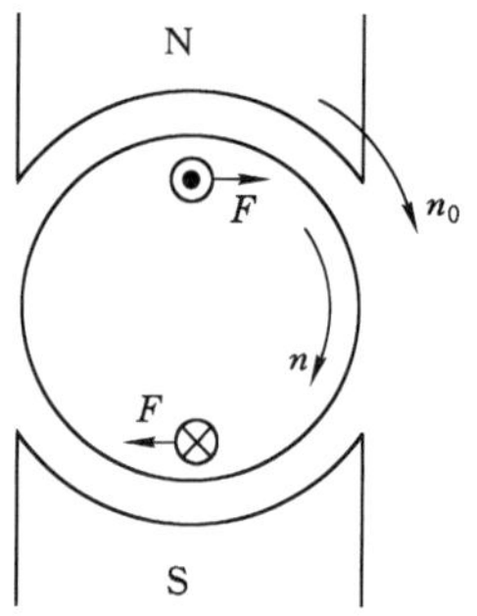

图 1-5　转子转动原理示意图

(3) 转向与转速

① 电动机正反转

当通入电动机定子绕组的三相电流相序为 U→V→W 时,三相电流产生的旋转磁场顺时针方向旋转。

这时由图 1-4 可知,转子转动方向也是顺时针方向。电动机的转子转动方向和磁场旋转的方向是相同的,而磁场的旋转方向与通入定子绕组的三相电流相序有关。

当通入电动机定子绕组的三相电流相序变为 U→W→V 时,三相电流产生的旋转磁场将从原来顺时针方向(正转)变为逆时针方向旋转(反转),如图 1-6 所示。

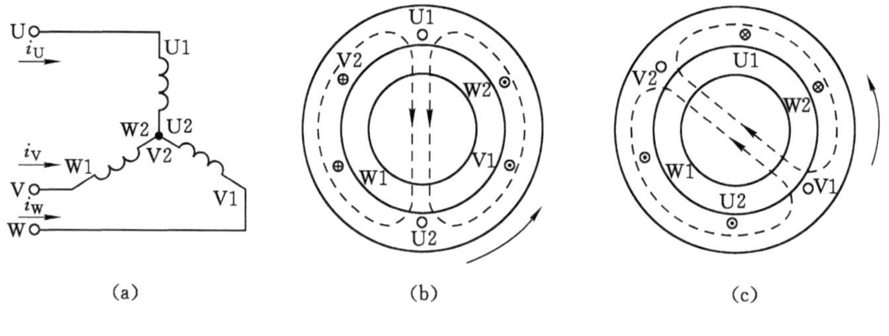

图 1-6　旋转磁场的反转

电动机的转子转动方向也跟着变为逆时针方向(反转)。所以,要使电动机反转,只要将三相电源的任意两相对调,即改变通入定子绕组的三相电流的相序。

② 电动机转速

三相异步电动机的转速与旋转磁场的转速有关,而旋转磁场的转速又取决于磁场的极数,旋转磁场的极数与定子绕组的安排有关。

旋转磁场转速 n_0:当旋转磁场具有 p 对极时,磁场的转速为 $n_0=60f_1/p$,单位为 r/min。

旋转磁场的转速 n_0 决定于电动机电源频率 f_1 和磁场的极对数 p。对于某一异步电动机来说,f_1 和 p 通常是一定的,所以磁场转速 n_0 是个常数,常称为同步转速。

旋转磁场极对数 p 决定于三相绕组的安排情况。如果每个绕组有一个线圈,那么 3 个绕组的始端之间相差 120°空间角,则产生的旋转磁场具有一对极(即 $p=1$),如图 1-4 所示。

如果每个绕组有两个线圈串联，如图 1-7 所示，那么 3 个绕组的始端之间相差 60°空间角，则产生的旋转磁场具有两对极（即 $p=2$），如图 1-7 所示。

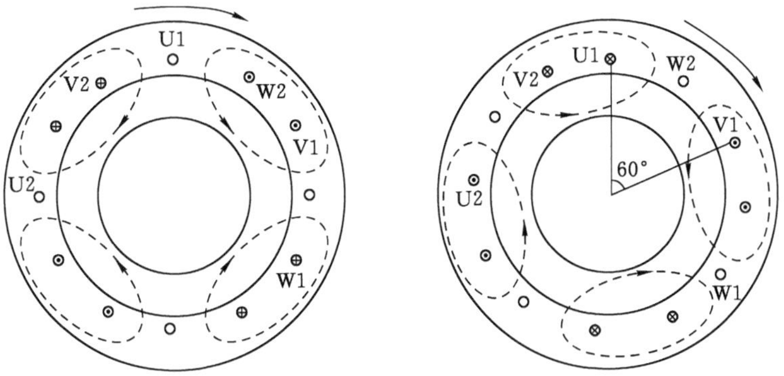

(a) $\omega t=0°$　　(b) $\omega t=60°$

图 1-7　三相交流电流产生的旋转磁场（$p=2$）

电动机转速（即转子转速）n：如图 1-5 所示，电动机转速 n 与旋转磁场转速 n_0 之间必须有差别，否则转子与旋转磁场之间就没有相对运动，因而磁力线就不切割转子导体，转子电动势、转子电流以及转矩也就都不存在。这样，转子就不可能继续以转速 n 转动。这就是异步电动机名称的由来。

转差率 s：转子转速 n 与旋转磁场转速 n_0 相差的程度用转差率 s 来表示，即：

$$s=(n_0-n)/n_0$$

转差率是异步电动机的一个重要物理量。转子转速越接近旋转磁场转速，则转差率越小。

由于三相异步电动机的额定转速与同步转速相近，所以它的转差率很小，通常异步电动机在额定负载时的转差率为 1%～9%。当 $n=0$ 时（启动初始瞬间），$s=1$，这时转差率最大。

4. 三相交流异步电动机的铭牌参数

(1) 额定参数的意义

三相交流异步电动机的铭牌参数见表 1-1。

表 1-1　三相交流异步电动机的铭牌参数

三相交流异步电动机					
型号	Y132S2-2	电压	380 V	接法	△
容量	7.5 kW	电流	15 A	工作方式	连续
转速	2 900 r/min	功率因数	0.88	温升	80 ℃
频率	50 Hz	绝缘等级	B	重量	××
×××电机厂		产品编号×××			年　月

① 额定电压 U_N：电动机额定状态运行时，定子绕组应施加的线电压，单位为 V 或 kV。

② 额定电流 I_N：电动机额定状态运行时，定子绕组流过的线电流，同时也是电动机长期

运行所不允许超过的最大电流，单位为 A。

③ 额定频率 f_N：电动机额定状态运行时，定子绕组应接电源的频率，我国电网规定的工频为 50 Hz。

④ 额定功率 P_N：电动机额定状态运行时，轴上输出的机械功率，单位为 W 或 kW。

⑤ 额定功率因数 $\cos\varphi_N$：电动机额定状态运行时，定子回路的功率因数。

$$P_N=\sqrt{3}U_N I_N \cos\varphi_N$$

⑥ 额定转速 n_N：在额定电压、额定频率下，转轴上有额定功率输出时，电动机的转子转速，单位是 r/min。

(2) 型号

Y 代表异步电动机，YR 代表异步绕线式电动机。下面以一具体型号说明其意义：

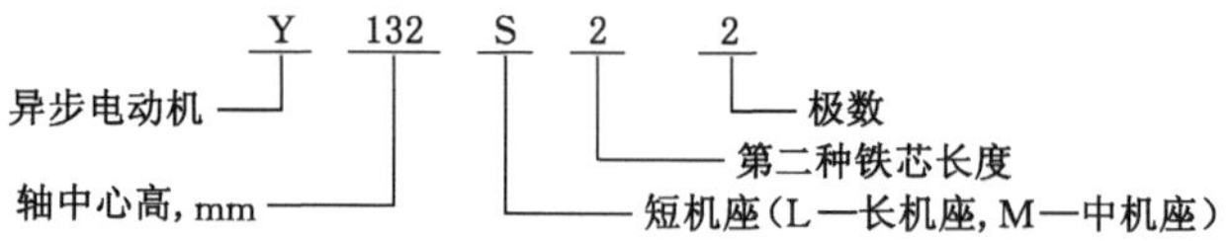

(3) 防护等级

防护等级：指电机外壳防止异物和水进入电机内部的等级。

外壳防护等级是以字母“IP”和其后的两位数字表示的。“IP”为国际防护的缩写字母。IP 后面第一位数字表示产品外壳按防止固体异物进入内部、防止人体触及内部的带电部分和运动部件的防护等级，共分为五级。IP 后面第二位数字表示电机对水侵害（滴水、淋水、溅水、喷水、浸水及潜水等）的防护等级，共分七级。数字越大，防护能力越强。如 IP23 表示防护大于 12 mm 的固体和防止与垂直方向成 60°角范围内的淋水不直接进入电机内。

(4) 绝缘等级

绝缘等级表示电机所用绝缘材料的耐热等级，它决定了电机的允许温升。例如，B 级绝缘电机的允许温升为 80 ℃，即允许的实际温度为 120 ℃。

三相异步电动机微课讲解

二、开启式刀开关

1. 结构、电路符号和型号规格

开启式刀开关主要由静触点、动触点和熔体构成，结构如图 1-8(a)所示。图 1-8(b)所示为 HRTO 熔断式刀开关，额定电压 380 V，额定电流 100～400 A。开启式刀开关的电路符号如图 1-8(c)所示，型号规格如图 1-8(d)所示。例如，HK1-30/3 表示额定电压为 380 V、额定电流为 30 A 的三极开启式刀开关。

2. 选用方法

(1) 用于照明和电热负载时，选用额定电压为 220 V 或 250 V、额定电流稍大于电路所有负载的额定电流之和的两极刀开关。

(2) 用于电动机直接启动控制时，选用额定电压 380 V 或 500 V、额定电流大于或等于电动机额定电流 3 倍的三极刀开关。

3. 安装与使用

(1) 必须垂直安装在控制屏或开关板上，不允许倒装或平装，以防止发生误合闸事故。

(2) 在分断或接通电路时应迅速果断地拉合闸，以使电弧尽快熄灭。

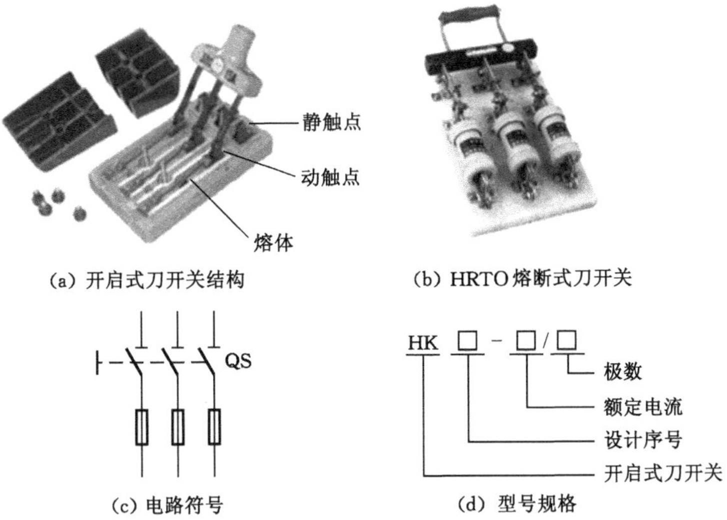

(a) 开启式刀开关结构　(b) HRTO熔断式刀开关

(c) 电路符号　(d) 型号规格

图 1-8　开启式刀开关的结构、电路符号和型号规格

(3) 由于开启式刀开关没有灭弧装置，因此其分断电流只能达到额定电流的 1/3。

三、封闭式负荷开关

1. 结构、电路符号和型号规格

封闭式负荷开关(图 1-9)主要由操作机构、触点系统、熔断器和铁质外壳组成，因其外壳多为铸铁或薄钢板制成，故又称铁壳开关。其具有以下特点。

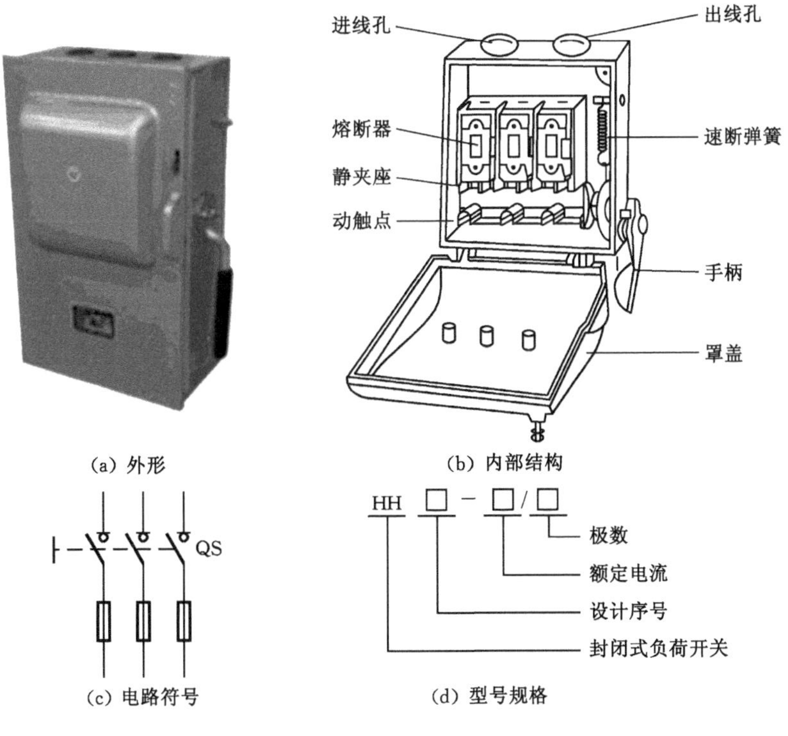

(a) 外形　(b) 内部结构

(c) 电路符号　(d) 型号规格

图 1-9　封闭式负荷开关

(1) 触头设有灭弧室(罩),电弧不会喷出,不必担心会发生相间短路事故。

(2) 熔断丝的分断能力高,一般为 5 kA,高者可达 50 kA 以上。

(3) 操作机构为储能合闸式的,且有机械联锁装置。前者可使开关的合闸和分闸速度与操作速度无关,从而改善开关的动作性能和灭弧性能;后者则保证了在合闸状态下打不开箱盖及箱盖未关妥前合不上闸,提高了安全性。

(4) 有坚固的封闭外壳,可保护操作人员免受电弧灼伤。

2. 选用方法

用铁壳开关控制电加热和照明电路时,可按电路的额定电流选择。用于控制异步电动机时,由于开关的通断能力为 4 倍额定电流,而电动机全压启动电流却在 4～7 倍额定电流以上,故开关的额定电流应为电动机额定电流的 1.5 倍以上。

四、组合开关

组合开关(图 1-10)又称为转换开关,主要在电气设备中作为电源引入开关。

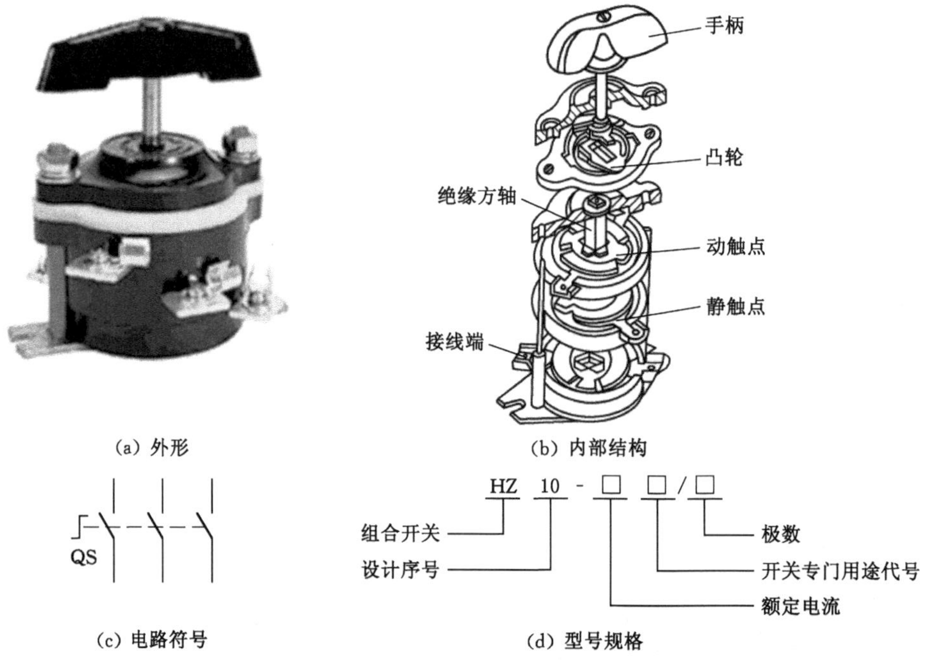

(a) 外形　(b) 内部结构

(c) 电路符号　(d) 型号规格

图 1-10　组合开关

它是一种凸轮式做旋转运动的刀开关。组合开关也有单极、双极、三极和多极结构,主要用于电源引入或 5.5 kW 以下电动机的直接启动、停止、反转、调速等场合。

五、隔离开关

隔离开关是高压开关电器中使用最多的一种电器,它本身的工作原理及结构比较简单,但是由于使用量大、工作可靠性要求高,对变电所、电厂的设计、建立和安全运行的影响均较大。隔离开关的主要特点是无灭弧能力,只能在没有负荷电流的情况下分、合电路。其主要作用是:

(1) 分闸后,建立可靠的绝缘间隙,将需要检修的设备或线路与电源用一个明显断开点隔开,以保证检修人员和设备的安全。

(2) 根据运行需要换接线路。

(3) 可用来分、合线路中的小电流，如套管、母线、连接头、短电缆的充电电流，开关均压电容的电容电流，双母线换接时的环流以及电压互感器的励磁电流等。

(4) 根据不同结构类型的具体情况，可用来分、合一定容量变压器的空载励磁电流。图 1-11 所示为 HL32 型隔离开关，有单极、2 极、3 极和 4 极之分，适用于额定电压 400 V 以下、额定电流 100 A 以下的场所，用作电源在负载不频繁操作的情况下，具有明显的通断状态指示，采取导轨安装和安全性高的指触防护接线端子，目前已取代组合开关在电气设备上广泛应用。

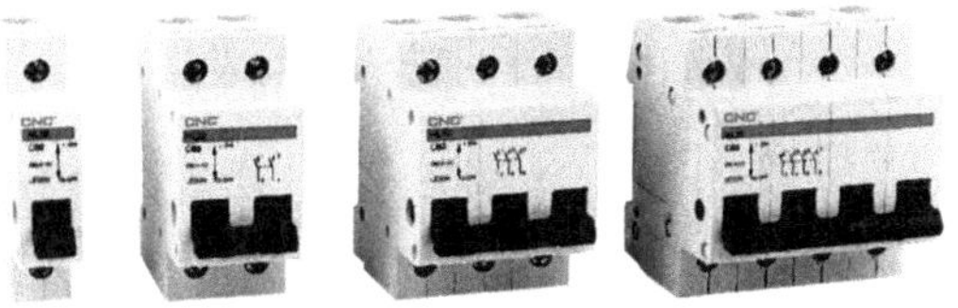

(a) 外形

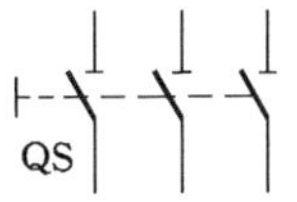

(b) 电路符号

图 1-11　HL32 型隔离开关

六、熔断器

熔断器属于保护电器，使用时串联在被保护的电路中，其熔体在过流时迅速熔化切断电路，起到保护用电设备和电路安全运行的作用。熔断器在一般低压照明电路或电热设备中作过载和短路保护，在电动机控制电路中主要作短路保护。常用熔断器的安-秒特性见表 1-2。

表 1-2　常用熔断器的安-秒特性表

熔体通过电流/A	$1.25I_N$	$1.6I_N$	$1.8I_N$	$2I_N$	$2.5I_N$	$3I_N$	$4I_N$	$8I_N$
熔断时间/s	∞	3 600	1 200	40	8	4.5	2.5	1

1. 外形、结构与电路符号

熔断器的外形、结构与电路符号如图 1-12 所示。

熔断器主要由熔体(保险丝)和熔管(熔座)组成。熔体由易熔金属材料铅、锌、锡、银、铜及其合金制成，通常制成丝状和片状。熔管是装熔体的外壳，由陶瓷、绝缘钢制成，在熔体熔断时兼有灭弧作用。

2. 熔断器的主要技术参数和特性

(1) 额定电压：指熔断器长期工作时和熔断后所能承受的电压。

(2) 额定电流：熔断器在长期工作条件下各部件温升不超过极限允许温升所能承载的电流值，习惯上把熔断体支持件的额定电流简称为熔断器额定电流。

(3) 极限分断能力：指熔断器在规定的使用条件下能可靠分断的最大短路电流值。

(4) 截断电流特性：指在规定的条件下截断电流与预期电流的关系特性。截断电流是指熔断体分断期间电流达到的最大瞬时值。

3. 熔断器的选用

(1) 熔断器的选择主要根据使用场合来确定。例如，作电网配电用，应选择一般工业用

(a) NT系列刀形触点熔断器

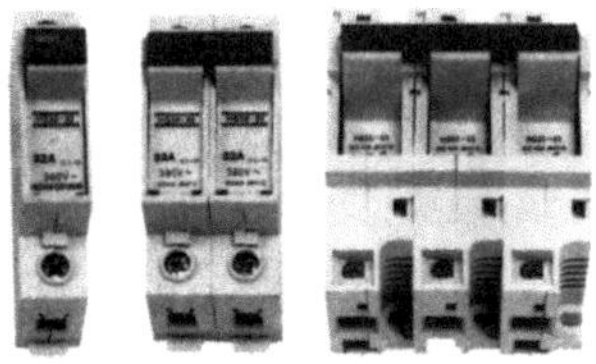

(b) RT系列圆筒帽形熔断器

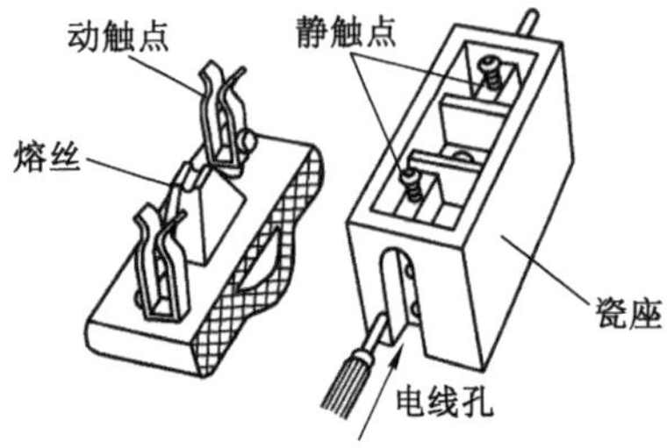

(c) 插瓷式熔断器

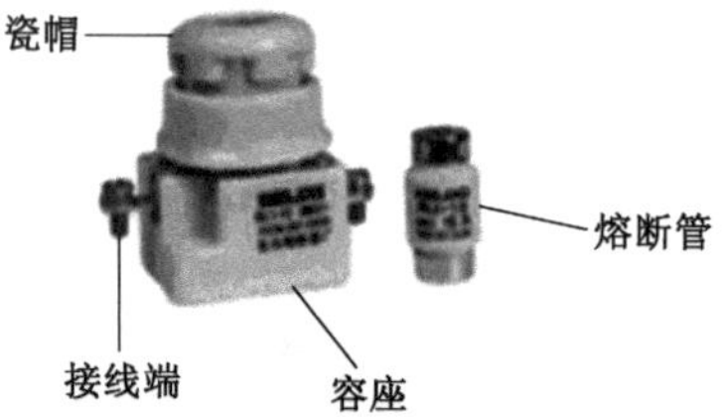

(d) 螺旋式熔断器

(e) 电路符号

图 1-12　熔断器外形、结构与电路符号

熔断器;作硅元件保护用,应选择保护半导体器件熔断器;供家庭使用,宜选用螺旋式或半封闭插入式熔断器。

(2) 熔断器的额定电压必须等于或高于熔断器安装处的电路额定电压。

(3) 电路保护用熔断器熔体的额定电流基本上可按电路的额定负载电流来选择,但其极限分断能力必须大于电路中可能出现的最大故障电流。

(4) 在电动机回路中作短路保护时,应考虑电动机的启动条件,按电动机的启动时间长短选择熔体的额定电流。

① 照明和电热负载:熔体额定电流应等于或稍大于负载的额定电流。

② 电动机控制电路:对于启动负载重、启动时间长的电动机,熔体额定电流的倍数应适当增大;反之,应适当减小。

③ 对于单台电动机:熔体额定电流应大于或等于电动机额定电流的1.5～2.5 倍。

④ 对于多台电动机:熔体额定电流应大于或等于其中最大功率电动机额定电流的 1.5～2.5 倍,再加上其余电动机的额定电流之和。

低压配电电器微课讲解

相关技能

电器元件安装布线

一、电器元件安装

(1) 各元器件的安装位置应整齐、匀称,间距合理,便于元件的更换。

(2) 紧固各元器件时要用力均匀,紧固程度适当。

二、布线

(1) 布线通道尽可能少,同时并行导线按主、控电路分类集中,单层密排,紧贴安装面布线。

(2) 同一平面的导线应高低一致或前后一致,不能交叉。非交叉不可时,该根导线应在接线端子引出时就水平架空跨越,并且必须走线合理。

(3) 布线应横平竖直,分布均匀,变换走向时应垂直。

(4) 布线时严禁损伤线芯和导线绝缘。

(5) 布线顺序一般以接触器为中心,由里向外、由低至高,先控制电路、后主电路,以不妨碍后续布线为原则。

(6) 在每根剥去绝缘层导线的两端套上编码套管。所有从一个接线端子(或接线桩)到另一个接线端子(或接线桩)的导线必须连续,中间无接头。

(7) 导线与接线端子或接线桩连接时,不能压绝缘层,不反圈且不露铜过长。

(8) 同一元器件、同一回路不同接点的导线间距离应保持一致。

(9) 一个电器元件的接线端子上的连接导线不得多于两根,每节接线端子板上的连接导线一般只允许连接一根。

项目分析

直接启动或全压启动:利用刀闸或交流接触器把异步电动机的定子绕组直接接到额定电压的电源上。一般要求采用直接启动的电动机容量不超过供电变压器容量的 20%,这样,启动电流引起的电网压降不超过电网额定电压的 10%。当启动电流不符合要求时,就必须采用降压启动。

优点:启动方法最简单,不需要专门的启动设备,操作方便,具有较大的启动转矩,能带额定负载启动。

缺点:因启动瞬间电动机的等效阻抗小,启动电流大,可达额定电流的 4~7 倍。当供电变压器的容量不大时,会使供电变压器的输出电压降低过多,进而影响到自身的启动和接在同一线路上其他设备的正常工作。

一、电气原理图

电气原理图是用规定的图形符号,按主电路和辅助电路相互分开并依据各电器元件动作顺序等原则所绘制的线路图,是分析电路工作原理及安装、调试、维修电气电路的重要依据。它包括所有电器元件的导电部件和接线端点,不表示电器元件的形状、大小和安装方式。

在图 1-13 所示的直接启动控制电路中,负荷开关 Q 起控制接通和关断的作用,熔断器 FU 起短路保护作用。

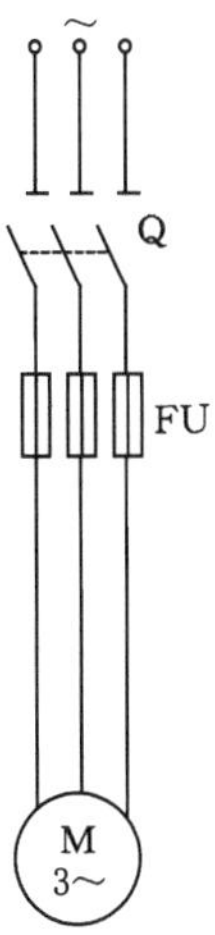

图 1-13 直接启动控制电路电气原理图

二、工作原理

启动:合上负荷开关 Q→电动机 M 通电运转。

停止:断开负荷开关 Q→电动机 M 断电停转。

项目实施

一、工具及器材

工具及器材见表 1-3。

表 1-3 工具及器材

序号	名称	型号与规格	单位	数量
1	三相交流电源	3×380 V	处	1
2	电工通用工具	万用表、螺丝刀(十字口和一字口)、电工刀、尖嘴钳、斜口钳等	套	1
3	低压开关	隔离开关(HL32 系列)	个	1
4	低压熔断器	RL1 系列,60 A	个	3
5	低压熔断器	RL1 系列,15 A	个	2
6	按钮	LA10-3H	个	1
7	接触器	CJ10-10(线圈电压 380 V)	个	1
8	热继电器	JRS 系列,根据电动机自定	个	1
9	电动机	根据实习设备自定(小功率电动机)	台	1
10	导线	BVR 1.5 mm^2 塑铜线		若干

二、操作注意事项

不允许带电安装元器件或连接导线,断开电源后才能进行连接操作。通电检查和运行时务必通知指导老师,在有指导老师现场监护的情况下才能接通电源。

三、操作步骤

(1) 仔细观察负荷开关和熔断器,熟悉它们的外形、结构、型号及主要技术参数。

(2) 检查负荷开关和熔断器的好坏。

(3) 在电路板上按照电气原理图安装器件,进行相应的配线。

(4) 经指导老师检查合格后进行通电操作。

四、项目完成情况评价

项目完成情况评价见表 1-4。

表 1-4 项目完成情况评价(评分细则见附录)

内容	职业素质	专业知识	岗位技能	实操安全	答辩及作业	项目完成结果
占比	20%	20%	20%	10%	10%	20%
同学 1	□优□良 □中□差	□优□良 □中□差	□优□良 □中□差	□优□良 □中□差	□优□良 □中□差	□优□良 □中□差
同学 2	□优□良 □中□差	□优□良 □中□差	□优□良 □中□差	□优□良 □中□差	□优□良 □中□差	□优□良 □中□差
同学 3	□优□良 □中□差	□优□良 □中□差	□优□良 □中□差	□优□良 □中□差	□优□良 □中□差	□优□良 □中□差

表 1-4(续)

内容	职业素质	专业知识	岗位技能	实操安全	答辩及作业	项目完成结果
教师	□优□良 □中□差	□优□良 □中□差	□优□良 □中□差	□优□良 □中□差	□优□良 □中□差	□优□良 □中□差
总结及自评						
小组同学 签名：		教师 签名：			综合评价：	

知识拓展

一、电控柜布线安装的步骤

(1) 根据原理图,选择元件型号、数量,完成明细表。

(2) 根据元件实际尺寸,设计电器元件位置图。

(3) 绘制接线图并标注线号。

(4) 按照布线要求安装电控柜。

(5) 电控柜通电调试。

二、安全用电

电对人类造福不浅,但是处理不当也会造成灾祸,小则损坏机器,大则引起人身伤亡事故。可以将触电事故的发生原因归纳为四个方面:电气设备安装不合理;电气设备维修不及时;违章作业,不遵守安全工作制度;不懂安全用电常识。所以对于电的安全知识人人都应掌握。

1. 触电的种类和形式

(1) 触电的种类

触电事故是因电流流过人体所造成的。人体被电流伤害的情况,按其性质的不同可分为电伤和电击两类。

(2) 触电的形式

触电的形式有单线触电、两线触电和跨步电压触电。

2. 安全措施

安全措施有保护接地、保护接零和安全用电。

3. 触电的急救

(1) 脱离电源

使触电者脱离电源是极其重要的一环,触电时间越长,对触电者的伤害就越大。具体做法及应注意的问题如下:

① 就近断开电源开关或拔去电源插头。但应注意在切断开关时,是否会因带负荷拉闸而造成更大的事故。

② 如果触电事故点离电源开关太远,或立即拉开就近电源开关将导致更大的故障,救护人员可用干燥的衣服、绝缘手套、木棒等绝缘物拉开触电者或挑开电线,使之脱离电源。

③ 如触电者抽筋而紧握电线,可用干燥的木柄斧、电工绝缘钳等将电线一根一根地切

断，并把触电者手握点两头的线均切断。要防止电线断落到别人和自己身上。

④ 触电者处于较高的位置时，在使触电者脱离电源的同时，还要采取防摔伤措施。

⑤ 触电事故发生在高压设备上时，应通知动力部门停电，或由从事高压的电工人员采用相应电压等级绝缘工具使触电者脱离电源。

(2) 现场急救

触电者脱离电源后，应尽快进行现场抢救，若发现触电者停止呼吸或心脏停止跳动，此时不可认为触电者已死亡而不去抢救，应立即在现场进行人工呼吸和人工胸外心脏按压，并派人通知医院。具体情况如下：

① 触电者神志清醒，只是感到心慌、四肢发麻无力，此时应使触电者在空气流通的地方静卧休息 1～2 h，让其自己慢慢恢复正常，并注意观察。

② 触电者已失去知觉，但心脏跳动和呼吸还在进行，此时应使触电者舒适、安静地平卧，周围不要围挤人群，解开触电者衣扣以利其呼吸。可让触电者闻闻氨气，摩擦全身使之发热。如果天气寒冷，应注意保暖。同时，迅速通知医院诊治。

③ 触电者已停止呼吸，但心脏还在跳动，应立即进行人工呼吸(图 1-14)；如停止心跳但有呼吸，应立即进行胸外心脏按压(图 1-15)；如心跳与呼吸均停，应立即人工呼吸和胸外挤压同时进行。抢救人员必须认真坚持进行以上抢救，直到医生到达。

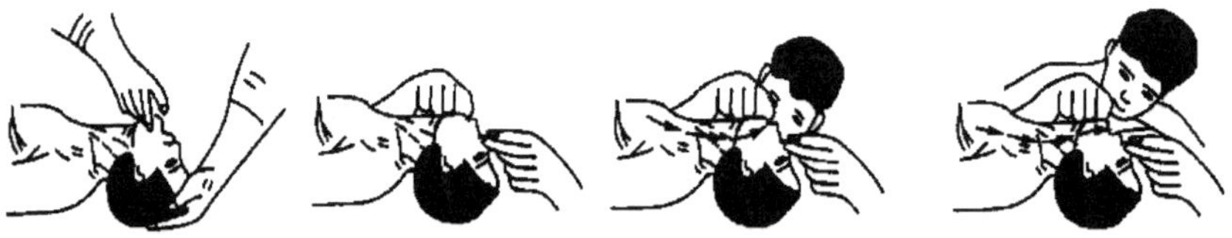

图 1-14　人工呼吸

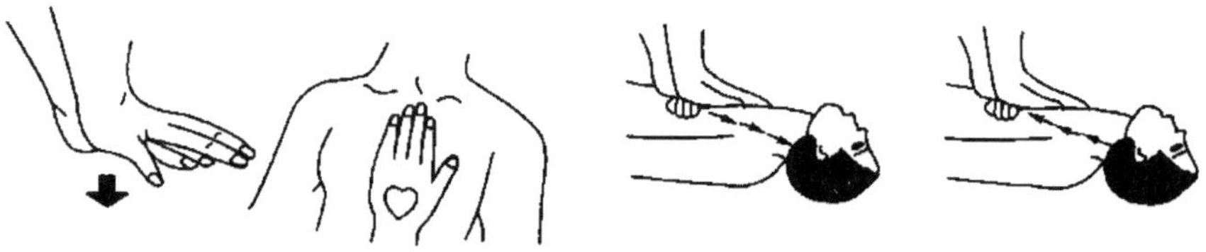

图 1-15　胸外按压

在实施人工呼吸和胸外按压之前，必须迅速将触电者身上妨碍呼吸的衣领、上衣扣、裤带等解开，同时取出其口中的假牙、血块、黏液等异物，使其呼吸道畅通。

技术交流

一、电工岗位要求

1. 电工职业守则

(1) 遵纪守法，爱岗敬业。

(2) 精益求精，勇于创新。

(3) 爱护设备,安全操作。

(4) 遵守规程,执行工艺。

(5) 保护环境,文明生产。

2. 电工必备技能

(1) 看:能看懂图纸,知道线路图的基本功能,能识别开关、继电器等各种电工元器件。

(2) 算:能根据用户和图纸要求计算各种电气参数。

(3) 选:选择合适的电工元器件,以满足施工的实际需要。

(4) 干:能实际动手操作接线、调整线路,并能排除电路故障。

二、电动机产品说明

Brand Name:XXXXX	Model Number:YCG
Type:Induction motor	Frequency:50/60 Hz
Output Power:180～1 125 W	Protect Feature:Totally enclosed
Phase:3-phase	Certification:CCC、CE、ROHS、UL、VDE
AC Voltage:380 V	RPM:1 725/3 450
Efficiency:IE 2	Insulated Class:B&F
Bearing:Ball	Structure:Asynchronous motor
Usage:Boat、Fan、Home appliance、Other	
Product Name:Construction Squirrel Cage 3-phase Electric Motor	
Place of Origin:Shandong,China	

品牌名称:XXXXX	型号:YCG
类型:感应电动机	频率:50/60 Hz
输出功率:180～1 125 W	保护功能:完全封闭
相位:三相	认证:CCC、CE、ROHS、UL、VDE
交流电压:380 V	转速:1 725/3 450
效率:IE 2	绝缘等级:B&F
轴承:滚珠	结构:异步电动机
用途:船舶、风扇、家用电器等	
产品名称:三相鼠笼式异步电动机	
原产地:中国山东	

三、电动机的结构

电动机部件中英文对照见表 1-5 和图 1-6。

表 1-5　电动机部件中英文对照

序号	英文	中文	序号	英文	中文
1	Rotor	转子	10	Shaft	传动轴
2	Frame	机壳	11	Shaft slinger	传动轴挡油环
3	Eyebolt	吊眼	12	Draining	排油孔
4	Wound stator	定子绕组	13	Protection to inner	内保护层
5	Insulation	绝缘层	14	Gasket to frame	机壳衬垫
6	End shield	端盖	15	Gasket cover	衬垫盖
7	Rotor laminations	转子叠片	16	Conduit box	接线盒
8	Grease inlet	润滑脂入口	17	Fan cover	风扇盖
9	Bearing	轴承	18	Fan	风扇

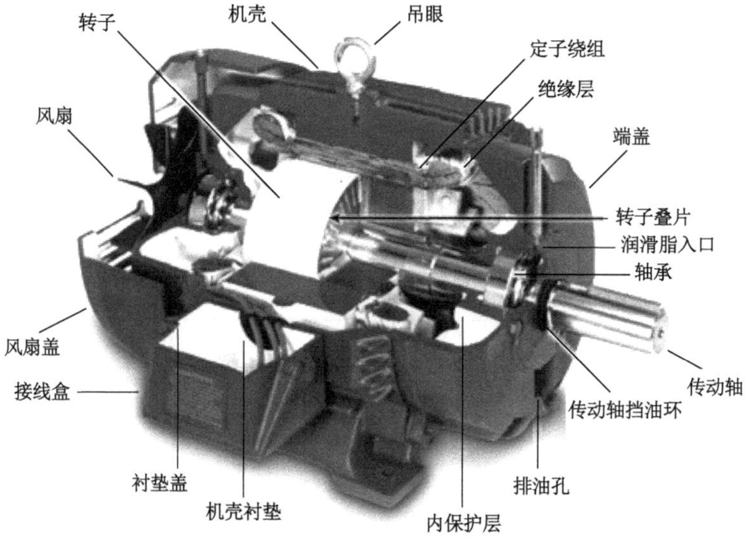

图 1-16　电动机的剖视图

巩固练习

1. 简述三相鼠笼式异步电动机的主要结构。

2. 某电动机的额定转速为 950 r/min，它是几极电动机？转差率为多少？

3. 一台三相异步电动机旋转磁场转速 $n_1=1\ 500$ r/min，这台电机是几极的？在电动机转子转速 $n=0$ r/min 时和 $n=1\ 460$ r/min 时，该电动机的转差率是多少？

4. 写出负荷开关、组合开关、隔离开关的电路符号和文字符号。

5. 常用熔断器有哪些类型？各有什么特点？如何正确选择熔断器？

6. 熔断器为什么一般不能作过载保护？

7. 某工地有一台额定功率为 1.5 kW、额定电压为 380 V、额定电流为 3.3 A 的三相交流异步电动机，应选用什么型号、规格的封闭式负荷开关？

8. 一台三相异步电动机定子绕组的 6 个出线端 U1、U2、V1、V2、W1、W2 如图 1-17 所示，这台电动机△形接法时，6 个出线端子应当怎样连接？Y 形接法时又当怎样连接？

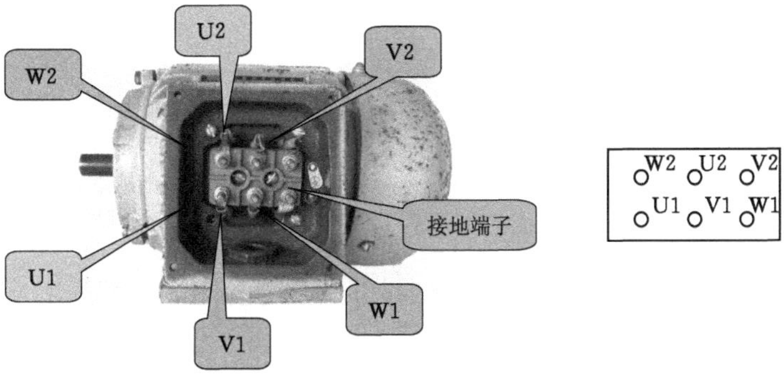

(a)　　　　(b)

图 1-17　电动机端子盒接线示意图

项目二　电动机点动与自锁控制电路接线与调试

学习目标

1. 通过网络资源展示工厂生产实景，让学习者熟悉职业特点，认同岗位角色。
2. 熟悉按钮、交流接触器、热继电器等器件的构造原理。
3. 能够分析电动机自锁控制电路的工作过程，并能够绘制电路图。
4. 学生分组完成项目实操，逐渐掌握电工安装技能。
5. 培养学习者勇于实践、认真严谨的工作作风。

相关知识

负荷开关直接启动控制电路简单，但不便于实现自动控制。在生产过程中，通常采用按钮、接触器控制电动机的启动或停止，负荷开关仅起电源隔离作用。长时间工作时，还必须对电动机进行过载保护。

一、按钮

按钮是一种用人力（一般为手指或手掌）操作，并具有储能复位功能的开关电器。它主要用于电气控制线路中，用于发布命令及电气联锁。

1. 按钮分类与型号

按钮一般分为常开按钮、常闭按钮和复合按钮，其外形与结构如图 2-1(a)所示，电路符号如图 2-1(b)所示，型号规格如图 2-1(c)所示。

2. 按钮的选用

(1) 根据使用场合和用途选择按钮的种类

手持移动操作应选用带有保护外壳的按钮；嵌装在操作面板上可选用开启式按钮；需显

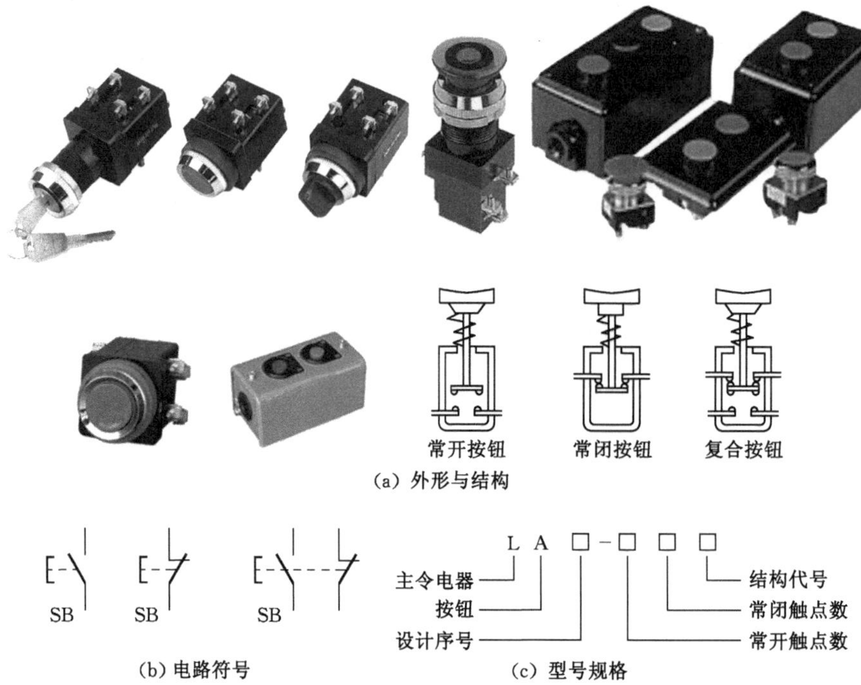

图 2-1　按钮

示工作状态可选用光标式按钮;为防止无关人员误操作,在重要场合应选用带钥匙操作的按钮。

(2) 合理选用按钮的颜色

停止按钮选用红色钮;启动按钮优先选用绿色钮,但也允许选用黑、白或灰色钮;一钮双用(启用/停止)不得使用绿、红色钮,而应选用黑、白或灰色钮。

二、交流接触器

接触器是一种能频繁接通和断开远距离用电设备主回路及其他大容量用电回路的自动控制电器,主要控制对象是电动机。它本身不具备短路和过载保护,因此常与熔断器、热继电器等配合使用。

1. 接触器的结构

交流接触器的外形、电路符号以及型号规格如图 2-2 所示。

接触器主要由电磁机构、触头系统、灭弧装置三部分组成。

(1) 电磁机构

电磁机构包括电磁线圈和铁芯,铁芯由静铁芯和动铁芯(即衔铁)组成,铁芯的活动部分与受控电路的触头系统相连。在线圈中通以励磁信号,铁芯中就会产生磁场,从而吸引衔铁,带动触头系统断开或接通受控电路。

(2) 触头系统与灭弧方法

① 触头系统

触头系统由主触头和辅助触头组成。主触头接在控制对象的主回路中(常常串在低压断路器之后)控制其通断,辅助触头一般容量较小,用来切换控制电路。每对触头均由静触

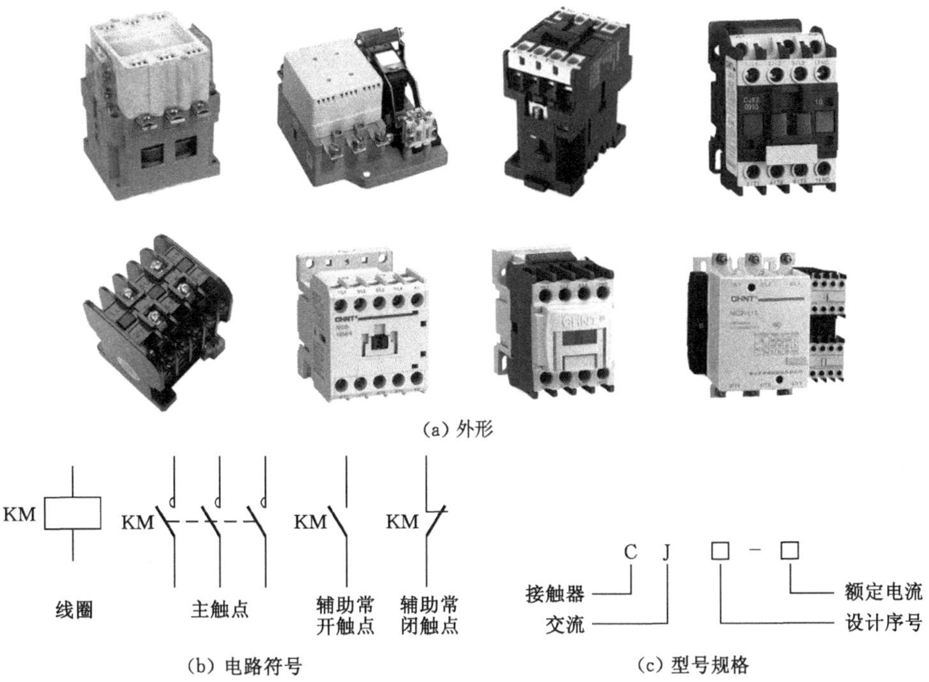

图 2-2　交流接触器

头和动触头共同组成，动触头与电磁机构的衔铁相连，当接触器的电磁线圈得电时，衔铁带动动触头动作，使接触器的常开触头闭合、常闭触头断开。

触头有点接触、面接触、线接触三种，接触面越大则允许通电电流越大。触头材料有铜和银，银质触头性能更好。

为了消除触头在接触时的振动、减小接触电阻，在触头上常装有接触弹簧，该弹簧在触头刚闭合时产生较小的压力，闭合后压力增大，如图 2-3 所示。

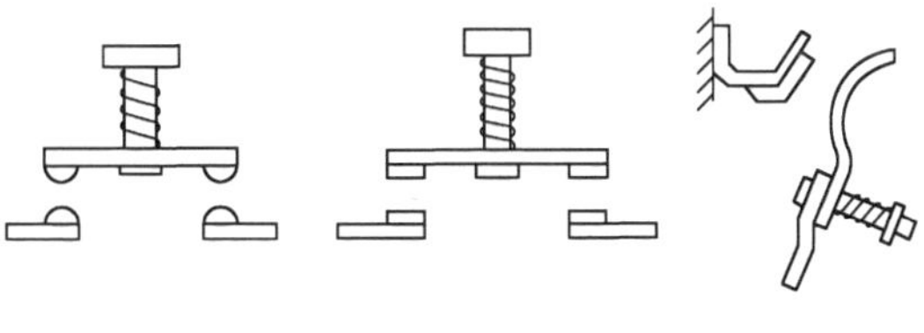

图 2-3　交流接触器触头形式

② 电弧的产生与灭弧

当一个较大电流电路突然断电时，如触头间的电压超过一定数值，触头间空气在强电场的作用下会产生电离放电现象，在触头间隙产生大量带电粒子，形成炽热的电子流，这种电子流被称为电弧。电弧伴随高温、高热和强光，可能造成电路不能正常切断、烧毁触头、引起火灾等事故，因此对切换较大电流的触头系统必须采取灭弧措施。

常用的灭弧装置有灭弧罩、灭弧栅和磁吹灭弧装置，主要用于熄灭触头在分断电流的瞬间动、静触头间产生的电弧，以防止电弧的高温烧坏触头或出现其他事故。

2. 交流接触器的工作原理

交流接触器的工作原理如图 2-4 所示。接触器的线圈和静铁芯固定不动，当线圈得电时，铁芯线圈产生电磁吸力，将动铁芯吸合并带动动触点运动，使常闭触点分断，常开触点接通电路。当线圈断电或电压显著下降时，电磁吸力消失或过小，动铁芯依靠弹簧的作用而复位，其常开触点切断电路，常闭触点恢复闭合。

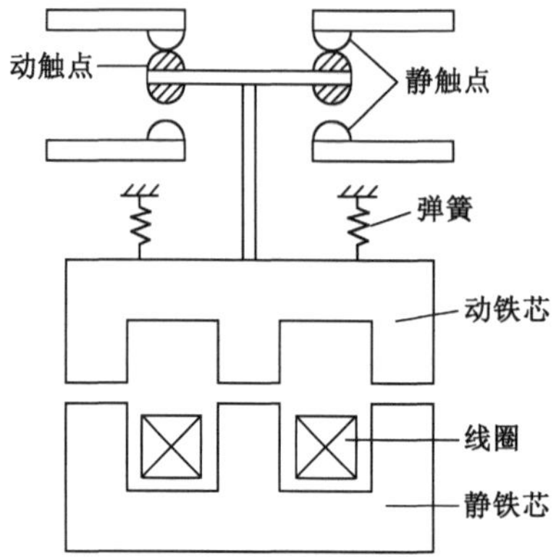

交流接触器工作原理动画

图 2-4 交流接触器工作原理

3. 接触器的选用

交流负载应使用交流接触器，直流负载应使用直流接触器。如果控制系统中主要是交流电动机，而直流电动机或直流负载的容量比较小，也可以选用交流接触器进行控制，但触头的额定电流应选大些。

接触器主触头的额定电压：其值应大于或等于负载回路的额定电压。

接触器主触头的额定电流：按手册或说明书上规定的使用类别使用接触器时，接触器主触头的额定电流应等于或稍大于实际负载额定电流。在实际使用中还应考虑环境因素的影响，如柜内安装或高温条件时应适当增大接触器额定电流。

接触器吸引线圈的电压：一般从人身和设备安全角度考虑，该电压值可以选择低一些；但当控制线路比较简单、用电不多时，为了节省变压器，则选用 220 V、380 V。

接触器的触头数量、种类等应满足控制线路的要求。

三、热继电器

热继电器是利用电流热效应工作的一种保护电器，它主要与接触器配合使用，用作电动机的过载及电源断相保护，以防止电动机因上述故障导致过热而损坏。图 2-5 所示为常用的几种热继电器的外形图。

1. 热继电器结构与电路符号

热继电器具有结构简单、体积小、成本低等特点，选择适当的热元件可得到良好的反时限特性。所谓反时限特性，是指热继电器动作时间随电流的增大而减小的性能。

如图 2-6 所示，热继电器的结构主要由三大部分组成：加热元件（有直接加热式、复合加热式、间接加热式和电流互感器加热式四种）、动作机构（大多采用弓簧式、压簧式或拉簧跳跃式机构）、复位机构（有手动复位及自动复位两种，可根据使用要求自由调整）。动作系统常设有温度补偿装置，保证在一定的温度范围内，热继电器的动作特性基本不变。

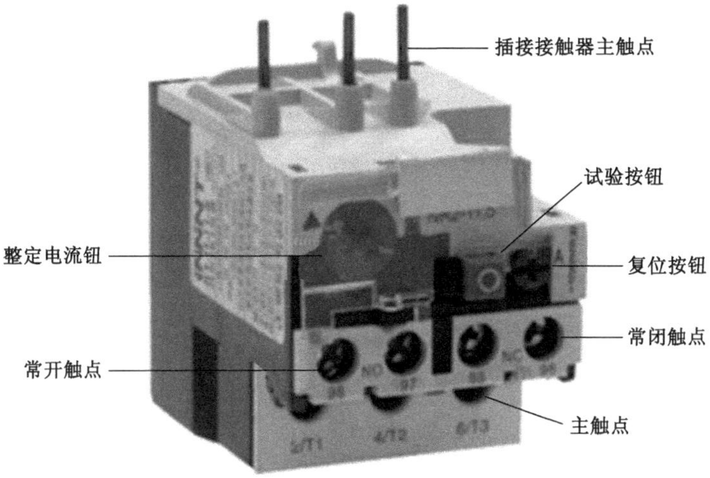

（a）JRS系列

（b）T系列

（c）JR16系列

（d）JR20系列

图 2-5　常用热继电器外形

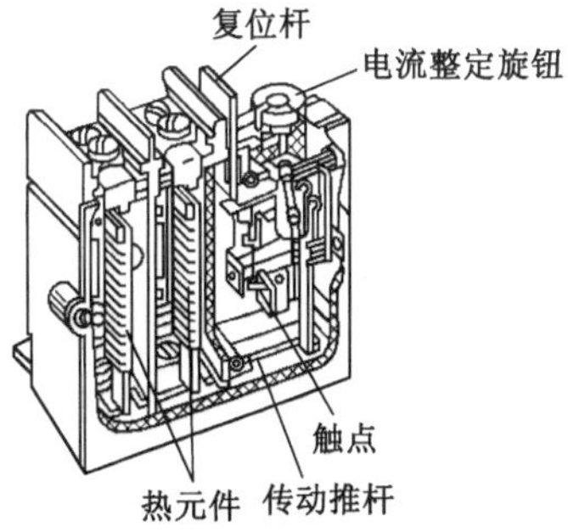

（a）结构

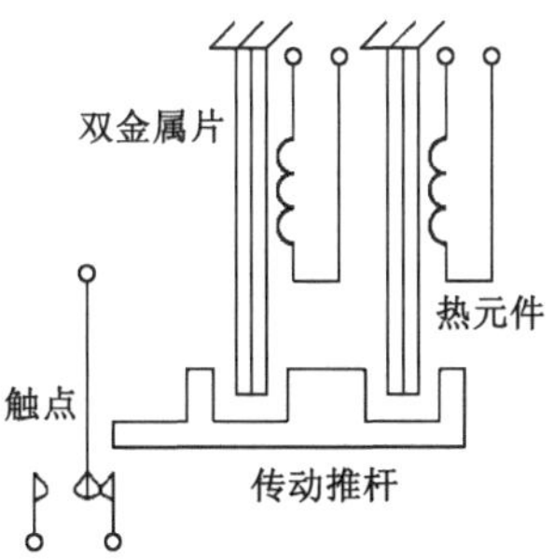

（b）动作原理

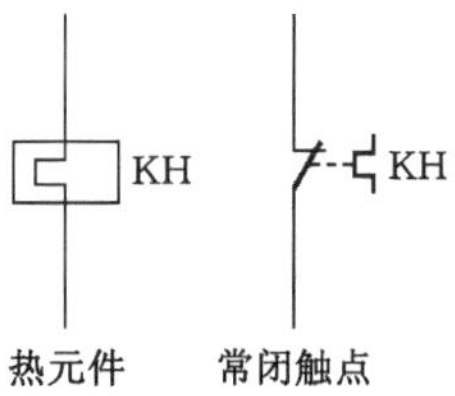

（c）电路符号

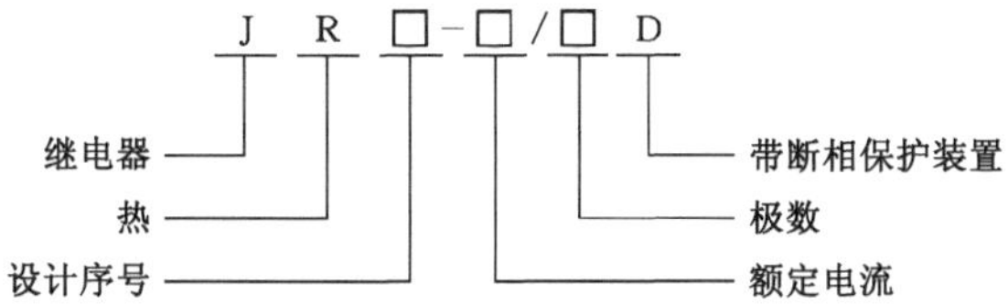

（d）型号规格

双金属片式热继电器工作原理动画

图 2-6　热继电器的结构、动作原理、电路符号和型号规格

2. 热继电器的选用

热继电器主要用于保护电动机的过载，因此，在选用时必须了解被保护对象的工作环境、启动情况、负载性质、工作制以及电动机允许的过载能力。应使热继电器的安-秒特性位于电动机的过载特性之下，并尽可能地接近，甚至重合，以充分发挥电动机的能力，同时使电动机在短时过载和启动瞬间不受影响。

一般情况下，常按电动机的额定电流选用热继电器，使热继电器的整定值为(0.95～1.05)I_N(I_N 为电动机的额定工作电流)。使用时，热继电器的旋钮应调到该额定值，否则将不能起到保护作用。对于△形接法电动机，一相断线后，流过热继电器的电流与流过电动机绕组的电流增加比例是不同的，其中最严重的一相比其余两相绕组电流要大一倍，增加比例也最大。这种情况应该选用带有断相保护装置的热继电器。对于频繁正反转、启(制)动的电动机，不宜采用热继电器来保护。

相关技能

电气控制电路图的绘制与识读

电气控制电路图一般有三种：电气控制原理图、电器元件布置图和电气安装接线图。

一、电气控制原理图

电气控制原理图(图 2-7)是根据简单、清晰的原则，采用图形符号和文字符号表示电路各电器元件连接关系和电气工作原理的图。它包括所有电器元件的导电部件和接线端点，但并不按照电器元件的实际布置位置来绘制，也不反映电器元件的大小。其作用是便于阅读与分析控制线路，详细了解工作原理，指导系统或设备的安装、调试与维修。电气控制原理图是识图的重点和难点，也是电气控制电路图中最重要的种类之一。

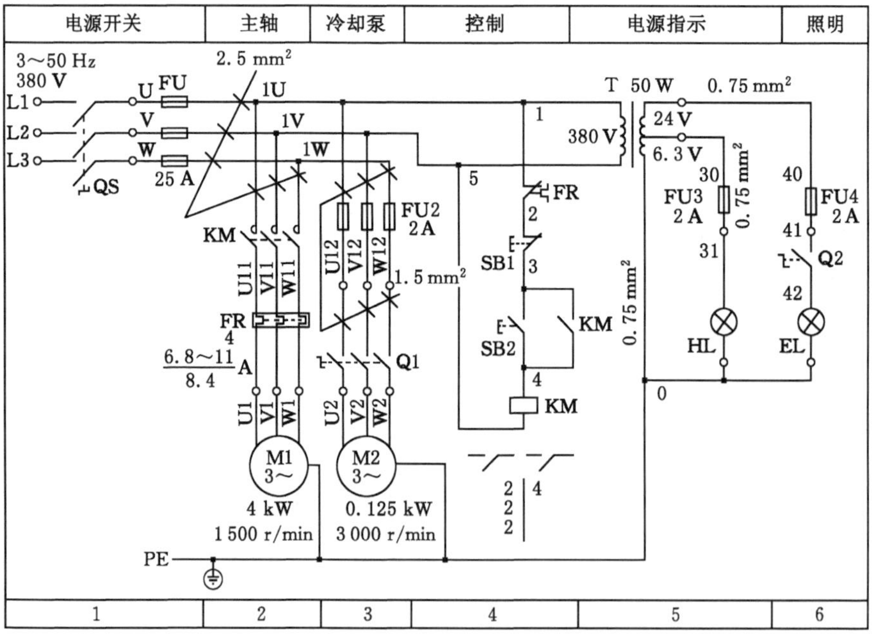

图 2-7　CW6132 型车床电气原理图

电气控制原理图一般包括主电路、控制电路和辅助电路。主电路是设备的驱动电路，是指从电源到电动机大电流所通过的路径；控制电路是由继电器和接触器的线圈、继电器的触点、接触器的辅助触点、按钮、控制变压器等电器元件组成的逻辑电路，实现所要求的控制功能；辅助电路包括照明电路、信号电路及保护电路等。

电气控制原理图的绘制原则如下：

(1) 主电路、控制电路及辅助电路应分开绘制，主电路用垂直线绘制在图的左侧，控制电路用垂直线绘制在图的右侧，控制电路中的能耗元件画在电路的最下端。

(2) 在电气控制原理图中，应表示出控制系统内的所有电动机、电器元件和其他器械的通电部件。

(3) 电气控制原理图中各电器元件不画实际的外形图，而是采用国家规定的统一标准图形符号和文字符号绘制(见附录)。

(4) 电气控制原理图中，各个电器元件和部件在控制线路中的位置应根据便于阅读的原则安排，同一电器元件的各个部件可以不画在一起。例如，接触器、继电器的线圈和触点可以不画在一起。

(5) 电气控制原理图中的电器元件和设备的可动部分，都按未通电和没有外力作用时的开闭状态绘制。在不同的工作阶段，各个电器的动作不同，触点时闭时开，而在电气控制原理图中只能表示出一种情况。因此，规定所有电器的触点均表示在原始情况下的位置，即在没有通电或没有发生机械动作时的位置。例如，继电器、接触器的触点按吸引线圈不通电状态绘制；主令控制器、万能转换开关按手柄处于零位时的状态绘制；按钮、行程开关的触点按不受外力作用时的状态绘制等。

(6) 电气控制原理图的绘制应布局合理、排列均匀，为了便于看图，可以水平布置，也可以垂直布置，并尽可能地减少线条和避免线条交叉。

(7) 电器元件应按功能布置，并尽可能按工作顺序排列，其布局顺序应该是从上到下、从左到右。电路垂直布置时，类似元器件或部件应横向对齐；水平布置时，类似元器件或部件应纵向对齐。例如，如果线路图采用垂直布置，接触器的线圈应横向对齐。

(8) 电气控制原理图中，有直接联系的交叉导线的连接点(即导线交叉处)要用黑圆点表示，无直接联系的交叉导线的连接点或交叉点不能画黑圆点。

二、电器元件布置图

电器元件布置图(图 2-8)及电气安装接线图设计的目的是满足电气控制设备的安装、调试、使用和维修等要求。电器元件布置图主要表明电气设备上所有电器元件的实际位置，为电气设备的安装及维修提供必要的资料，可根据电气设备的复杂程度集中绘制，也可分开绘制。图中各电器代号应与有关图纸和电器清单上的元器件代号一致，但不需标注尺寸。通常电器元件布置图与电气安装接线图组合在一起，既可起到电气安装接线图的作用，又能清晰表示出各电器元件的布置情况。

为了顺利地安装、接线、检查、调试和排除故障，必须认真阅读原理图，明确电器元件的数目、种类和规格；看懂线路图中各电器元件之间的控制关系及连接顺序；分析线路的控制动作，以便确定检查线路的步骤和方法。

电器元件布置图的绘制原则如下：

(1) 在绘制电器元件布置图之前，应对电器元件各自安装的位置划分组件。根据生产

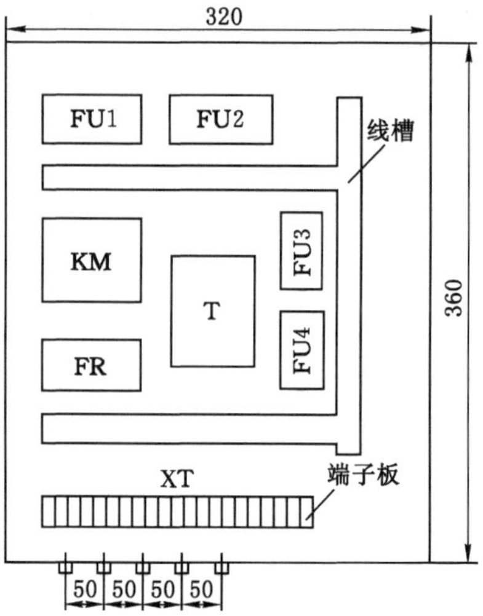

图 2-8　CW6132 型车床电器元件布置图

机械的工作原理和控制要求，将控制系统划分为几个组成部分(称为部件)，而每一部件又可划分为若干组件。在同一组件内，电器元件的布置应满足以下要求：

① 体积大的和较重的电器元件应安装在电器板的下部，以降低柜体重心；发热元件应安装在电器板的上面。

② 强电与弱电分开走线，应注意弱电屏蔽和防止外界干扰。

③ 需要经常维护、检修、调整的电器元件安装的位置不宜过高或过低。

④ 电器元件的布置应考虑整齐、美观、对称。结构和外形尺寸类似的电器元件应安装在一起，以利于加工、安装和配线。

⑤ 电器元件布置不宜过密，要留有一定的间距。若采用板前走线配线方法，应适当加大各排电器元件的间距，以利布线和维护。

⑥ 将散热器件及发热元件置于风道中，以保证得到良好的散热条件；而熔断器应置于风道外，以避免改变其工件特性。

(2) 在电器元件布置图中，还要根据该部件进出线的数量和采用导线的规格，选择进出线方式及适当的接线端子板或接插件，按一定顺序在电器元件布置图中标出进出线的接线号。为便于施工和以后的扩容，在电器元件布置图中往往应留有 10% 以上的备用面积及线槽位置。

(3) 绘制电器元件布置图时，电动机要和被拖动的机械设备画在一起；操作手柄应画在便于操作的地方，行程开关应画在获取信息的地方。

三、电气安装接线图

电气安装接线图(图 2-9)主要是为电气设备的安装配线、线路检查以及检修电器故障服务的。它用规定的图形符号及连线表示出各电气设备、电器元件之间的实际接线情况，不但要画出控制柜内部的电器连接，还要画出柜外电器的连接。电气安装接线图中的回路标号是电气设备之间、电器元件之间、导线与导线之间的连接标记，它不仅要把同一电器的各个部件画在一起，而且各个部件的布置要尽可能符合该电器的实际情况，但对比例和尺寸没有严格要求。它的图形符号、文字符号和数字符号应与原理图中的标号一致。

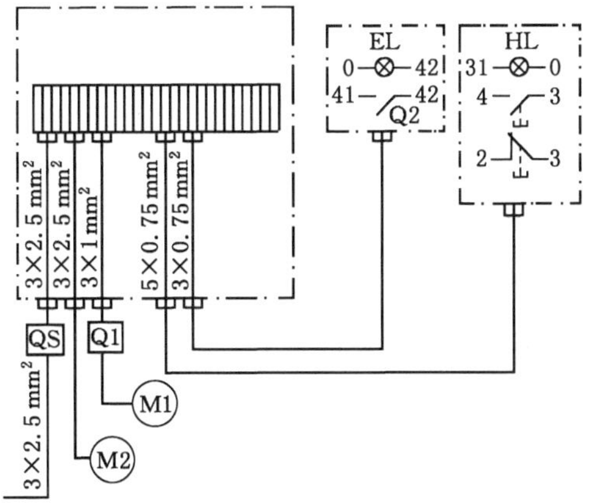

图 2-9　CW6132 型车床电气安装接线图

电气安装接线图是根据电气控制原理图和电器元件布置图进行绘制的。按照电器元件布置最合理、连接导线最经济等原则来绘制。为安装电气设备、电器元件间的配线及电气故障的检修等提供依据。

在绘制电气安装接线图时，应遵循以下原则：

(1) 在接线图中，各电器元件均按其在安装底板中的实际位置绘出，各电器元件按实际外形尺寸以统一比例绘制。

(2) 电器元件按外形绘制，并与布置图一致，偏差不能太大。绘制电气安装接线图时，一个元件的所有部件绘在一起，并用点画线框起来，表示它们是安装在同一安装底板上的。

(3) 所有电器元件及其引线应标注与电气控制原理图相一致的文字符号及接线回路标号。

(4) 电器元件之间的接线可直接连接，也可采用单线表示法绘制，实含几根线可从电器元件上标注的接线回路标号数看出来。当电器元件数量较多、接线较复杂时，也可不画各元件间的连线，但是在各元件的接线端子回路标号处应标注另一元件的文字符号，以便识别和方便接线。

(5) 接线图中应标出配线用的各种导线的型号、规格、截面积及颜色等。另外，还应标明穿管的种类、内径、长度及接线根数、接线编号。

(6) 接线图中所有电器元件的图形符号、文字符号和各接线端子的编号必须与电气控制原理图中的一致，且符合国标规定。

(7) 电气安装接线图统一采用细实线。成束的接线可以用一条实线表示。接线很少时，可直接画出各电器元件间的接线方式；接线很多时，为了简化图形，可不画出各电器元件间的接线，而用符号标注在电器元件的接线端，并标明接线的线号和走向。

电气控制线路图绘图识图微课讲解

(8) 安装在底板内、外电器元件之间的连线通过接线端子板才能连接，并且安装底板上有几条接到外电路的引线，端子板上就应绘出几个接线的接点。

项目分析

一、点动控制电路

点动控制适合于短时间的启动操作，在起吊重物、生产设备调整工作状态时应用。点动控制电路原理图如图 2-10 所示，安装接线图如图 2-11 所示，器件布置图如图 2-12 所示。接线图是根据电气控制原理图与电器安装位置绘制的图形，接线图中粗实线表示母线、细实线表示分支线，分支线与母线连接时成 45°或 135°。

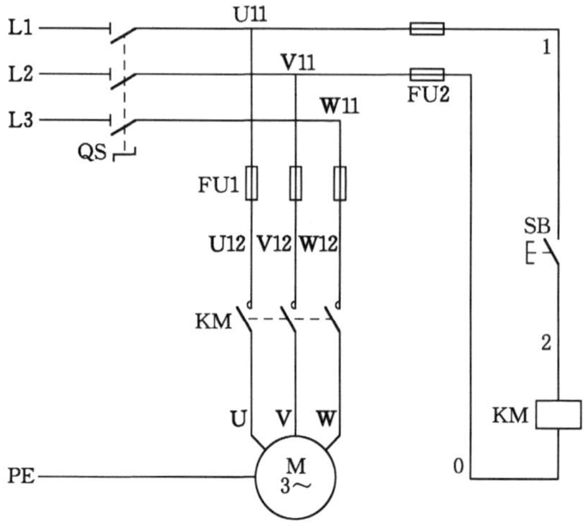

图 2-10　点动控制电路原理图

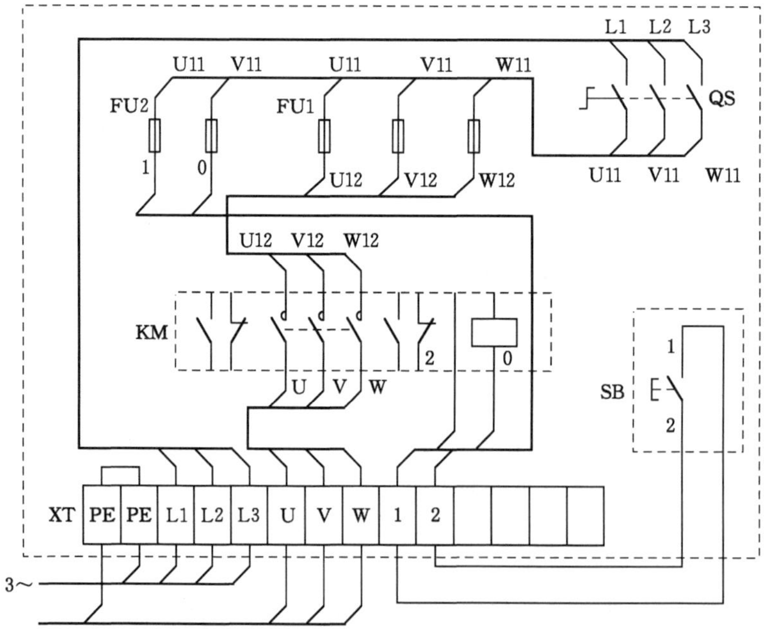

图 2-11　点动控制电路安装接线图

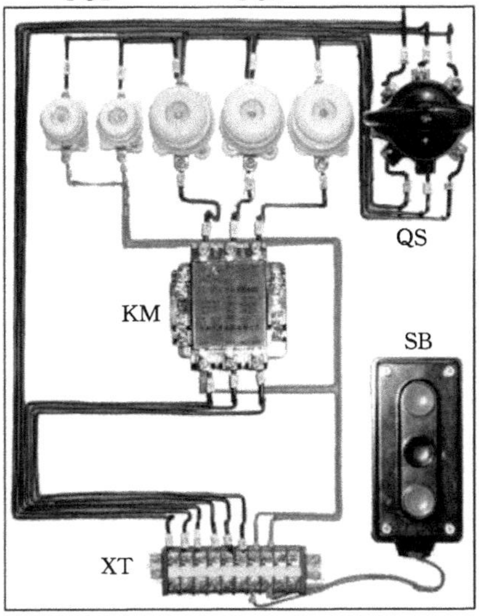

图 2-12 点动控制电路器件布置图

工作原理：电气控制电路可分为主电路和控制电路。主电路是电动机电流流经的电路，主电路的特点是电压高(380 V)、电流大。控制电路是对主电路起控制作用的电路，控制电路的特点是电压不确定(可通过变压器变压，通常电压范围为 36～380 V)、电流小。在电路原理图中主电路绘制在左侧，控制电路按主电路动作顺序绘制在右侧。接触器的主触点接入主电路，线圈接入控制电路，两者的图形符号不同，但文字符号相同，即表示为同一个电气器件。当接触器线圈通电时，主触点闭合；当接触器线圈断电时，主触点分断。

点动控制电路的工作原理如下：

合上电源组合开关 QS。

启动：按下按钮 SB→KM 线圈得电→KM 主触点闭合→电动机 M 通电运转。

停止：松开按钮 SB→KM 线圈失电→KM 主触点分断→电动机 M 断电停止。

二、具有过载保护的自锁控制电路

图 2-13 所示为具有过载保护的自锁控制电路电气原理图，图 2-14 所示为具有过载保护的自锁控制电路安装接线图。将热继电器的热元件串联接入主电路，常闭触点串联接入控制电路。当电动机正常工作时，热继电器不动作。当电动机过载且时间较长时，热元件因过流发热引起温度升高，而使双金属片受热膨胀弯曲变形，推动传动推杆使热继电器常闭触点断开，切断控制电路，接触器线圈失电而断开主电路，实现对电动机的过载保护。

由于热继电器的热元件具有热惯性，所以热继电器从过载到触点断开需要延迟一定的时间，即热继电器具有延时动作特性。这正好符合电动机的启动要求，否则电动机在启动过程中也会因过载而断电。但是，正是由于热继电器的延时动作特性，即使负载短路也不会瞬时断开，因此热继电器不能作短路保护之用。

热继电器的复位应在过载断电几分钟后，待热元件和双金属片冷却后进行。

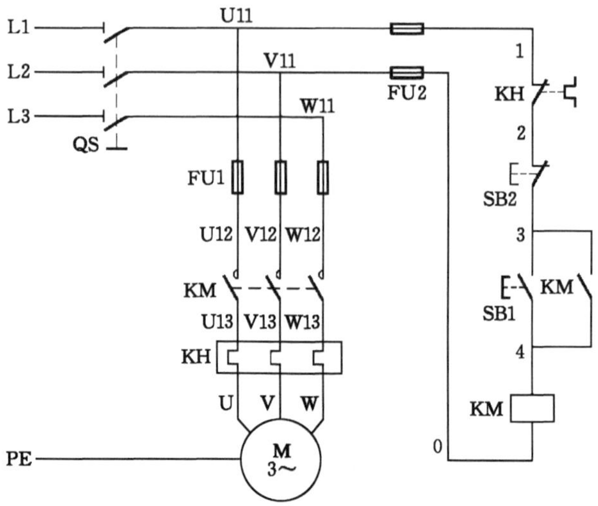

自锁控制电路工作原理动画

图 2-13　具有过载保护的自锁控制电路电气原理图

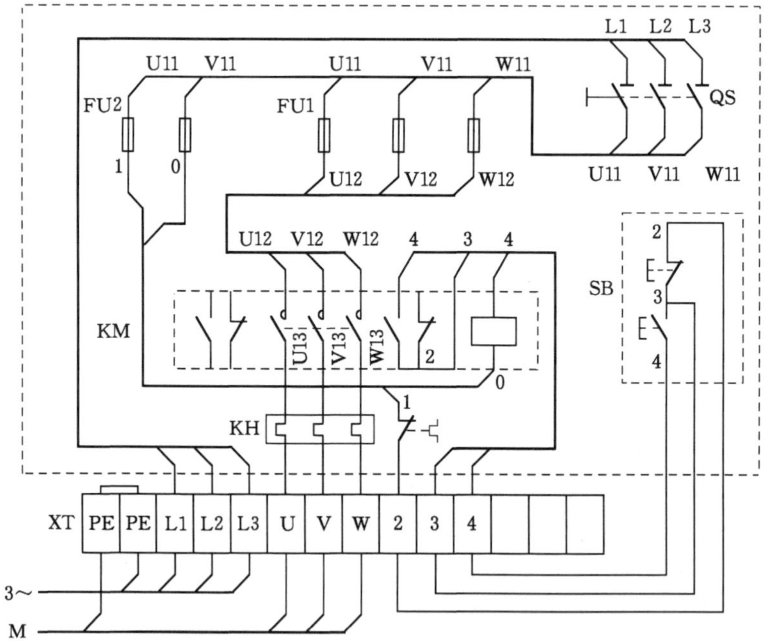

图 2-14　具有过载保护的自锁控制电路安装接线图

项目实施

一、工具及器材

工具及器材见表 2-1。

表 2-1　工具及器材

序号	名称	型号与规格	单位	数量
1	三相交流电源	3×380 V	处	1
2	电工通用工具	万用表、螺丝刀(十字口和一字口)、电工刀、尖嘴钳、斜口钳等	套	1
3	低压开关	隔离开关(HL32 系列)	个	1
4	低压熔断器	RL1 系列,60 A	个	3
5	低压熔断器	RL1 系列,15 A	个	2
6	按钮	LA10-3H	个	1
7	接触器	CJ10-10(线圈电压 380 V)	个	1
8	热继电器	JRS 系列,根据电动机自定	个	1
9	电动机	根据实习设备自定(小功率电动机)	台	1
10	导线	BVR 1.5 mm^2 塑铜线		若干

二、操作注意事项

不允许带电安装元器件或连接导线,在有指导老师现场监护的情况下才能接通电源。停止时必须先按下停止按钮,不允许带负荷分断电源开关。

三、操作步骤

(1) 仔细观察各种不同类型、规格的热继电器,熟悉它们的外形、结构、型号及主要技术参数,并设定整定电流值。

(2) 按图 2-14 所示的安装接线图在控制板上安装元器件和配线,要求各元器件安装应整齐、匀称、间距合理。

(3) 经指导老师检查合格后进行通电操作。

四、项目完成情况评价

项目完成情况评价见表 2-2。

表 2-2　项目完成情况评价(评分细则见附录)

内容	职业素质	专业知识	岗位技能	实操安全	答辩及作业	项目完成结果
占比	20%	20%	20%	10%	10%	20%
同学 1	□优□良 □中□差	□优□良 □中□差	□优□良 □中□差	□优□良 □中□差	□优□良 □中□差	□优□良 □中□差
同学 2	□优□良 □中□差	□优□良 □中□差	□优□良 □中□差	□优□良 □中□差	□优□良 □中□差	□优□良 □中□差
同学 3	□优□良 □中□差	□优□良 □中□差	□优□良 □中□差	□优□良 □中□差	□优□良 □中□差	□优□良 □中□差
教师	□优□良 □中□差	□优□良 □中□差	□优□良 □中□差	□优□良 □中□差	□优□良 □中□差	□优□良 □中□差
总结及自评						
小组同学 签名:		教师 签名:		综合评价:		

知识拓展

一、点动与自锁混合控制电路

生产设备在正常运行时一般采取连续方式,但有的设备运行前需要先用点动调整工作状态,点动与自锁混合控制电路就能实现这种工艺要求。

点动与自锁混合控制电路原理图如图 2-15 所示,安装接线图如图 2-16 所示。电路中使用 3 个按钮,分别是启动按钮 SB1、停止按钮 SB2 和点动按钮 SB3。点动按钮是复合按钮,其常闭触点与接触器自锁触点串联,在按下点动按钮时分断了自锁电路,使自锁功能不起作用。

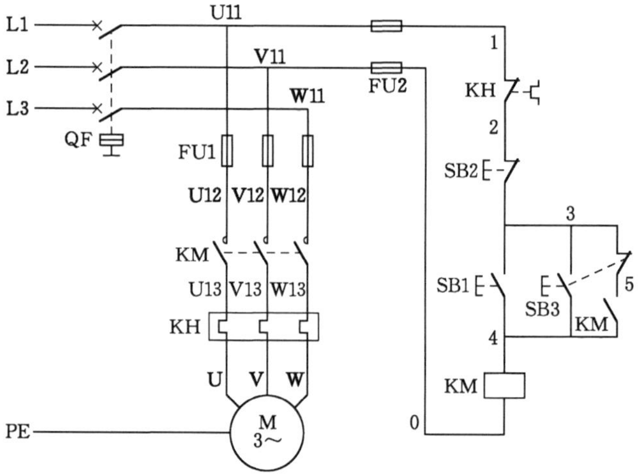

图 2-15　点动与自锁混合控制电路原理图

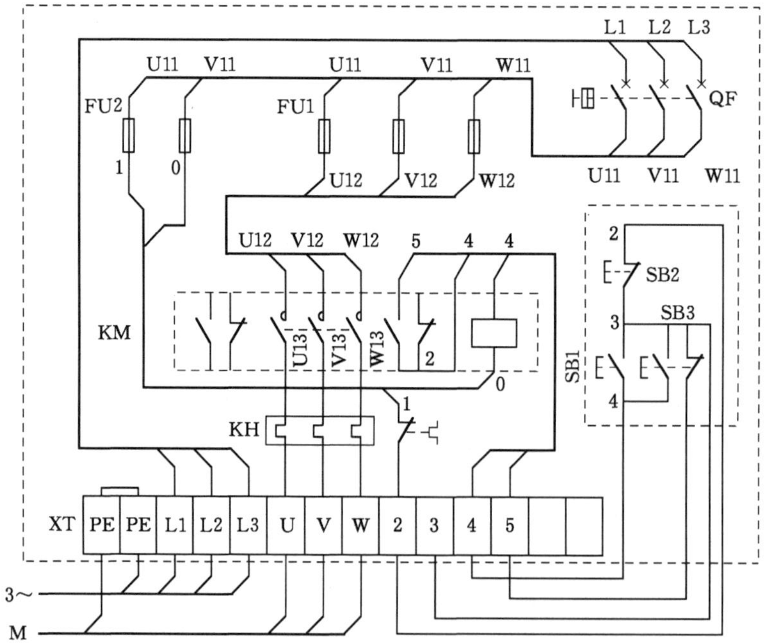

图 2-16　点动与自锁混合控制电路安装接线图

1. 连续控制

启动：
按下SB1 → KM线圈得电 → KM自锁触点闭合自锁；KM主触点闭合 → 电动机M启动连续运转

停止：
按下SB2 → KM线圈失电 → KM自锁触点分断，解除自锁；KM主触点分断 → 电动机M断电停转

2. 点动控制

启动：
按下SB1 → SB3常闭触点先分断自锁电路；SB3常开触点后闭合 → KM线圈得电 → KM自锁触点闭合；KM主触点闭合 → 电动机M得电启动运转

停止：
按下SB2 → SB3常开触点先恢复分断 → KM线圈失电 → KM自锁触点分断；KM主触点分断 → 电动机M断电停转；SB3常闭触点后恢复闭合（此时KM自锁触点已分断）

二、机床控制电路的识读

如图 2-17 所示，其工作原理为：

（1）接通电源开关 QS，信号灯 HL 亮。

（2）主轴启动。按下启动按钮 SB2，接触器 KM1 通电自锁，KM1 主触点闭合，M1 通电启动。

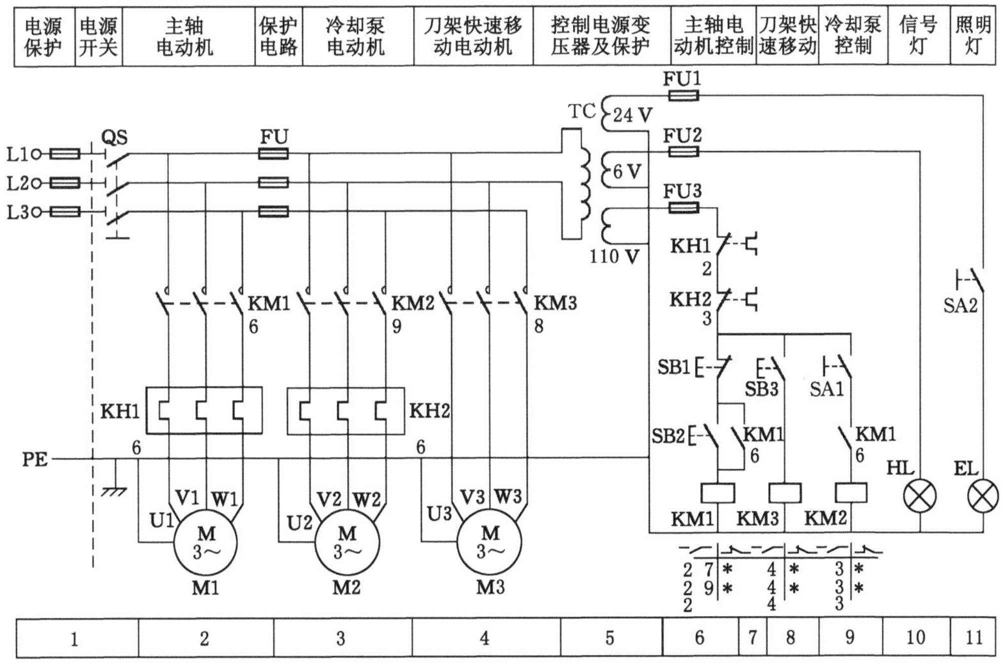

图 2-17　机床控制电路

(3) 冷却泵启动。拨动开关 SA1，因 KM1 常开触点已接通，所以接触器 KM2 通电，KM2 主触点闭合，M2 通电启动。

(4) 刀架快速移动。按下点动按钮 SB3，接触器 KM3 通电，KM3 主触点闭合，M3 通电启动；松开点动按钮 SB3，接触器 KM3 断电，KM3 主触点分断，M3 停止。

(5) 停止。按下停止按钮 SB1，主轴、冷却泵电动机均停止工作。

(6) 照明灯工作。车床工作时，接通开关 SA2，照明灯 EL 工作。

(7) 工作结束后，断开电源开关 QS，信号灯 HL 灭。

技术交流

一、电工安装要求

安装过程应始终坚持规范化、质量化、条理化、安全化。

(1) 规范化。电工在安装中，应以国家标准为依据，统筹规划、精心考虑、仔细操作。安装之前，学习国家、行业标准，认真领会。

(2) 质量化。质量是企业的生命线，电工安装也是如此。电工在安装过程中，要认真从每根线开始，接好每一个接点，保证安装质量。

(3) 条理化。条理化是一个行业产品的重要标志，只有条理化，才能保证质量。一开始就要养成良好习惯，使安装出来的产品井然有序、整齐美观，具有可读性、可维修性。

(4) 安全化。安全第一贯穿电工安装的始终，特别是高空操作者和带电操作者，一定要小心翼翼，慎之又慎。

二、接触器产品说明

Type	Rated thermal current/A	Rated operating current at AC 3 380 V/A	Rated operating current at 660 V/A	The power of controlled motor/kW		Type of auxiliary contact
				380 V	660 V	
3TB40	20	9	3.33	4	5.5	1NO
3TB41	20	12	4.33	5.5	7.5	1NC
3TB42	30	18	7.77	7.5	11	1NO+1NC
3TB43	30	22	8.5	11	11	2NO+2NC
3TB44	45	32	12	15	23	2NC+2NO

Product description of 3TB43 AC magnetic electrical contactor siemens CZ3TB series AC contactor are latest products in 1990's. The products bring in produce technical from German Siemens Company for 50/60 Hz, rated insulation voltage up to 690～1 000 V, rated operational current up to 9～400 A at rated operational voltage up to 380 V under the AC-3 category. 3TB series are mainly used for connecting or disconnecting electric circuits at long distance, including starting, stopping and reversing AC motors. They are made according to IEC947、VDE0660、GBI4048.

巩固练习

1. 什么是点动控制？点动控制主要应用在哪些场合？
2. 线圈电压为 220 V 的交流接触器误接到 380 V 电源上会发生什么问题？
3. 从接触器的结构上如何区分是交流接触器还是直流接触器？如何选用接触器？
4. 什么是接触器自锁控制电路的欠压保护和失压保护？
5. 交流接触器的灭弧装置起到什么作用？
6. 控制电路的主电路和控制电路各有什么特点？
7. 什么是自锁控制？试分析判断如图 2-18 所示的各控制电路能否实现自锁控制。若不能，分析说明原因。

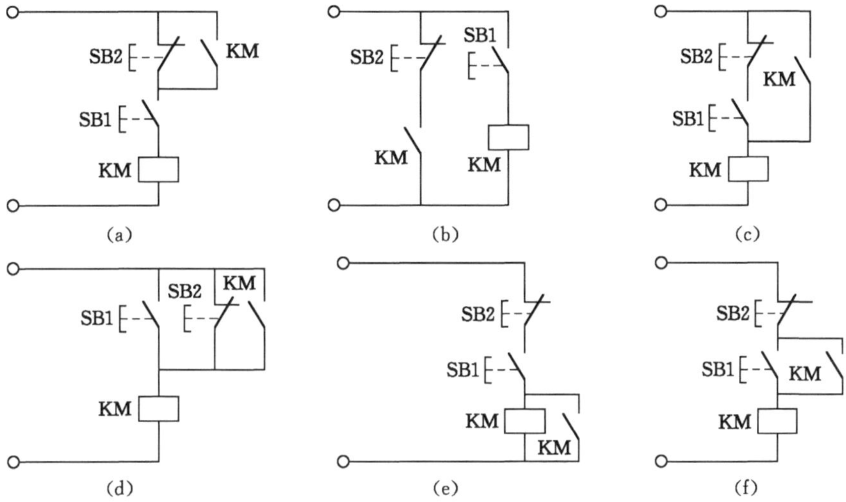

图 2-18　题 7 图

8. 热继电器有哪几种类型？如何选用热继电器？
9. 在连续工作的电动机主电路中装有熔断器，为什么还要装热继电器？
10. 低压断路器有哪些保护功能？分别由哪些部件完成？

项目三　电动机正反转控制电路接线与调试

学习目标

1. 播放《大国重器》纪录片，引导学习者崇尚爱岗敬业、精益求精的工匠精神。
2. 熟悉断路器、行程开关等低压电器的构造原理，能够依据其性能参数进行选型。
3. 能够按照工艺要求正确安装、调试交流电动机联锁控制电路。
4. 具备基本的排查电路故障、维修电器元件的能力。
5. 培养学习者运用辩证思维分析电路问题、解决实际问题的能力。

相关知识

工农业生产中，生产机械的运动部件往往要求实现正反两个方向的运动，这就要求拖动电动机能正反向旋转。

一、低压断路器

断路器是指能接通、承载以及分断正常电路条件下的电流，也能在规定的非正常电路条件(如短路)下接通、承载一定时间和分断电流的一种机械开关电器，过去叫作自动空气开关，为了和IEC(国际电工委员会)标准一致，改名为断路器。

1. 低压断路器的功能和型号规格

低压断路器是将控制电器和保护电器的功能合为一体的电器，其外形及文字符号如图3-1所示，型号规格如图3-2所示。在正常条件下，它常用于不频繁接通和断开的电路以及控制电动机的启动和停止。它常用作总电源开关或部分电路的电源开关。

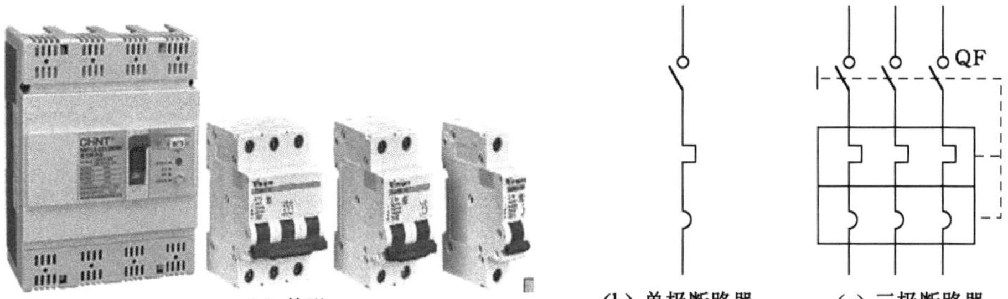

(a) 外形　　(b) 单极断路器　　(c) 三极断路器

图3-1　低压断路器的外形及文字符号

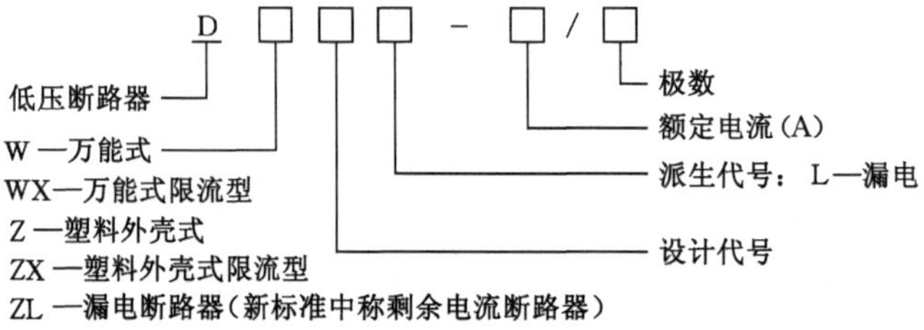

图3-2　低压断路器的型号规格

2. 低压断路器的结构和工作原理

低压断路器的种类虽然很多，但结构基本相同，主要由触头系统和灭弧装置、各种脱扣器与操作机构、自由脱扣机构等部分组成。

各种脱扣器包括过流、欠压(失压)脱扣器及热脱扣器等。灭弧装置因断路器的种类不同而不同，常采用狭缝式和去离子灭弧装置，塑料外壳式的灭弧装置采用硬钢纸板嵌上栅片制成。

当电路发生短路或过流故障时，过流脱扣器的电磁铁吸合衔铁，使自由脱扣机构的钩子脱开，自动开关触头在弹簧力的作用下分离，可以及时有效地切除高达数十倍额定电流的故障电流，如图3-3所示。

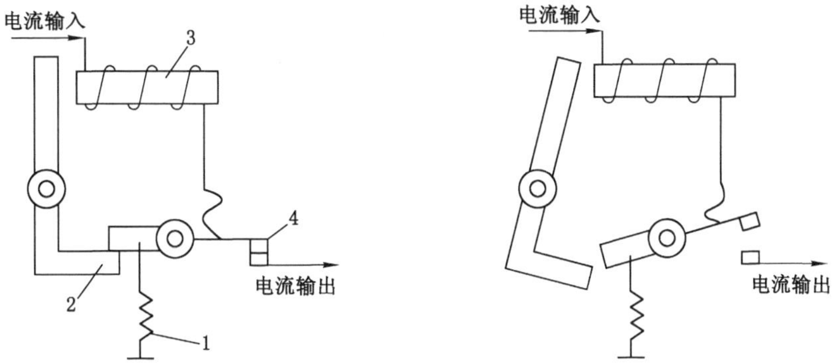

(a) 正常工作状态　　(b) 过电流脱扣状态

1—弹簧;2—脱扣机构;3—电磁铁线圈;4—触头。

图 3-3 低压断路器工作原理图(过电流保护)

当电路过载时,热脱扣器的热元件发热,使双金属片向上弯曲,推动自由脱扣机构动作,如图 3-4 所示。

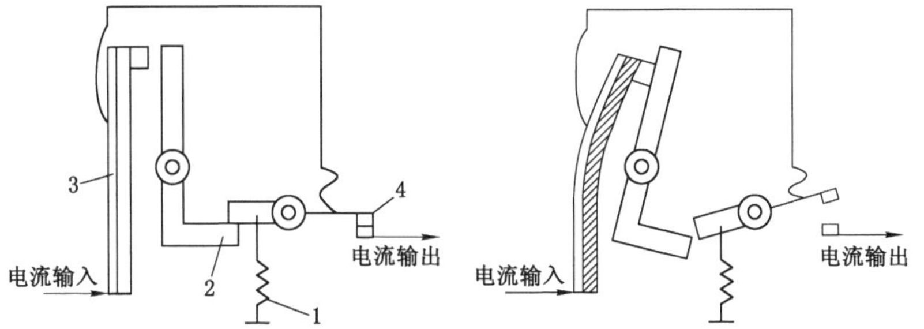

(a) 正常工作状态　　(b) 热脱扣状态

低压断路器工作原理动画

1—弹簧;2—脱扣机构;3—双金属片;4—触头。

图 3-4 低压断路器工作原理图(过载保护)

分励脱扣器则作为远距离控制用,在正常工作时其线圈是断电的。在需要距离控制时,按下启动按钮,使线圈通电,衔铁带动自由脱扣机构动作,使主触头断开。

开关的主触头靠操作机构手动或电动合闸,在正常工作状态下能接通和分断工作电流,电网电压过低或为零时,电磁铁释放衔铁,自由脱扣机构动作,使断路器触头分离,从而在过流与零压、欠压时保证了电路及电路中设备的安全。

3. 低压断路器的典型产品

低压断路器主要分类方法是以结构形式分类,有开启式和装置式两种。开启式又称为框架式或万能式,装置式又称为塑料外壳式(简称塑壳式)。还有其他的分类方法,如按照用途分类,有配电用、电动机保护用、家用和类似场所用、漏电保护用和特殊用途用;按照极数分类,有单极、两极、三极和四极;按照灭弧介质分类,有真空式和空气式。

低压断路器外形结构紧凑、体积小,采用导轨安装,目前常用于电气设备中取代组合开关、熔断器和热继电器。常用的 DZ 系列低压断路器如图 3-5 所示。

(a) DZ47-63　(b) DZ5　(c) DZ47-100

图 3-5　DZ 系列低压断路器

4. 低压断路器的选用

(1) 应根据线路对保护的要求确定断路器的类型和保护形式，如万能式或塑壳式断路器，通常电流在 600 A 以下时选用塑壳式断路器。当然，现在也有塑壳式断路器的额定电流大于 600 A 的。

(2) 断路器的额定电压 U_N 应等于或大于被保护线路的额定电压。

(3) 断路器欠压脱扣器额定电压应等于被保护线路的额定电压。

(4) 断路器的额定电流及过流脱扣器的额定电流应大于或等于被保护线路的计算电流。

(5) 断路器的极限分断能力应大于线路的最大短路电流的有效值。

(6) 配电线路中的上、下级断路器的保护特性应协调配合，下级的保护特性应位于上级保护特性的下方，并且不相交。

(7) 断路器的长延时脱扣电流应小于导线允许的持续电流。

(8) 选用断路器时，要考虑断路器的用途。

(9) 在直流控制电路中，直流断路器的额定电压应大于直流线路电压。若有反接制动和逆变条件，则直流断路器的额定电压应大于 2 倍的直流线路电压。

5. 注意事项

(1) 在接线时，低压断路器上方的接线端子应接电源线，下方的接线端子应接负荷线。

(2) 照明电路的瞬时脱扣电流类型常选用 C 型。

【例 3-1】 CA6140A 车床上配有 3 台三相异步电动机，主电动机功率为 7.5 kW，快速电动机功率为 275 W，冷却电动机功率为 150 W，控制电路的功率约为 500 W，请选用合适的电源开关。

解　由于电动机额定电压为 380 V，所以选择断路器的额定电压为 380 V。电路的额定电流为：

$$(7\,500+275+150+500)/380=22.2\ (\mathrm{A})$$

可选择断路器的额定电流为 40 A。

DZ15-40 系列的断路器比较适合用作电源开关，因此，最终选择的低压断路器的型号为 DZ15-40/40。

二、中间继电器

中间继电器是指用来增加控制电路中的信号数量或将信号放大的继电器。它实际上是电压继电器的一种。它的触头多，有的甚至多于 6 对，触头的容量大（额定电流为 5～10 A），动作灵敏（动作时间不大于 0.05 s）。

1. 中间继电器的功能

中间继电器主要起中间转换（传递、放大、翻转分路和记忆）作用，其输入信号为线圈的通电和断电，输出信号是触头的断开和闭合，它可将输出信号同时传给几个控制元件或回路。

中间继电器的触头额定电流要比线圈额定电流大得多，因此具有放大信号的作用，一般控制线路的中间控制环节基本都由中间继电器组成。

2. 中间继电器的结构和工作原理

中间继电器主要分成直流与交流两种，也有交直流电路中均可应用的交直流中间继电器，中间继电器由电磁机构和触头系统等组成。电磁机构与接触器相似，由于其触头通过控制电路的电流容量较小，所以无须加装灭弧装置，触头形式多为双断点桥式触头。

在图 3-6 中，13 和 14 是线圈的接线端子，1 和 2 是常闭触头的接线端子，1 和 4 是常开触头的接线端子。

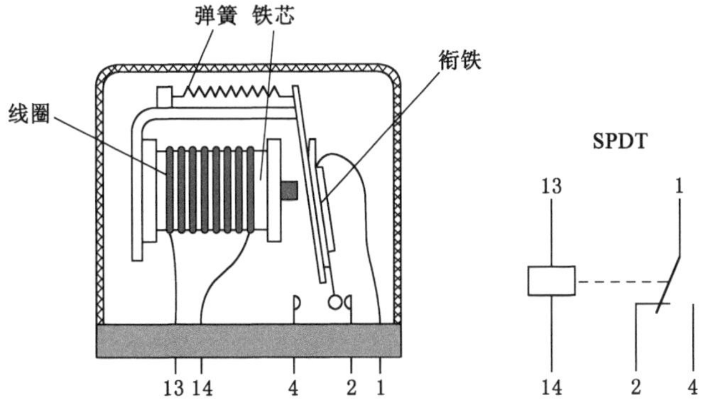

图 3-6　小型继电器结构图

当中间继电器的线圈通电时，铁芯产生电磁力，吸引衔铁，使得常闭触头分断，常开触头吸合在一起。当中间继电器的线圈不通电时，没有电磁力，在弹簧力的作用下衔铁使常闭触头闭合、常开触头分断。

3. 中间继电器的选型

选用中间继电器时，主要应注意线圈额定电压、触头额定电压和触头额定电流。

(1) 线圈额定电压必须与所控电路的电压相符，触头额定电压可为继电器的最高额定电压（即继电器的额定绝缘电压）。继电器的最高工作电流一般小于该继电器的约定发热电流。

(2) 根据使用环境选择继电器，主要考虑继电器的防护和使用区域，如对于含尘、腐蚀性气体和易燃易爆的环境，应选用带罩的全封闭式继电器；对于高原及湿热带等特殊区域，应选用适合其使用条件的产品。

(3) 按控制电路的要求选择触头的类型是常开还是常闭以及触头的数量。

4. 注意事项

(1) 在安装接线时，应检查接线是否正确、接线螺钉是否拧紧。对于很细的导线芯应对折一次，以增加线芯截面积，以免造成虚连。对于电磁式控制继电器，应在触头不带电的情况下，使吸引线圈带电操作几次，观察继电器的动作。对电流继电器的整定值应做最后的校验和整定，以免造成其控制及保护失灵。

(2) 中间继电器的线圈额定电压不能同中间继电器的触头额定电压混淆，两者可以相同，也可以不同。

(3) 接触器中有灭弧装置，而继电器中通常没有，但电磁继电器同样会产生电弧。

三、行程开关

在生产机械中，常需要控制某些运动部件的行程，或运动一定的行程停止，或在一定的行程内自动往复，这种控制机械行程的方式称为行程控制。生产机械运动部件的行程或位置要受到一定范围的限制，否则可能引起机械事故。通常利用生产机械运动部件上的挡铁与位置行程开关的滚轮碰撞，使其触点动作，以此来接通或断开电路，实现对运动部件行程或位置的控制。

行程开关又称限位开关，用以控制工作机械的行程，是发出命令以控制其运动方向或行程大小的开关。它是实现行程控制的小电流(5 A 以下)主令电器。

1. 行程开关的外形、结构和电路符号

行程开关的种类很多，电气设备中常用行程开关的外形、结构和电路符号如图 3-7 所示。

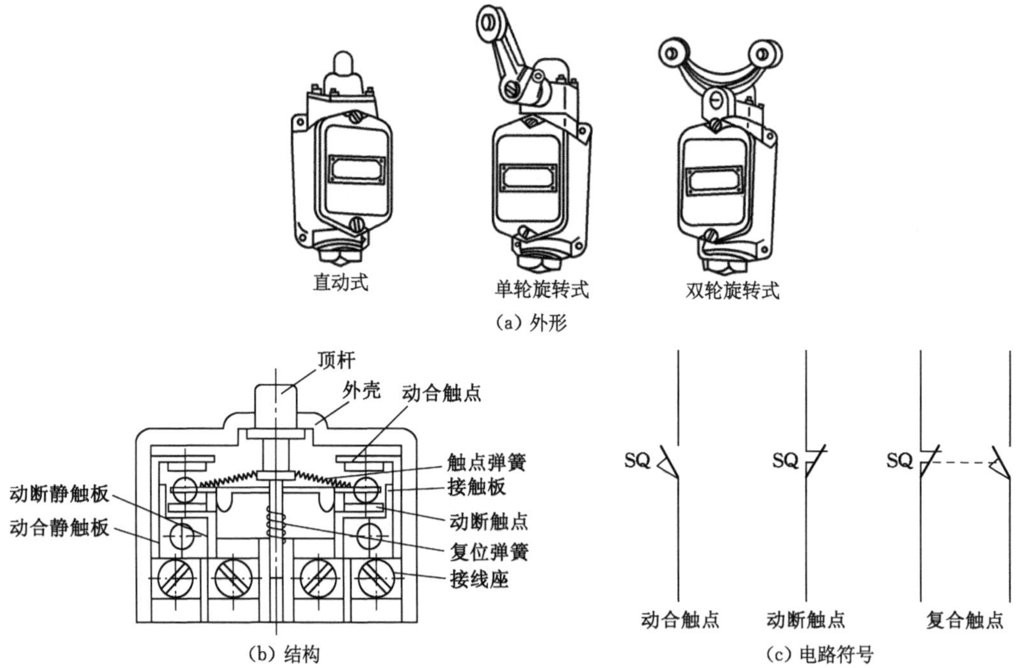

图 3-7　行程开关外形、结构与电路符号

2. 行程开关的功能、型号规格

行程开关用于控制机械设备的运动部件行程及限位保护。在实际生产中，将行程开关安装在预先安排的位置，当安装在生产机械运动部件上的挡块撞击行程开关时，行程开关的触头动作，实现电路的切换。在接线时，注意分辨常开触头和常闭触头。行程开关的型号规格如图 3-8 所示。

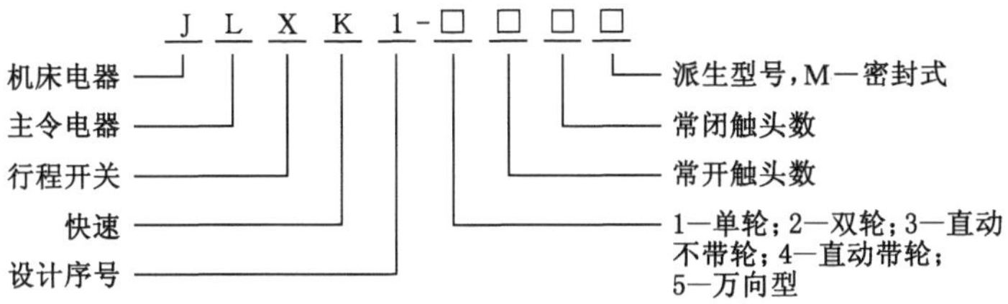

低压控制电器微课讲解

图 3-8　行程开关的型号规格

相关技能

电气故障检修方法

发生故障时，先要对故障现象进行调查，了解故障前后的异常现象，找出出现简单故障的部位及元件。对较为复杂的故障，也可确定故障的大致范围。

常用的故障检查方法有电压测量法、电阻测量法和短接法。

一、电压测量法

如图 3-9 所示，按下启动按钮 SB2，正常时，KM1 吸合并自锁。将万用表拨到交流 500 V 挡，测量电路中 1 点与 2 点、2 点与 3 点、3 点与 4 点、4 点与 5 点各段电压均应为 0，5 点与 6 点之间电压应为 380 V。

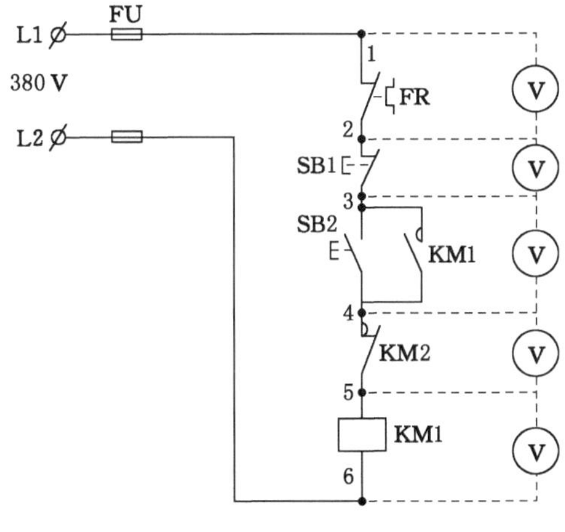

图 3-9　分段电压测量示意图

(1) 触点故障

按下 SB2，若 KM1 不吸合，可用万用表测量 1 点与 6 点之间的电压，若测得电压为 380 V，说明电源电压正常，熔断器是好的。可接着测量 1 点与 5 点之间的各段电压，如 1 点与 2 点之间的电压为 380 V，则热继电器 FR 保护触点已动作或接触不良；如 4 点与 5 点的之间电压为 380 V，则 KM2 触点或连接导线有故障。

(2) 线圈故障

若 1 点与 5 点之间的各段电压均为 0，5 点与 6 点之间的电压为 380 V，而 KM1 不吸合，则故障是 KM1 线圈或连接导线断开。

一般是将电压表的一根表笔固定在线路的一端(如图 3-9 中的 6 点)，另一根表笔由下而上依次接到 5、4、3、2、1 各点，正常时，电表读数为电源电压。若无读数，则表笔逐级上移，当移至某点读数正常，说明该点以前触头或接线完好，故障一般是此点后第一个触头（即刚跨过的触头）或连线断路。

二、电阻测量法

如图 3-10 所示，检查时，先断开电源，把万用表拨到电阻挡，然后逐段测量相邻两标号点 1 与 2、2 与 3、3 与 4、4 与 5 之间的电阻。若测得某两点间的电阻很大，说明该触头接触不良或导线断路；若测得 5 点与 6 点间的电阻很大（无穷大），则线圈断线或接线脱落。若电阻接近零，则线圈可能短路。

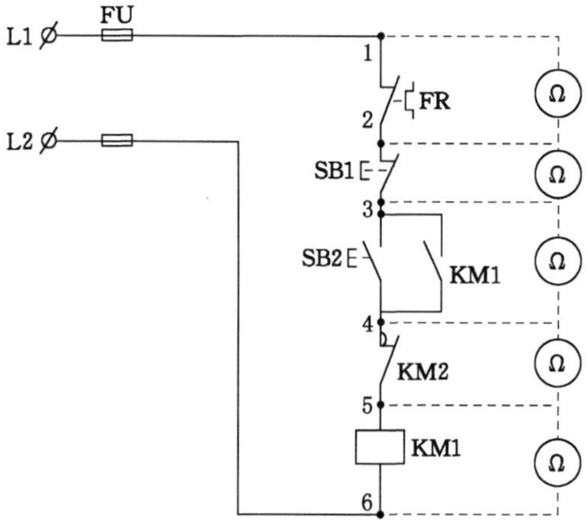

图 3-10　电阻测量示意图

三、短接法

对断路故障，如导线断路、虚连、虚焊、触头接触不良、熔断器熔断等，用短接法查找往往比用电压测量法和电阻测量法更为快捷。检查时，只需用一根绝缘良好的导线将所怀疑的断路部位短接，当短接到某处时电路接通，说明故障就在该处。

1. 局部短接法

局部短接法示意图如图 3-11 所示。

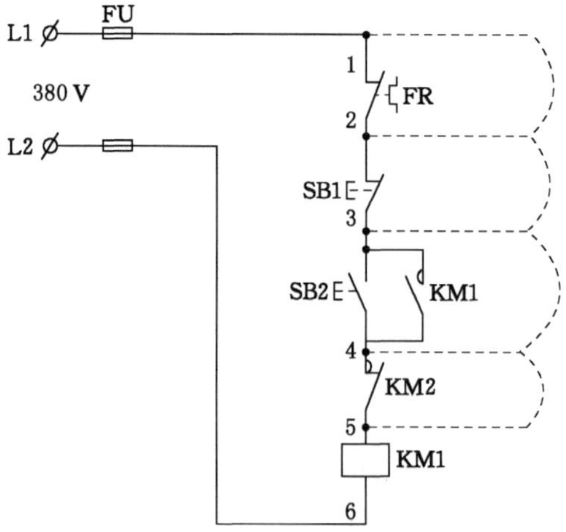

图 3-11　局部短接法示意图

按下 SB2 时，若 KM1 不吸合，说明电路中存在故障，可运用局部短接法进行检查。在电压正常的情况下，按下 SB2 不放，用一根绝缘良好的导线分别短接标号相邻的两点，如 1 点与 2 点、2 点与 3 点、3 点与 4 点、4 点与 5 点。当短接到某两点时，KM1 吸合，说明这两点间存在断路故障。

2. 长短接法

用导线一次短接两个或多个触头查找故障的方法叫长短接法。

相对局部短接法，长短接法有两个重要作用和优点：一是在两个以上触头同时接触不良时，局部短接法很容易造成判断错误，而长短接法可避免误判。以图 3-11 为例，先用长短接法将 1 点与 5 点短接，如果 KM1 吸合，说明这段电路有断路故障，然后再用局部短接法或电压测量法、电阻测量法逐段检查，找出故障点。二是使用长短接法可把故障压缩到一个较小的范围。如先短接 1 点与 3 点，KM1 不吸合，再短接 3 点与 5 点，KM1 能吸合，说明故障在 3 点与 5 点之间电路中，再用局部短接法即可确定故障点。

项目分析

接触器联锁的正反转控制电路如图 3-12 所示。电路中两个接触器引入电源的相序不同，KM1 主触点闭合时，电源相序为 L1→L2→L3，电动机正转；KM2 主触点闭合时，电源相序为 L3→L2→L1，电动机反转。

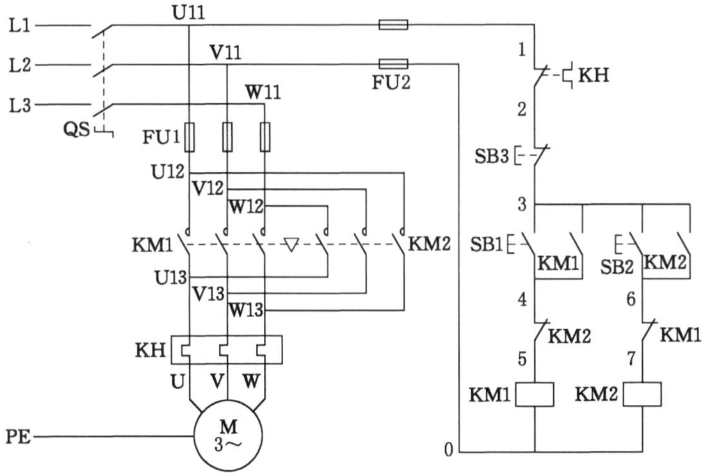

接触器联锁正反转控制电路动画

图 3-12　接触器联锁的正反转控制电路

正转接触器 KM1 与反转接触器 KM2 不允许同时接通，否则会出现电源短路事故。主电路中的“▽”符号为机械联锁符号，表示 KM1 与 KM2 互相机械联锁，可采用 CJX1/N 系列联锁接触器。在控制电路中，必须采用接触器联锁措施。联锁的方法是将接触器的常闭触点与对方接触器线圈串联。当正转接触器工作时，其常闭触点断开反转控制电路，使反转接触器线圈无法通电工作。同理，反转接触器联锁控制正转接触器电路。在电路中起联锁作用的触点称为联锁触点。

（1）正转控制

按下SB1→KM1线圈得电→
- KM1自锁触点闭合自锁 ─┐
- KM1主触点闭合 ───────┴→电动机M启动连续正转
- KM1联锁触点分断，对KM2联锁

(2) 停止控制

按下SB3→KM1线圈失电→
- KM1自锁触点分断，解除自锁 ─┐
- KM1主触点分断 ─────────────┴→电动机M断电停转
- KM1联锁触点恢复闭合，解除对KM2联锁

(3) 反转控制

按下SB2→KM2线圈得电→
- KM2自锁触点闭合自锁 ─┐
- KM2主触点闭合 ───────┴→电动机M启动连续反转
- KM2联锁触点分断，对KM1联锁

该电路的特点：安全可靠，不会因接触器主触点熔焊不能脱开而造成短路事故，但改变电动机转向时需要先按下停止按钮，适合于对换向速度无要求的场合。

项目实施

一、工具及器材

工具及器材见表 3-1。

表 3-1　工具及器材

序号	名称	型号与规格	单位	数量
1	三相交流电源	3×380 V	处	1
2	电工通用工具	万用表、螺丝刀(十字口和一字口)、电工刀、尖嘴钳、斜口钳等	套	1
3	低压开关	组合开关(HZ10-10/3)	个	3
4	低压熔断器	RT 系列	个	2
5	按钮	LA10-3H	个	1
6	接触器	CJX1/N(线圈电压 380 V)	个	1
7	热继电器	JRS 系列，根据电动机自定	个	1
8	电动机	根据实习设备自定(小功率电动机)	台	1
9	导线	BVR 1.5 mm^2 塑铜线		若干

二、操作注意事项

不允许带电安装元器件或连接导线，在有指导老师现场监护的情况下才能接通电源。停止时必须先按下停止按钮，不允许带负荷分断电源开关。

三、操作步骤

(1) 按图 3-13 所示的安装接线图在控制板上安装元器件和配线，要求各元器件安装应整齐、匀称、间距合理。

(2) 经指导老师检查合格后进行通电操作。

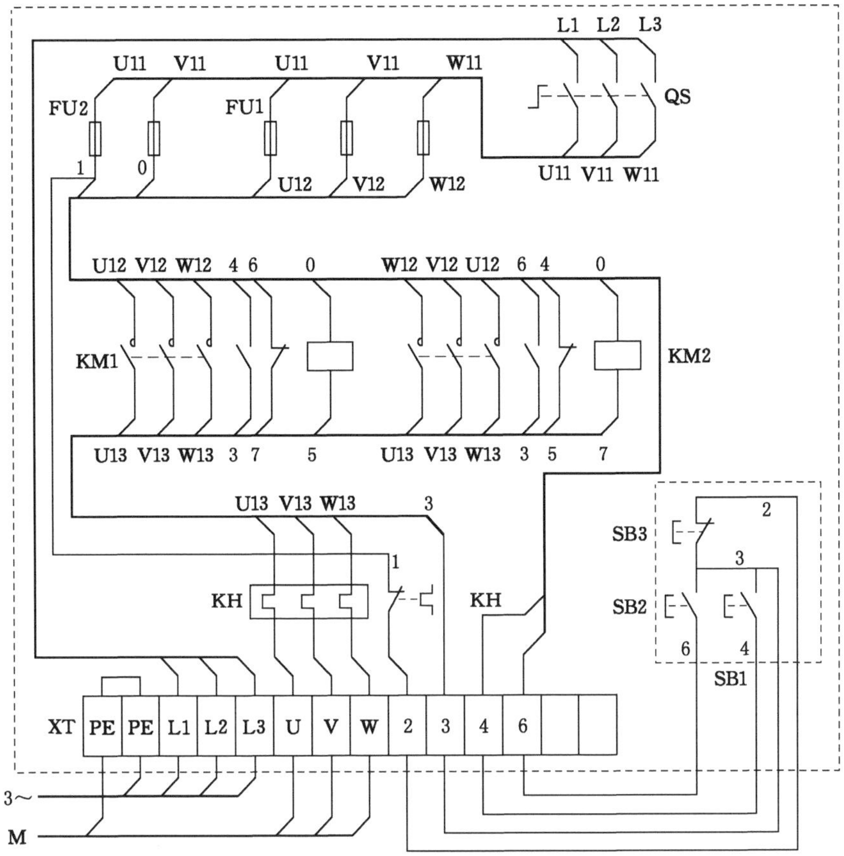

图 3-13　接触器联锁的正反转控制电路安装接线图

四、项目完成情况评价

项目完成情况评价见表 3-2。

表 3-2　项目完成情况评价(评分细则见附录)

内容	职业素质	专业知识	岗位技能	实操安全	答辩及作业	项目完成结果
占比	20%	20%	20%	10%	10%	20%
同学 1	□优□良 □中□差	□优□良 □中□差	□优□良 □中□差	□优□良 □中□差	□优□良 □中□差	□优□良 □中□差
同学 2	□优□良 □中□差	□优□良 □中□差	□优□良 □中□差	□优□良 □中□差	□优□良 □中□差	□优□良 □中□差
同学 3	□优□良 □中□差	□优□良 □中□差	□优□良 □中□差	□优□良 □中□差	□优□良 □中□差	□优□良 □中□差
教师	□优□良 □中□差	□优□良 □中□差	□优□良 □中□差	□优□良 □中□差	□优□良 □中□差	□优□良 □中□差
总结及自评						

小组同学 签名：	教师 签名：	综合评价：

知识拓展

一、漏电保护开关

将漏电保护开关(图 3-14)安装在低压电路中,在电气设备发生漏电或接地故障时,且达到保护器所限定的动作电流值时,漏电保护器能在非常短的时间内动作,自动断开电源进行保护。断路器与漏电保护器(脱扣器)两部分合并起来就构成一个完整的漏电断路器,具有过载、短路、漏电保护功能。

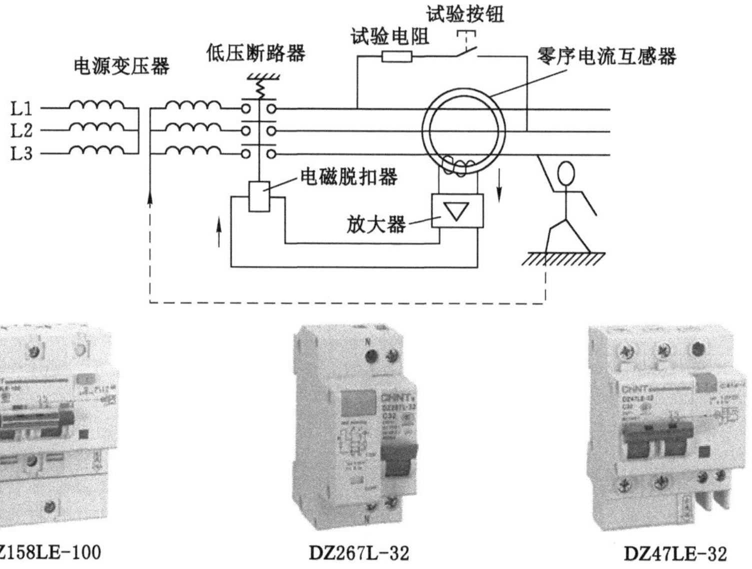

图 3-14　漏电保护开关

二、自动往返控制电路的安装和操作

有些生产机械,要求工作台在一定的行程内能自动往返运动,以实现对工件的连续加工。如图 3-15 所示的磨床工作台,在磨床机身安装了 4 个行程开关 SQ1、SQ2、SQ3 和 SQ4。其中,SQ1、SQ2 用来自动换向,当工作台运动到换向位置时,挡铁撞击行程开关,使其触点动作,电动机自动换向,通过传动机构使工作台自动往返运动。SQ3 和 SQ4 被用作终端限位保护,以防止 SQ1、SQ2 损坏时致使工作台越过极限位置而造成事故。

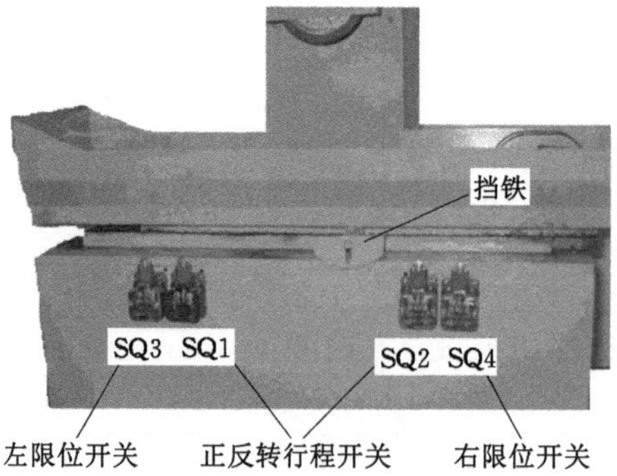

图 3-15　磨床工作台

工作台自动往返控制电路原理图如图 3-16 所示。起换向作用的行程开关 SQ1 和 SQ2 用复合开关，动作时，其常闭触点先断开对方电路，然后其常开触点接通自身电路，实现自动换向功能。当行程开关 SQ3 或 SQ4 动作时，切断控制电路，电动机停止，从而避免运动部件由于越出允许位置而导致事故发生。

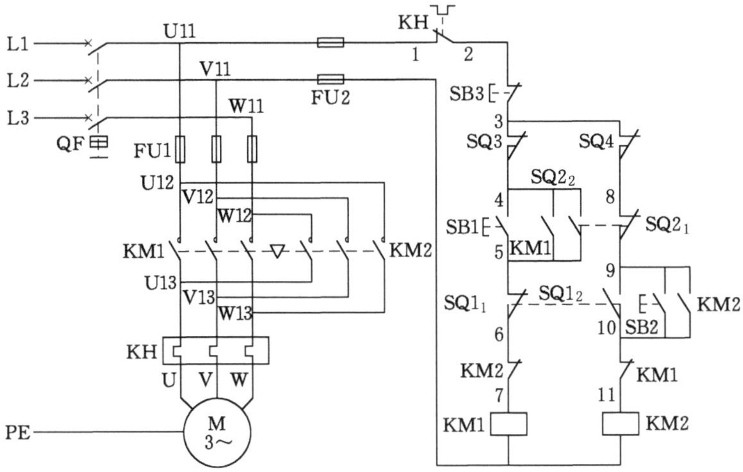

工作台自动往返控制电路动画

图 3-16　工作台自动往返控制电路原理图

工作台自动往返控制电路工作原理分析如下：

(1) 启动

按下 SB1 → KM1 线圈得电 → KM1 自锁触点闭合自锁；KM1 主触点闭合 → 电动机 M 正转 →；KM1 联锁触点分断，对 KM2 联锁

→ 工作台左移 → 至限定位置挡铁撞击 SQ1 →

SQ1₁ 先分断 → KM1 线圈失电 → KM1 自锁触点分断，解除自锁；KM1 主触点分断 → 电动机 M 停止正转，工作台停止左移；KM1 联锁触点恢复闭合

SQ1₂ 后闭合 →

→ KM2 线圈得电 → KM2 自锁触点闭合自锁；KM2 主触点闭合 → 电动机 M 反转 →；KM2 联锁触点分断，对 KM1 联锁

→ 工作台右移（SQ1 触点复位）→ 至限定位置挡铁撞击 SQ2 →

SQ2₁ 先分断 → KM2 线圈失电 → KM2 自锁触点分断，解除自锁；KM2 主触点分断 → 电动机 M 停止反转，工作台停止右移；KM2 联锁触点恢复闭合

SQ2₂ 后闭合 →

→ KM1 线圈得电 → KM1 自锁触点闭合自锁；KM1 主触点闭合 → 电动机 M 又正转 →；KM1 联锁触点分断，对 KM2 联锁

→ 工作台又左移（SQ2 触点复位）→ ···

不断重复上述过程，工作台就在限定的行程内做自动往返运动。

（2）停止

按下SB3 ⟶ 整个控制电路失电 ⟶ KM1（或KM2）主触点分断 ⟶ 电动机M断电停转

技术交流

一、电工维修经验

要彻底排除故障，必须清楚故障发生的原因。要迅速查明故障原因，除不断在工作中积累经验外，更重要的是能从理论上分析、解释产生故障的原因，即“知其然，还要知其所以然”，用理论指导自己的操作，灵活运用排除故障的各种方法。

（1）有一定的专业理论知识。很多电气现象，只有具备专业理论知识才能真正弄懂、弄通。维修电工与其他工种比较而言，理论性更强，有时候没有理论的指导，很多工作根本无法进行。实际工作中，往往动脑筋的时间比动手的时间还长，一旦找出故障点，修复是比较简单的。不具有一定的专业知识，就不能做到对某些问题的真正理解和掌握。

（2）了解设备的运动形式，弄懂并熟练掌握设备的电气工作原理，进而比较该设备的电气控制特点，是排除故障非常重要的基础。熟悉掌握设备复合控制系统和电气控制技术的主要内容，了解其典型性、综合性与复杂性。真正掌握典型设备系统的故障排除技能，遇到其他设备就能举一反三、触类旁通。系统出现故障时，往往牵扯到较大的范围，不掌握该设备的电气工作原理，就不能较好地排除故障，甚至排除不了故障。

（3）了解各电器元件在设备中的具体位置及线路的布局，实现电气原理图与实际配线的一一对应，是提高故障排除速度的基础。做到这一点，可以对设备有一个进一步的了解，并且在排除故障时，能选择有效的测试点，防止误判断，以迅速判断、缩小故障范围。

二、断路器产品说明

Pole No	1、2、3、4
Rated voltage	AC 230/400 V
Rated current/A	1、2、3、4、6、10、13、16、20、25、32、40、50、63
Tripping curve	B、C、D
Rated short-circuit capacity	6 kA、10 kA
Rated frequency	50/60 Hz
Energy limiting class	3
Rated impulse withstand voltage	6.2 kV
Electro-mechanical endurance	≥6 000
Contact position indication	
Connection terminal	Screw terminal/Pillar terminal with calm
Connection capacity	Rigid conductor up to 25 mm^2
Fastening torque	2.0 N • m
Installation	On symmetrical DIN rail 35 mm/Panel mounting

巩固练习

1. 塑料外壳式断路器有哪些脱扣器？各起什么作用？按下分励脱扣器后断路器不分闸是什么原因？怎样处理？

2. 什么叫联锁控制？在电动机正反转控制电路中为什么必须要有联锁控制？联锁控制有几种方式？哪种联锁控制方式是必须实行的？

3. 试绘出两台电动机的顺序启动、逆序停车控制电路，并分析工作原理。

4. 设计一个小车运行的控制电路及主电路，其动作过程如下：① 小车由原位开始前进，到终点后自动停止；② 在终点停留 2 min 后自动返回原位停止。

5. 运动部件 A、B 分别由电动机 M1、M2 拖动，如图 3-17 所示。要求按下启动按钮后，能按下列顺序完成所需动作：① 运动部件 A 从 1→2；② 接着运动部件 B 从 3→4；③ 接着 A 又从 2→1；④ 最后 B 从 4→3，停止运动；⑤ 上述动作完成后，若再次按下启动按钮，又按上述顺序动作。请画出电动机 M1、M2 的控制原理图。

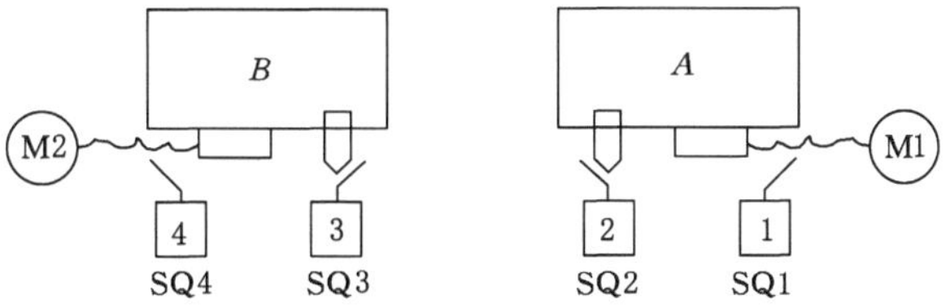

图 3-17　运动部件的运行

项目四　电动机降压启动控制电路接线与调试

学习目标

1. 通过大型电控系统运行工作展示，培养学习者积极思考、刻苦钻研的思维习惯。
2. 能够正确选用、安装和调节时间继电器、万能转换开关等常用低压控制电器。
3. 掌握电动机降压启动控制电路的电路原理。
4. 掌握常用电工仪表的使用，具备电动机降压启动控制电路的安装、调试能力。
5. 培养学习者吃苦耐劳、精益求精的工匠精神以及沟通交流、协作分工的团队意识。

相关知识

降压启动适用于容量大于或等于 20 kW 并带轻载的工况。由于是轻载，故电动机启动时电磁转矩很容易满足负载要求。主要问题是启动电流大，电网难以承受过大的冲击电流，因此必须降低启动电流。

一、电动机的启动

1. 三相异步电动机对启动的要求

(1) 电动机有足够大的启动转矩。

(2) 一定大小启动转矩前提下,启动电流越小越好。

(3) 启动所需设备简单,操作方便。

(4) 启动过程中功率损耗越小越好。

2. 鼠笼式异步电动机的启动

(1) 直接启动(全压启动)

启动时加在电动机定子绕组上的电压为额定电压。三相异步电动机直接启动的条件(满足一条即可):

① 容量在 7.5 kW 以下的电动机均可采用。

② 由专用变压器供电时,电动机的容量小于变压器容量的 20%。

③ 可用经验公式粗估电动机是否可直接启动:

$$\frac{I_{st}}{I_N} \leqslant \frac{3}{4} + \frac{\text{供电变压器容量(kV·A)}}{4\times\text{启动电动机功率(kW)}}$$

优点:所需启动设备简单,启动时间短,启动方式简单、可靠,所需成本低。

缺点:启动电流很大,对电动机及电网有一定冲击。

(2) 降压启动

降压启动是在电动机启动时降低定子绕组上的电压,启动结束后加额定电压的启动方式。降压启动能起到降低电动机启动电流的目的,但由于转矩与电压的平方成正比,因此降压启动时电动机的转矩减小较多,故只适用于空载或轻载启动。

① 电阻(或电抗)降压启动

降压启动方式是指在启动过程中降低其定子绕组端的外施电压,启动结束后,再将定子绕组的两端电压恢复到额定值。这种方法虽然能达到降低启动电流的目的,但启动转矩也减小很多,故此法一般只适用于电动机的空载或轻载启动,具体方法为:三相异步电动机启动时,在电动机定子电路串入电阻或电抗器,使加到电动机定子绕组端电压降低,减少了电动机上的启动电流。图 4-1 所示为三相异步电动机定子绕组串电阻降压启动的原理图,其工作情况为:先合上刀开关 S1,在开始启动时,将 S2 打到启动端,电路串入电阻 R_0,电动机经电阻接入电源,电动机在低压状态下开始启动。当电动机的转速接近额定值时,将 S2 打到运行端,切除电阻,电源电压直接加在电动机上,启动过程结束。

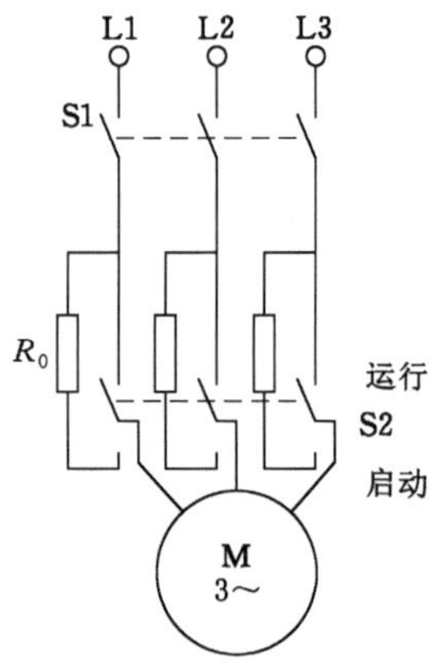

图 4-1　定子绕组串电阻降压启动

这种启动方法不受电动机定子绕组接法形式的限制,但由于启动电阻的存在,将使设备体积增大,电能损耗大,目前已较少采用。

② Y-△形降压启动

中、大功率电动机启动时把定子绕组接成 Y 形,运行时把定子绕组接成△形,使电动机全压运行,这种启动方法称为 Y-△形降压启动。电动机采用 Y-△形降压启动可使启动电源线电流减少为△形接法的 1/3,有效避免了过大电流对供电电路的影响。在控制电路中,常利用时间继电器完成 Y-△形自动切换。三相异步电动机的 Y-△形降压启动简单、运行可靠、应用广泛,但只适用于正常运转时定子绕组为△形接法的电动机。

③ 定子串自耦变压器降压启动

这种方法是利用自耦变压器将电源电压降低后再加到电动机定子绕组端，达到减小启动电流的目的，如图 4-2 所示。

设自耦变压器的一次侧电压为 U_1（即电源电压）、电流为 I_1，二次侧电压为 U_2、电流为 I_2，变压比为 k_a，则：

$$I_{st2}=\frac{1}{k_a}I_{st1}$$

电路的控制原理是：合上电源后，电动机定子绕组经自耦变压器实现降压启动。当电动机的转速接近于额定转速时，直接将全电压加在电动机上，启动过程结束，进入全压运行状态。

自耦变压器降压启动的启动性能好，但线路相对较复杂，设备体积大，目前是三相异步电动机常用的一种降压启动方法。

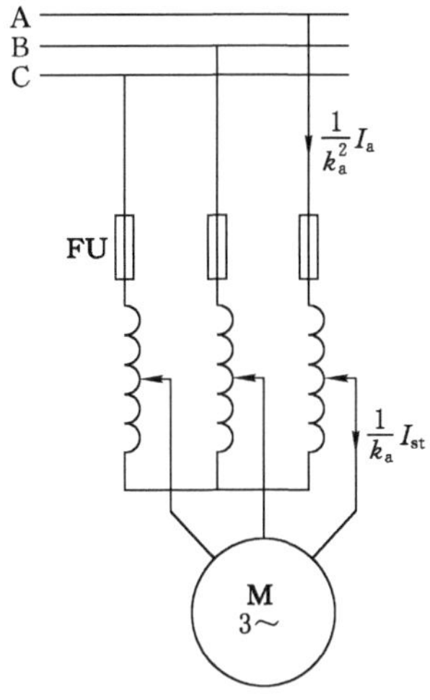

图 4-2　定子串自耦变压器降压启动

二、时间继电器

在生产中经常需要按一定的时间间隔来对生产机械进行控制，时间控制通常是利用时间继电器来实现的。时间继电器是指自得到动作信号起至触头动作或输出电路产生跳跃式改变有一定延时，该延时又符合其准确度要求的继电器。

时间继电器的种类很多，如图 4-3 所示。按照工作原理可分为电磁式、空气阻尼式、晶体管式和电动式。按照延时方式可分为通电延时型和断电延时型。

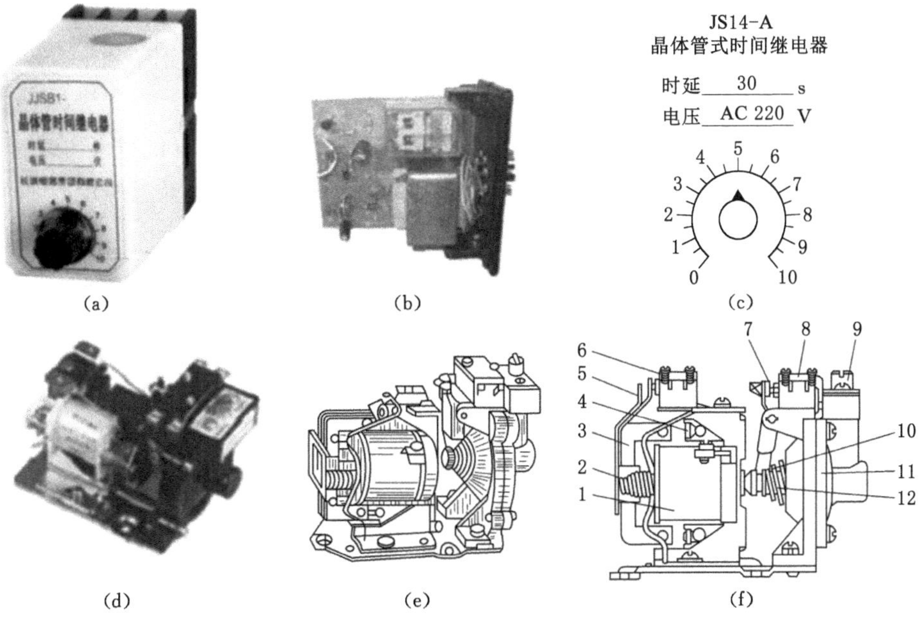

1—线圈；2—反力弹簧；3—衔铁；4—铁芯；5—弹簧片；6—瞬时触头；7—杠杆；8—延时触头；9—调节螺钉；10—推杆；11—空气室；12—宝塔形弹簧。

图 4-3　时间继电器

图 4-3(a)、(b)、(c)所示分别为 JS14-A 系列晶体管式时间继电器的外形、内部构件和操作面板，图 4-3(d)、(e)所示分别为 JS7-A 系列空气阻尼式时间继电器的外形与内部结构；图 4-3(f)所示结构为断电延时型空气阻尼式时间继电器，将电磁铁反转 180°安装后即成为通电延时型。

1. 通电延时型时间继电器

通电延时型时间继电器的电路符号如图 4-4 所示。

图 4-4　通电延时型时间继电器的电路符号

2. 断电延时型时间继电器

断电延时型时间继电器的电路符号如图 4-5 所示。

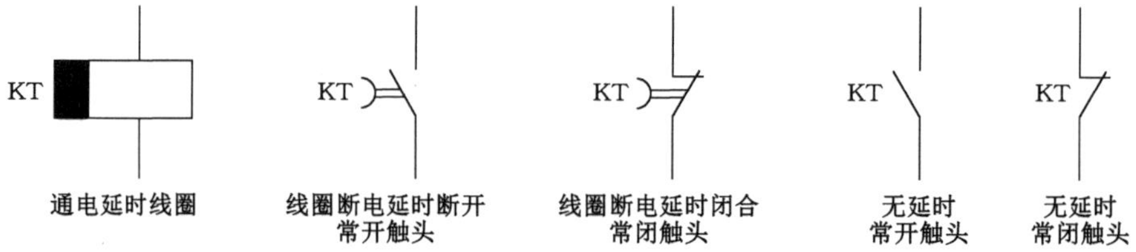

图 4-5　断电延时型时间继电器的电路符号

3. 时间继电器的功能

时间继电器是一种利用电磁原理、机械动作原理、电子技术或计算机技术实现触头延时接通或断开的自动控制电器。当它的感测部分接收输入信号后，必须经过一定的时间延时，执行部分才会动作并输出信号以操纵控制电路。

4. 时间继电器的型号规格

时间继电器的型号规格如图 4-6 所示。

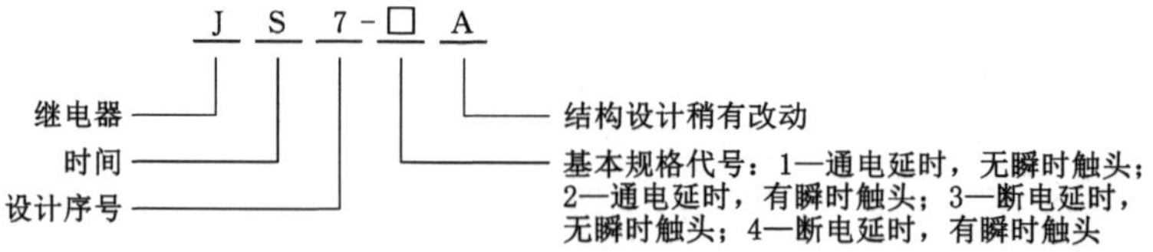

图 4-6　时间继电器的型号规格

5. 晶体管式时间继电器

晶体管式时间继电器延时精度高、时间长，调节方便。图 4-3(c)所示的晶体管式时间继电器的延时规格为 30 s，刻度调节范围 0～10，调节旋钮指向刻度 5，则延时时间为 15 s。

主要技术数据：

(1) 供电电压：交流 36 V、110 V、220 V、380 V；直流 24 V、27 V、30 V、36 V、110 V、220 V。

(2) 延时规格：5 s、10 s、30 s、60 s、120 s、180 s；5 min、10 min、20 min、30 min、60 min。

6. 空气阻尼式时间继电器

JS7-A 系列空气阻尼式时间继电器主要由电磁系统、工作触点和气室三部分组成。工作触点包括两对瞬时触点(1 常开 1 常闭)和两对延时触点(1 常开 1 常闭)。

空气阻尼式时间继电器是利用气室内的空气通过小孔节流的原理来获得延时动作的。通电延时型的工作原理是：当电磁线圈通电后，动铁芯吸合，瞬时触点立即动作，而与气室相紧贴的橡胶膜随进入气室的空气量而开始移动，通过推杆使延时触点延时一定时间后才动作，调节进气孔的大小即可获得所需要的延时量。断电延时型的工作原理与通电延时型相似。

主要技术数据：

(1) 供电电压：交流 24 V、36 V、110 V、220 V、380 V。

(2) 延时规格：0.4～60 s、0.4～180 s。

7. 时间继电器的选用

时间继电器种类繁多，选择时应综合考虑适用性、功能特点、额定工作电压、额定工作电流、使用环境等因素，做到选择恰当、使用合理。

(1) 经济技术指标

在选择时间继电器时，应考虑控制系统对延时时间和精度的要求。若对时间精度的要求不高，且延时时间较短，宜选用价格低、维修方便的电磁式时间继电器；若控制简单且操作频率很低，如 Y-△形降压启动，可选用热双金属片时间继电器；若对时间控制要求精度高，应选用晶体管式时间继电器。

(2) 控制方式

被控制对象如需要周期性地重复动作或要求多功能、高精度时，可选用晶体管式或数字式时间继电器。

【例 4-1】 有一个晶体管时间继电器，型号是 JSZ3，其外壳上有如图 4-7 所示的示意图，指出其含义，并说明如何实现延时 30 s 后闭合的功能。

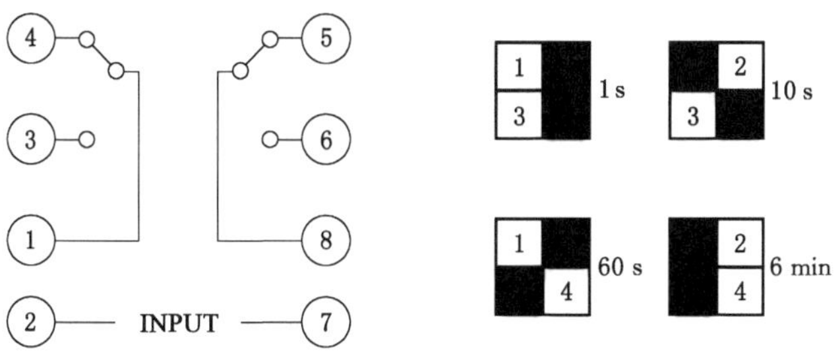

(a) 接线图　　(b) 量程调节图

图 4-7　时间继电器的接线图

解　图 4-7(a)的含义是：接线端子 2 和 7 是由线圈引出的，接线端子 1、3 和 4 是“单刀双掷”触头。其中，1 和 4 是常闭触头端子，1 和 3 是常开触头端子。同理，接线端子 5、6 和

8 是“单刀双掷”触头。其中，5 和 8 是常闭触头端子，6 和 8 是常开触头端子。

图 4-7(b)的含义是：当时间继电器上的开关指向 2 和 4 时，量程为 1 s；当时间继电器上的开关指向 1 和 4 时，量程为 10 s；当时间继电器上的开关指向 2 和 3 时，量程为 60 s；当时间继电器上的开关指向 1 和 3 时，量程为 6 min。图中的黑色表示被开关选中。

显然，触头的接线端子可以选择 1 和 4 或者 5 和 8，线圈接线端子只能选择 2 和 7，拨指开关最好选择指向 2 和 3。

相关技能

一、检查线路

连接好的控制线路必须经过认真检查后才能通电调试，以防止错接、漏接及电器故障引起的动作不正常，甚至造成短路事故。检查线路应按以下步骤进行：

(1) 核对接线。对照电气原理图、电气安装接线图，从电源开始逐段核对端子接线的线号，排除漏接、错接现象，重点检查辅助电路中容易错接的线号，还应核对同一根导线两端的线号。

(2) 检查端子接线是否牢固。检查端子所有接线的接触情况，用手一一摇动，拉拔端子的接线，不允许有松动与脱落现象，避免通电调试时因虚接造成麻烦，将故障排除在通电之前。

(3) 万用表导通法检查。在控制线路不通电时，用手动来模拟电器的操作动作，用万用表检查与测量线路的通断情况。根据线路控制动作来确定检查步骤和内容，根据电气原理图和电气安装接线图选择测量点。先断开辅助电路，以便检查主电路的情况；然后再断开主电路，以便检查辅助电路的情况。主要检查以下内容：

① 主电路不带负荷(电动机)时相间绝缘情况，接触器主触点接触的可靠性，正反转控制线路的电源换相线路及热继电器热元件是否良好、动作是否正常等。

② 辅助电路的各个控制环节及自锁、联锁装置的动作情况及可靠性，与设备的运动部件联动的元件(如行程开关、速度继电器等)动作的正确性和可靠性，保护电器(如热继电器触点)动作的准确性等。

二、调试与调整

为保证安全，通电调试必须在指导老师的监护下进行。调试前应做好准备工作，包括：清点工具；清除安装底板上的线头杂物；装好接触器的灭弧罩；检查各组熔断器的熔体；分断各开关，使按钮、行程开关处于未操作前的状态；检查三相电源是否对称等。然后按下述的步骤通电调试：

(1) 空操作试验。先切除主电路(一般可断开主电路熔断器)，装好辅助电路熔断器，接通三相电源，使线路不带负荷(电动机)通电操作，以检查辅助电路工作是否正常。操作各按钮，检查它们对接触器、继电器的控制作用；检查接触器的自锁、联锁等控制作用；用绝缘棒操作行程开关，检查它的行程控制或限位控制作用等。还要观察各电器操作动作的灵活性，注意有无卡住或阻滞等不正常现象；细听电器动作时有无过大的振动噪声；检查有无线圈过热等现象。

(2) 带负荷调试。控制线路经过数次空操作试验动作无误后即可切断电源，接通主电路，带负荷调试。电动机启动前应先做好停机准备，启动后要注意它的运行情况。如果发现电动机启动困难、发出噪声及线圈过热等异常现象，应立即停机，切断电源后进行检查。

(3) 有些线路的控制动作需要调整。例如,定时运转线路的运行和间隔时间、星形-三角形启动线路的转换时间、反接制动线路的终止速度等。应按照各线路的具体情况确定调整步骤。调试运转正常后,可投入正常运行。

项目分析

Y-△形降压启动控制电路原理图如图 4-8 所示。该电路主要由 3 个接触器、1 个时间继电器组成。接触器 KM 引入电源用,接触器 KM_Y 和 $KM_△$ 分别作 Y 形降压启动和△形全压运行用,时间继电器 KT 用作控制 Y 形降压启动时间和完成 Y-△形自动切换。

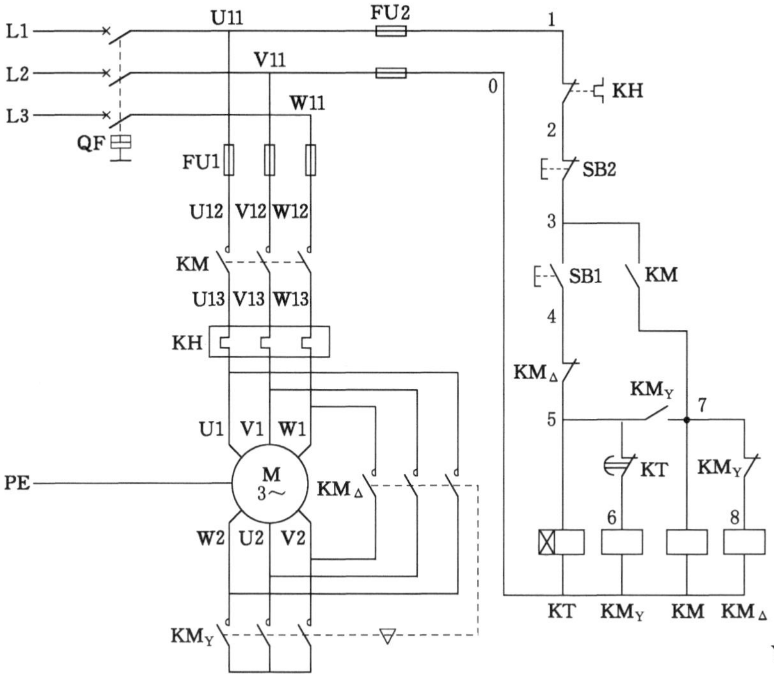

Y-△形降压启动线路工作原理动画

图 4-8 Y-△形降压启动控制线路原理图

电路工作原理分析如下:

合上电源开关QF

按下SB1 → KM_Y线圈得电 →
- → KM_Y常开触头闭合 → KM线圈得电 → KM自锁触头闭合自锁；→ KM主触头闭合 ↓
- → KM_Y主触头闭合 → 电动机M接成Y形降压启动
- → KM_Y联锁触头分断,对KM联锁

按下SB1 → KT线圈得电 —当M转速上升到一定值时,KT延时结束→ KT常闭触头分断 →

→ KM_Y线圈失电 →
- → KM_Y常开触头分断
- → KM_Y主触头分断,解除Y形连接
- → KM_Y联锁触头闭合 → $KM_Δ$线圈得电 →

- → $KM_Δ$联锁触头分断 → 对KM_Y联锁；→ KT线圈失电 → KT常闭触头瞬时闭合
- → $KM_Δ$主触头闭合 → 电动机M接成Δ形全压运行

停止时,按下SB2即可实现

项目实施

一、工具及器材

工具及器材见表 4-1。

表 4-1　工具及器材

序号	名称	型号与规格	单位	数量
1	三相交流电源	3×380 V	处	1
2	电工通用工具	万用表、螺丝刀(十字口和一字口)、电工刀、尖嘴钳、斜口钳等	套	1
3	断路器	DZ5-20/330	个	1
4	低压熔断器	RT 系列	个	5
5	热继电器	JSR 系列(根据电动机自定)	个	1
6	按钮	LA10-2H	个	1
7	接触器	CJX1 系列(线圈电压 380 V)	个	3
8	时间继电器	JS7-2A(线圈电压 380 V,延时时间 6 s)	个	1
9	电动机	根据实习设备自定	台	1
10	导线	BVR 1.5 mm^2 塑铜线		若干

二、操作注意事项

不允许带电安装元器件或连接导线,在有指导教师现场监护的情况下才能接通电源。停止时必须先按下停止按钮,不允许带负荷分断电源开关。

三、操作步骤

(1) 仔细观察各种不同类型、规格的行程开关,熟悉它们的动作原理。

(2) 检测时间继电器质量好坏,调节时间继电器的延时时间。

(3) 按图 4-8 所示的原理图进行接线。

(4) 经指导教师检查合格后进行通电操作。

四、项目完成情况评价

项目完成情况评价见表 4-2。

表 4-2　项目完成情况评价(评分细则见附录)

内容	职业素质	专业知识	岗位技能	实操安全	答辩及作业	项目完成结果
占比	20%	20%	20%	10%	10%	20%
同学 1	□优□良 □中□差	□优□良 □中□差	□优□良 □中□差	□优□良 □中□差	□优□良 □中□差	□优□良 □中□差
同学 2	□优□良 □中□差	□优□良 □中□差	□优□良 □中□差	□优□良 □中□差	□优□良 □中□差	□优□良 □中□差
同学 3	□优□良 □中□差	□优□良 □中□差	□优□良 □中□差	□优□良 □中□差	□优□良 □中□差	□优□良 □中□差

表 4-2(续)

内容	职业素质	专业知识	岗位技能	实操安全	答辩及作业	项目完成结果
教师	□优□良 □中□差	□优□良 □中□差	□优□良 □中□差	□优□良 □中□差	□优□良 □中□差	□优□良 □中□差
总结及自评						
小组同学 签名：		教师 签名：		综合评价：		

知识拓展

一、万能转换开关

万能转换开关是一种多挡式控制多回路的主令电器，一般可作为多种配电装置的远距离控制，也可作为电压表、电流表的换相开关，还可作为小容量电动机的启动、制动、调速及正反向转换的控制。其触头挡数多、换接线路多、用途广泛，故有“万能”之称。转换开关实物如图 4-9 所示。

图 4-9　万能转换开关实物图

万能转换开关主要由操作机构、面板、手柄及数个触点座等部件组成，并用螺栓组装成一个整体。万能转换开关的图形符号及文字符号如图 4-10 所示。图中水平方向的数字 1～3 表示触点编号，垂直方向的数字及文字“左”“0”“右”表示手柄的操作位置(挡位)，虚线表示手柄操作的联动线。在不同的操作位置，各对触点的通、断状态的表示方法为：在触点的下方与虚线相交位置有黑色圆点表示在对应操作位置时触点接通，没涂黑色圆点表示在该操作位置不通。

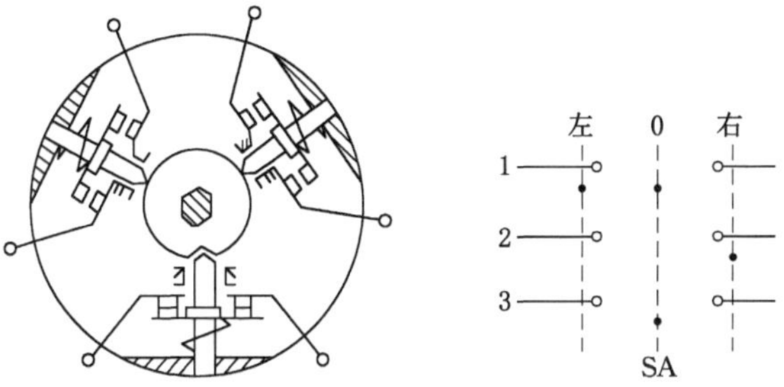

(a) 结构原理图　　(b) 电气符号

图 4-10　万能转换开关的结构原理及电气符号

二、频敏变阻器

频敏变阻器(图 4-11)是一种由铸铁片或钢板叠成铁芯,外面再套上绕组的三相电抗器,接在转子绕组的电路中,其绕组电抗和铁芯损耗的等效阻抗随着转子电流的频率而变化。实质上是一个铁芯损耗非常大的三相电抗器。

(a)

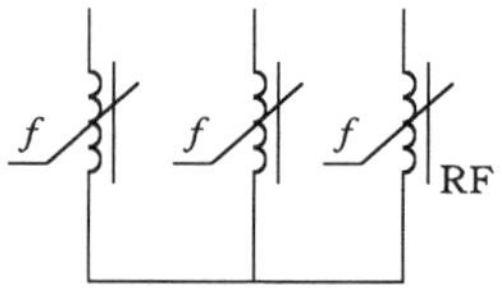

(b)

图 4-11　频敏变阻器外形及符号

1. 用途

在电动机启动时,将频敏变阻器串接在转子绕组中,频敏变阻器的等效阻抗随转子电流频率的减小而减小,从而达到自动变阻的目的。启动完毕,短接切除频敏变阻器。

2. 组成

(1) 铁芯:有上铁芯和下铁芯。由 4 根螺栓固定,在上、下铁芯之间可增减非磁性垫片,以调整空气隙的长度(出厂设定为零)。

(2) 绕组:有 4 个抽头。一个抽头在绕组背面,标号为 N;另外三个抽头在正面,标号分别为 1、2、3。抽头 1 与 N 之间为 100%匝数,2 与 N 之间为 85%匝数,3 与 N 之间为 71%匝数(出厂时三组绕组均接在 85%匝数,并接成 Y 形)。

3. 安装与使用

频敏变阻器应牢固地固定在基座上,当基座为铁磁物质时应在中间垫放 10 mm 以上的非磁性垫片。

连接线应按电动机转子额定电流选用相应截面的电缆线,同时还应可靠接地。

使用前,应先测量频敏变阻器对地绝缘电阻,其值应不小于 1 MΩ,否则需先进行烘干处理。使用中,若发现启动转矩或启动电流过大或过小,应调整匝数和气隙。具体方法如下:

(1) 启动电流和启动转矩过大、启动过快时,应换接抽头,使匝数增加。

(2) 启动电流和启动转矩过小、启动太慢时,应换接抽头,使匝数减少。

(3) 如刚启动时启动转矩偏大有机械冲击现象,而启动完毕后稳定转速又偏低,这时可在上、下铁芯间增加气隙。

三、软启动器

软启动器(图 4-12)是一种低压鼠笼式电动机的启动器,它采用先进的可控硅控制技术,能根据电机功率及负载状况,将电机的启动电流控制在第一设定值上,实现电机的软启动,从而减少了电机启动时对电网、电机本身、相连设备的电气及机械冲击。电机达到正常转速后,旁路接触器接通(可选启动完成的运行方式)。电机启动完毕后,软启动器继续监控电机并提供各种故障保护。软启动器可以在停车过程中使输出电压逐渐减小,从而在停车过程中提供一个平滑递减的输出转矩。这样可以使停车的时间延长,减小负载停车时的机械冲击。软启动器工作电路如图 4-13 所示。

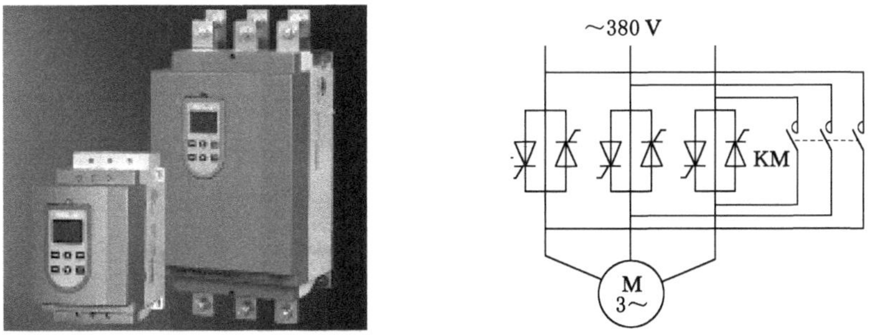

(a)　　(b)

图 4-12　软启动器外形及原理

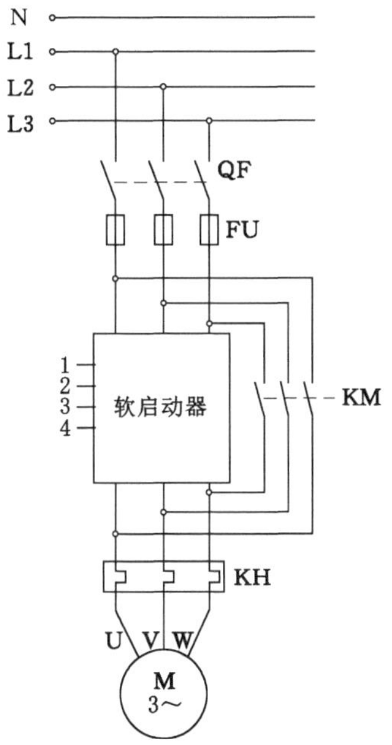

图 4-13　软启动器工作电路

四、绕线转子异步电动机启动

异步电动机的转子绕组,除了笼形以外还有绕线转子式,故称绕线转子异步电动机。三相绕线转子异步电动机的优点是可以通过滑环在转子绕组中串接外加电阻和频敏变阻器,来达到减小启动电流、提高转子电路的功率和增加启动转矩的目的。在一般要求启动转矩较高的场合,绕线转子式异步电动机得到了广泛的应用。

1. 转子串接电阻启动控制线路

串接在三相转子绕组中的启动电阻,一般都接成星形接线。在启动前,启动电阻全部接入电路,在启动过程中,启动电阻被逐步地短接。短接的方式有三相电阻平衡短接法和三相电阻不平衡短接法两种。

(1) 时间原则转子串电阻启动控制

如图 4-14 所示，首先合上电源开关 QS，按下 SB1→KM 线圈得电，KM 触头闭合，绕线转子串联全部电阻启动→KT1 线圈得电，KT1 延时闭合触头闭合→KM1 线圈得电，KM1 触头闭合→绕线转子串联 R_2、R_3 启动，KT2 线圈得电，KT2 延时闭合触头闭合→KM2 线圈得电，KM2 触头闭合→绕线转子串联 R_3 启动→KT3 线圈得电，KT3 延时闭合触头闭合→KM3 线圈得电，KM3 触头闭合→绕线转子切除全部电阻运行→KM3 动断触头断开→KT1 线圈失电，KT1 触头断开→KM1 线圈失电，KM1 触头断开→KT2 线圈失电，KT2 触头断开，电机继续运转。

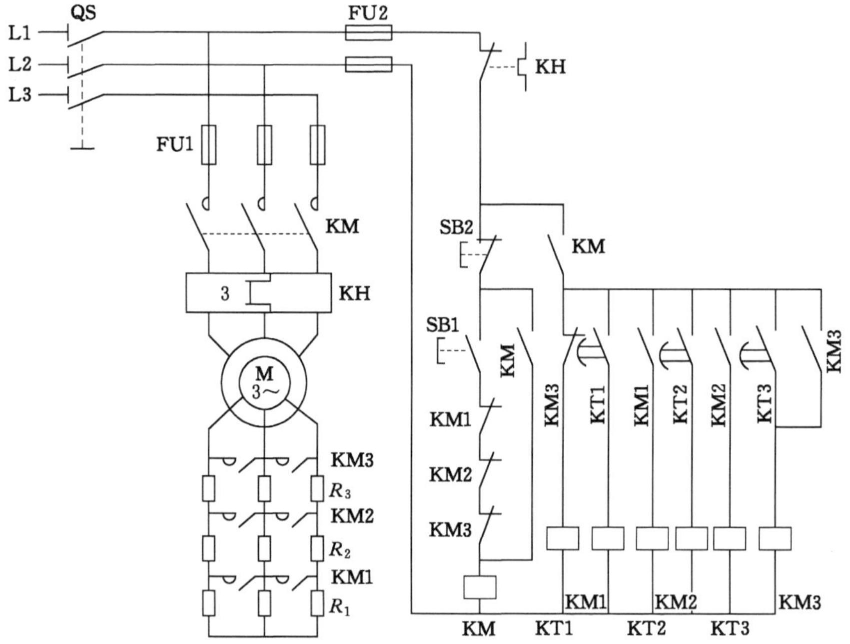

图 4-14 时间原则转子串电阻启动控制电路

(2) 电流原则转子串电阻启动控制

如图 4-15 所示，合上 QS，按下 SB1→KM 线圈得电，KM 触头闭合→绕线转子串联全部电阻启动→KA 线圈得电，KA 动合触头闭合，因启动电流大，KA1、KA2、KA3 的动断触头断开，继续串联全部电阻启动→因速度加快，电流减小，KA1 欠电流，动断触头闭合，KM1 线圈得电，KM1 触头闭合串联 R_2、R_3 继续启动→因速度加快，电流继续减小，KA2 欠电流，动断触头闭合，KM2 线圈得电，KM2 触头闭合串联 R_3 继续启动→因速度再加快，电流继续减小，KA3 欠电流，动断触头闭合，KM3 线圈得电，KM3 触头闭合，切除全部电阻全速运行。

2. 转子绕组串接频敏变阻器启动控制线路

如图 4-16 所示，合上 QS，按下 SB1→KM1 线圈得电，KT 线圈得电→KM1 触头闭合电动机串联频敏电阻启动，KT 延时闭合触头闭合→KM2 线圈得电→KM2 触头闭合，切除频敏电阻全速运行→KM2 常闭触头分断→KT 线圈失电，KT 延时闭合触头复位，电机继续全速运行。

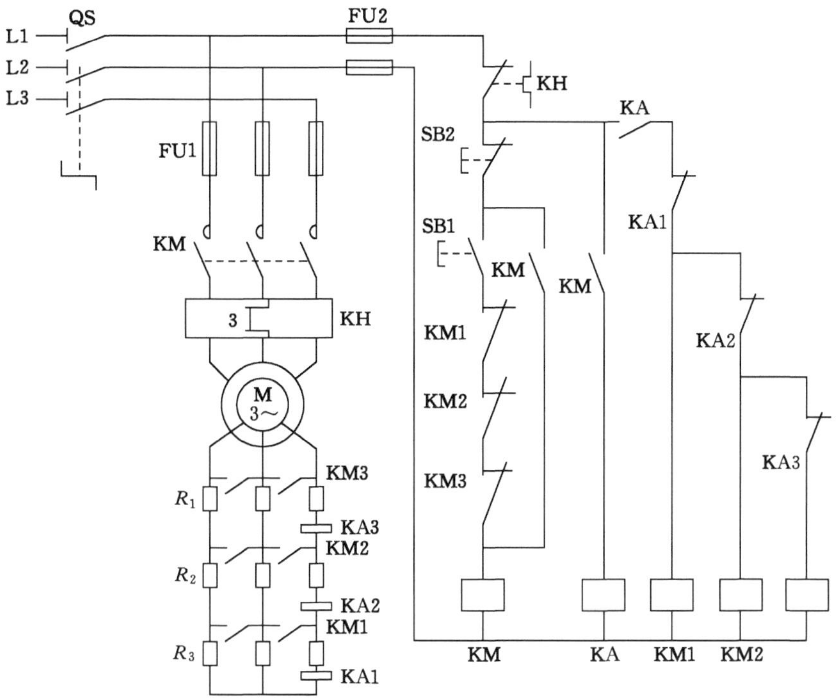

图 4-15　电流原则转子串电阻启动控制电路

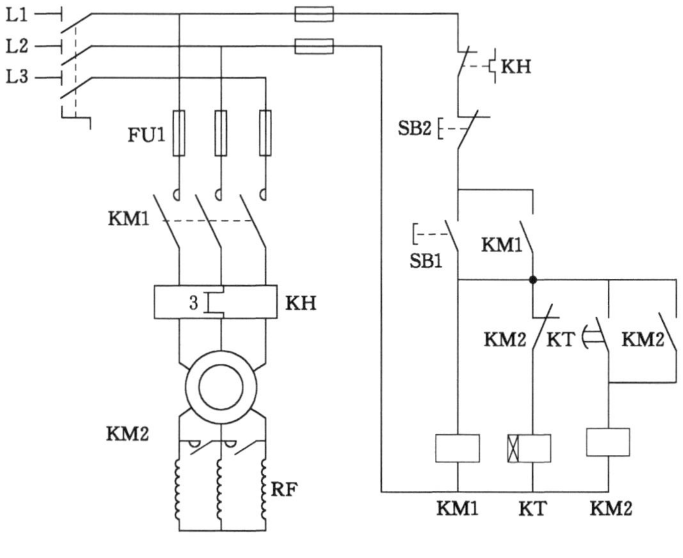

图 4-16　转子绕组串接频敏变阻器启动控制线路

3. 凸轮控制器控制线路

如图 4-17 所示，合上 QS，AC10～AC12 闭合，为控制电路的接通做准备。按下 SB1，KM 得电自锁，为电机启动做准备。

正转控制：将凸轮控制器 AC 的手轮从“0”位转到正转“1”位，AC10 仍闭合，保持控制电路接通；AC1、AC3 闭合，电机转子绕组串接全部电阻正转启动。此时，如电机负载较重，

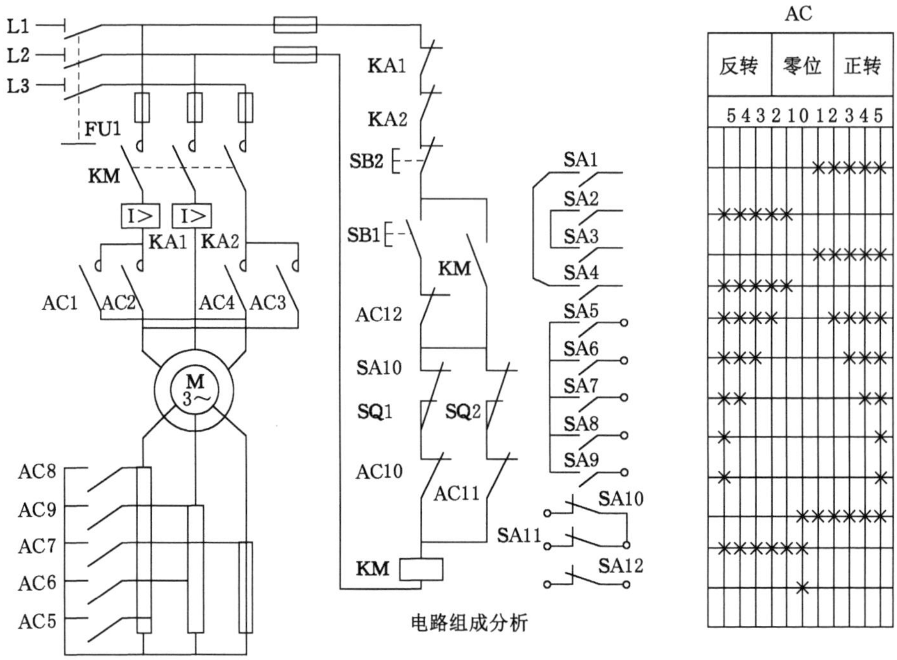

图 4-17　凸轮控制器控制线路

则不能启动，但可起到消除传动齿轮间隙和拉紧钢丝绳的作用。

当手轮从正转“1”位转到正转“2”位，AC10、AC1、AC3 仍闭合，AC5 闭合，把电阻器的一级电阻短接切除，电机正转加速。当手轮依次转到正转“3”和“4”位时，AC10、AC1、AC3、AC5 仍闭合，AC6、AC7 先后闭合，把电阻器上的两级电阻相继短接，电机继续加速正转。当手轮转到正转“5”位时，AC5～AC9 五对触头全闭合，转子回路电阻被全部切除，电机启动完毕，进入正常运转。

反转控制：将凸轮控制器 AC 的手轮从“0”位转到反转“1”～“5”位时，AC2、AC4 闭合，接入电机的电源相序改变，电机将反转。反转的控制与正转相似。

技术交流

一、电工维修技巧

(1) 充分了解故障发生的情况

① 详细询问操作者。

② 通过看、听、闻、摸等，是否发现如破裂、杂声、异味、过热等特殊现象。

③ 在确定无危险的情况下通电试车。

通过以上的了解，准确地确定故障。这是分析故障的基础，如果故障现象不明确，就会造成故障分析出现偏差。

(2) 分析故障，确定故障范围

根据故障的现象，结合设备的原理及控制特点进行分析，确定故障发生在什么范围内。是电气故障还是机械故障？是直流回路还是交流回路？是主电路或控制电路还是辅助电路？是电源部分或负载部分还是控制线路部分？是参数调整不合适造成的还是都有可能？等等。

（3）通过检测、分析和判断，缩小故障范围

排除故障的过程往往就是检测、分析和判断来逐步缩小故障范围的过程。灵活地运用上述所讲的维修技巧，逐步缩小故障范围，直至找出故障点。

二、时间继电器产品说明

Classification		Multi Range Timer			Multi Range Timer		
Specification Model		AH3-3			AH3-B		
Dimension		50(H)×40(W)×57.5(D)			50(H)×40(W)×57.5(D)		
Mounting & Socket	Surface(—N)	PF083A(E)			PF083A(E)		
	Flush(—Y)	US-08 P3G-08			US-08 P3G-08		
Full Timing Range		SEC:1、3、6、10、12、30、60 MIN:3、6、10、12、30、60 HR:3、6、10、12、30			A:1S、10S、1M、10M B:3S、30S、3M、30M C:6S、60S、6M、60M D:1M、10M、1H、10H E:3M、30M、3H、30H		
Rated Voltage/V		AC:24、110、220、240、380、50/60 Hz DC:12、24			AC:24、110、220、240、380、50/60 Hz DC:12、24		
Indicator Operating		ON-UP operating			ON-UP operating		
O/P Contact	Model	AH3-1	AH3-2	AH3-3	AH3-1	AH3-2	AH3-3
	Time Limit 1C	5 A		5 A			5 A
	Time Limit 2C		5 A		5 A		
	Instantaneous 1C			5 A		5 A	5 A
Life	Mechanical	5×10^6 Times			5×10^6 Times		
	Electrical	10^5 Times			10^5 Times		
Accuracy	Repeat Error	±1% max			±1% max		
	Setting Error	±10% max			±10% max		
	Voltage Error	±1% max			±1% max		
	Temp Error	±2% max			±2% max		
Reset Time		0.1 s max			0.1 s max		
Consumed Power		3 VAC			3 VAC		
Ambient Temperature		−10～+55 ℃			−10～+55 ℃		
Ambient Humidity		48%～85%RH			48%～85%RH		
Weight		160 g			160 g		

巩固练习

1. 三相交流异步电动机什么情况下可以全压启动？什么情况下必须减压启动？这两种启动方法各有什么优缺点？

2. 三相异步电动机常用的启动方法有哪几种？
3. Y-△形启动有什么性能和特点？
4. 转子绕组为什么可以通过串接频敏变阻器来启动？
5. 软启动器的启动和停车方式一般有哪些？与其他启动方式相比有什么优点？
6. 时间继电器自动控制线路如何逐级切除串联电阻？为什么要逐级切除串联电阻？

项目五　电动机制动控制电路接线与调试

学习目标

1. 培养学生仔细观察生活、认真思考、学以致用的行为习惯。
2. 掌握能耗制动、反接制动等方式的制动特点及电路工作原理。
3. 熟悉速度继电器、电磁抱闸等常用电气制动元器件的构造及使用方法。
4. 掌握导线的相关知识和导线布线技能，具备电动机制动控制电路的安装、调试能力。
5. 培养学习者仔细认真的工作习惯以及相互沟通协作的团队意识。

相关知识

在现代工业生产过程中，往往要求电动机能够迅速停车或者机械设备能够准确定位，因此制动的方法尤为重要。在切断电源以后，利用电气原理或机械装置使电动机迅速停转的方法称为三相异步电动机的制动。

一、电动机制动

停机制动有两种形式：一种是电磁铁操纵机械进行制动的电磁机械制动；另一种是电气制动，使电动机产生一个与转子原来的转动方向相反的力矩来进行制动。

常用的电气制动有反接制动和能耗制动。

(1) 反接制动

当电动机快速转动而需停转时，改变电源相序，使转子受一个与原转动方向相反的转矩而迅速停转。注意，当转子转速接近零时，应及时切断电源，以免电动机反转。为了限制电流，对功率较大的电动机进行制动时必须在定子电路(鼠笼式)或转子电路(绕线式)中接入电阻。

这种方法比较简单，制动力强，效果较好，但制动过程中的冲击也强烈，易损坏传动器件，且能量消耗较大，频繁反接制动会使电动机过热。对有些中型车床和铣床主轴的制动常采用这种方法。

(2) 能耗制动

电动机脱离三相电源的同时给定子绕组接入一直流电源，使直流电流通入定子绕组。于是在电动机中便产生一方向恒定的磁场，使转子受一与转子转动方向相反的力的作用，产生制动转矩实现制动。直流电流的大小一般为电动机额定电流的 0.5～1 倍。由于这种方法是用消耗转子的动能(转换为电能)来进行制动的，所以称为能耗制动。

这种制动能量消耗小，制动准确而平稳，无冲击，但需要直流电流。在有些机床中常采用这种制动方法。

(3) 发电反馈制动

当转子的转速 n 超过旋转磁场的转速 n_0 时，这时的转矩也是制动的。例如，当起重机快速下放重物时，重物拖动转子，使 $n>n_0$，重物受到制动而等速下降。

二、电动机能耗制动控制电路

根据能耗制动的时间原则，可用时间继电器进行控制，也可根据能耗制动的速度原则用速度继电器进行控制。下面分别进行介绍。

1. 按时间原则控制的单向运行的能耗制动控制线路

图 5-1 所示为按时间原则进行能耗制动控制的电路。图中，KM1 为单向运行接触器；KM2 为能耗制动接触器；KT 为时间继电器；T 为整流变压器；VC 为桥式整流电路。

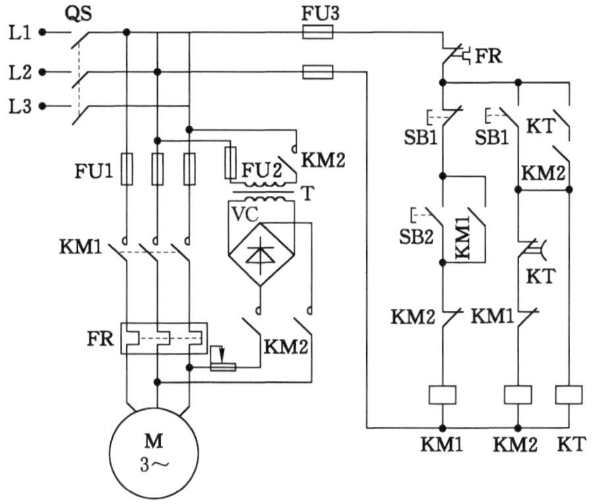

图 5-1　时间原则能耗制动控制电路

电路工作情况：合上电源开关 QS，按下正转启动按钮 SB2，KM1 通电并自锁，电动机正常运行。若要停机，按下停止按钮 SB1，KM1 断电，电动机定子脱离三相电源，同时 KM2 通电并自锁，将二相定子接入直流电源进行能耗制动，在 KM2 通电同时 KT 也通电。电动机在能耗制动作用下转速迅速下降。当接近零时，KT 延时时间到，其延时触点动作，使 KM2、KT 相继断电，制动过程结束。

该电路中，将 KT 瞬动触点与 KM2 自锁触点串接，是考虑时间继电器断线、松脱或机械卡住致使触点不动作，不致使 KM2 长期通电，造成电动机定子长期通入直流电源。

2. 按速度原则控制的可逆运行的能耗制动控制线路

图 5-2 所示为按速度原则控制的可逆运行的能耗制动控制线路。图中，KM1、KM2 为正反转接触器；KM3 为制动接触器；KV 为速度继电器。

电路工作情况：合上电源开关 QS，根据需要可按下正转或反转启动按钮 SB2 或 SB3，相应接触器 KM1 或 KM2 通电并自锁，电动机正常运转。此时速度继电器相应触点 KV1 或 KV2 闭合，为停车时接通 KM3 实现能耗制动做准备。停车时，按下停止按钮 SB1，电动机定子绕组脱离三相交流电源，同时 KM3 通电，电动机接入直流电源进行能耗制动，转速迅速下降到 100 r/min 时，速度继电器 KV1 或 KV2 触点断开，此时 KM3 断电，能耗制动结

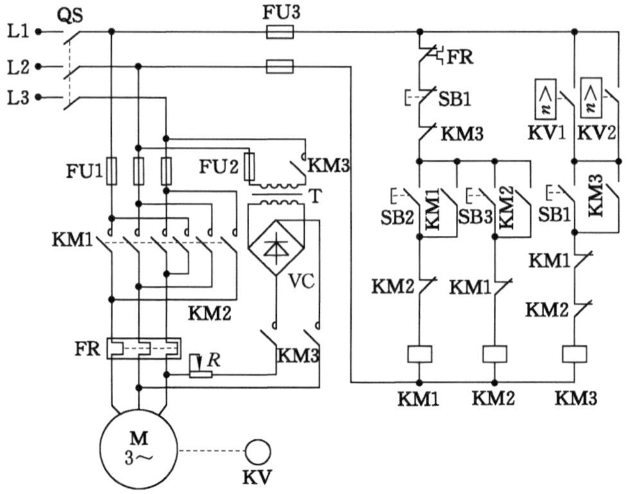

图 5-2　速度原则可逆运行能耗制动控制电路

束，以后电动机自然停车。

3. 无变压器单管能耗制动控制线路

前面介绍的能耗制动均为带变压器的单相桥式整流电路，其制动效果好。对于功率较大的电动机应采用三相整流电路，但所需设备多、成本高。对于 10 kW 以下的电动机，在制动要求不高时，可采用无变压器单管能耗制动控制线路，这样设备简单、体积小、成本低。图 5-3 所示为无变压器单管能耗制动控制电路，其工作原理读者可自行分析。

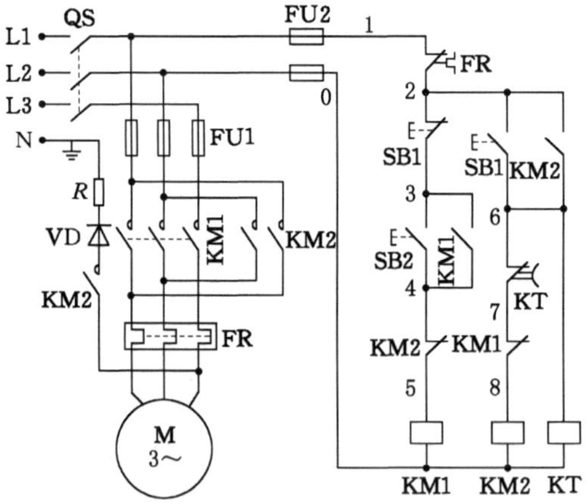

图 5-3　无变压器单管能耗制动控制电路

能耗制动比反接制动消耗的能量少，其制动电流也比反接制动电流小得多，但能耗制动效果不及反接制动明显，同时需要一个直流电源，控制线路相对比较复杂，通常能耗制动适用于电动机容量较大和启动、制动频繁的场合。

相关技能

一、导线的选用

1. 导线的类型

硬线只能用在固定安装于不动部件之间，且导线的截面积应小于 0.5 mm^2。若在有可能出现振动的场合或导线的截面积大于或等于 0.5 mm^2 时，必须采用软线。电源开关的负载侧可采用裸导线，但必须是直径大于 3 mm 的圆导线或者是厚度大于 2 mm 的扁导线，并应有预防直接接触的保护措施，如绝缘、间距、屏护等。

2. 导线的绝缘

导线必须绝缘良好，并应具有抗化学腐蚀的能力。在特殊条件下工作的导线，必须同时满足使用条件的要求。

3. 导线的截面积

在必须承受正常条件下流过的最大稳定电流的同时，还应考虑到线路允许的电压降、导线的机械强度和熔断器相配合。

二、导线的敷设

所有导线从一个端子到另一个端子的走线必须是连续的，中间不得有接头。有接头的地方应加接线盒。接线盒的位置应便于安装与检修，而且必须加盖，盒内导线必须留有足够的长度，以便于拆线和接线。

敷线时，对明露导线必须做到平直、整齐、走线合理等要求。控制箱（板）内部配线一般采用能从正面修改配线的方法，如板前线槽配线或板前明线配线，较少采用板后配线的方法。采用线槽配线时，线槽装线不要超过容积的 70%，以便安装和维修。线槽外部的配线，对装在可拆卸门上的电器接线必须采用互连端子板或连接器，它们必须牢固固定在框架、控制箱或门上。从外部控制、信号电路进入控制箱内的导线超过 10 根时，必须接到端子板或连接器件的过渡位置，但动力电路和测量电路的导线可以直接接到电器的端子上。

控制箱（板）外部配线方法：除有适当保护的电缆外，全部配线必须一律装在导线通道内，使导线有适当的机械保护，防止液体、铁屑和灰尘的侵入。

对导线通道的要求：导线通道应留有余量，允许以后增加导线。导线通道必须固定可靠，内部不得有锐边和远离设备的运动部件。导线通道采用钢管时，壁厚应不小于 1 mm，如用其他材料，壁厚必须有等效壁厚为 1 mm 钢管的强度。若用金属软管时，必须有适当的保护。当利用设备底座作导线通道时，无须再加预防措施，但必须能防止液体、铁屑和灰尘的侵入。

通道内导线的要求：移动部件或可调整部件上的导线必须用软线。运动的导线必须支承牢固，使得在接线点上不致产生机械拉力，又不出现急剧的弯曲。不同电路的导线可以穿在同一线管内，或处于同一个电缆之中。如果它们的工作电压不同，则所用导线的绝缘等级必须满足其中最高一级电压的要求。为了便于维修，凡安装在同一机械防护通道内的导线束，需要提供备用导线的根数为：当同一管中相同截面积导线的根数在 3～10 根时，应有 1 根备用导线，以后每递增 1～10 根增加 1 根。

三、导线接线

所有导线的连接必须牢固，不得松动。在任何情况下，连接器件必须与连接的导线截面积和材料性质相适应。

一般一个端子只连接一根导线，有些端子不适合连接软导线时，可在导线端头上采用针形、叉形等冷压接线头。如果采用专门设计的端子，可以连接两根或多根导线，但导线的连接方式必须是工艺上成熟的各种方式，如夹紧、压接、焊接、绕接等。这些连接工艺应严格按照工序要求进行。

导线的接头除必须采用焊接方法外，所有导线应当采用冷压接线头。如果电气设备在正常运行期间承受很大振动，则不许采用焊接的接头。

四、导线的标志

1. 导线的颜色标志

保护导线(PE)必须采用黄绿双色；动力电路的中线(N)和中间线(M)必须是浅蓝色；交流或直流动力电路应采用黑色；交流控制电路采用红色；直流控制电路采用蓝色；用作控制电路联锁的导线，如果是与外边控制电路连接，而且当电源开关断开仍带电时，应采用橘黄色或黄色；与保护导线连接的电路采用白色。

2. 导线的线号标志

导线线号的标志应与原理图和接线图相符合。在每一根连接导线的线头上必须套上标有线号的套管，位置应接近端子处。线号的编制方法为：

(1) 主电路中各支路应从上至下、从左至右，每经过一个电器元件的线桩后编号要递增，单台三相交流电动机(或设备)的三根引出线按相序依次编号为 U、V、W(或用 U1、V1、W1 表示)。多台电动机引出线的编号，为了不致引起误解和混淆，可在字母前冠以数字来区别，如 1U、1V、1W，2U、2V、2W，…。在不产生矛盾的情况下，字母后应尽可能避免采用双数字，如单台电动机的引出线采用 U、V、W 的线号标志时，三相电源开关后的出线编号可为 U1、V1、W1。当电路编号与电动机线端标志相同时，应三相同时跳过一个编号来避免重复。

(2) 控制电路与照明、指示电路应从上至下、从左至右，逐行用数字来依次编号，每经过一个电器元件的接线端子，编号要依次递增。编号的起始数字，除控制电路必须从阿拉伯数字 1 开始外，其他辅助电路依次递增 100 作起始数字，如照明电路编号从 101 开始、信号电路编号从 201 开始等。

项目分析

主电路由 QS、FU1、KM1 和 FR 组成单向启动控制环节；整流器 V 将 C 相电源整流，得到脉动直流电，由 KM2 控制通入电动机绕组，显然 KM1、KM2 不得同时得电动作，否则将造成电源短路事故。辅助电路中由时间继电器延时触点来控制 KM2 的动作，而时间继电器 KT 的线圈由 KM2 的常开辅助触点控制。线路由 SB1 控制电动机惯性停机(轻按 SB1)或制动(将 SB1 按到底)。制动电源通入电动机的时间长短由 KT 的延时长短决定。

项目实施

一、工具及器材

工具及器材见表 5-1。

表 5-1　工具及器材

序号	名称	型号与规格	单位	数量
1	三相交流电源	3×380 V	处	1
2	电工通用工具	万用表、螺丝刀(十字口和一字口)、电工刀、尖嘴钳、斜口钳等	套	1
3	三相异步电动机	Y-112S-4:4 kW、380 V、△形接法、15.4 A、1 440 r/min	台	1
4	组合开关	HZ10-25/3:三极、35 A	个	1
5	熔断器	RL1-60/25:500 V、60 A,配熔体 25 A	个	3
6	熔断器	RL1-15/4:500 V、15 A,配熔体 4 A	个	2
7	交流接触器	CJ10-20:20 A、线圈电压 380 V	个	2
8	时间继电器	JS7-2A:线圈电压 380 V(代用)	个	1
9	热继电器	JR16-20/3:三极、20 A、整定电流 8.8 A	个	1
10	按钮	LA4-3H:保护式、500 V、5 A、按钮数 3	个	3
11	整流二极管	2CZ30:30 A、600 V	个	1
12	制动电阻	0.5 Ω、50 W	个	1
13	端子板	JD0-1020:500 V、10 A、20 节	个	1
14	主电路导线	BVR 1.5:1.5 mm^2(7×0.52 mm)		若干
15	控制电路导线	BVR 1.0:1 mm^2(7×0.43 mm)		若干

二、操作注意事项

(1) 试验时应注意启动、制动不可过于频繁,防止电动机过载或整流器过热。

(2) 试验前应反复核查主电路接线,并一定要先进行空操作试验,直到线路动作正确可靠后,再进行带负荷试验,避免造成损失。

(3) 制动直流电流不能太大,一般取 3～5 倍电动机的空载电流,可通过调节制动电阻来实现。制动时 SB1 必须按到底。

三、操作步骤

(1) 分析三相鼠笼式异步电动机的能耗制动控制电气原理图。

(2) 根据电气原理图绘制电气安装接线图(图 5-4),正确标注线号。元件的布置与正反转控制线路相似。

(3) 检查电器元件。按照常规要求检查按钮、接触器、时间继电器等元件,检查整流器的耐压值、额定电流值是否符合要求,检查热继电器的热元件、触点,试验其保护动作。

(4) 按照电气安装接线图连接导线。先连接主线路、后连接辅助线路,先串联连接、后并联连接。

(5) 检查线路。仍旧按照先主线路、后辅助线路和先串联、后并联进行检查。检查电器

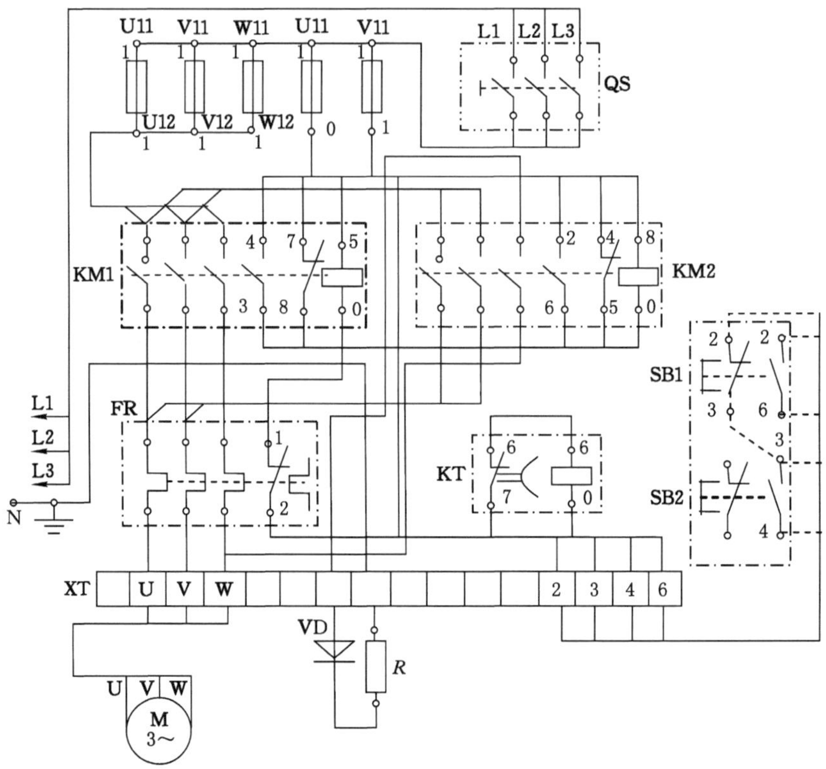

图 5-4 能耗制动控制电路电气安装接线图

元件连接是否正确和牢靠。再检查时间继电器 KT 的延时控制。

(6) 在接线完成且检查无误后，经指导老师检查允许方可通电调试。

四、项目完成情况评价

项目完成情况评价见表 5-2。

表 5-2 项目完成情况评价(评分细则见附录)

内容	职业素质	专业知识	岗位技能	实操安全	答辩及作业	项目完成结果
占比	20%	20%	20%	10%	10%	20%
同学 1	□优□良 □中□差	□优□良 □中□差	□优□良 □中□差	□优□良 □中□差	□优□良 □中□差	□优□良 □中□差
同学 2	□优□良 □中□差	□优□良 □中□差	□优□良 □中□差	□优□良 □中□差	□优□良 □中□差	□优□良 □中□差
同学 3	□优□良 □中□差	□优□良 □中□差	□优□良 □中□差	□优□良 □中□差	□优□良 □中□差	□优□良 □中□差
教师	□优□良 □中□差	□优□良 □中□差	□优□良 □中□差	□优□良 □中□差	□优□良 □中□差	□优□良 □中□差
总结及自评						
小组同学 签名：		教师 签名：		综合评价：		

知识拓展

一、电磁机械制动

1. 电磁抱闸的结构

如图 5-5 所示，电磁抱闸主要由两部分组成：制动电磁铁和闸瓦制动器。制动电磁铁由铁芯、衔铁和线圈三部分组成，并有单相和三相之分。闸瓦制动器由闸轮、闸瓦、杠杆和弹簧等组成；闸轮与电动机装在同一根转轴上。制动强度可通过调整机械结构来改变。

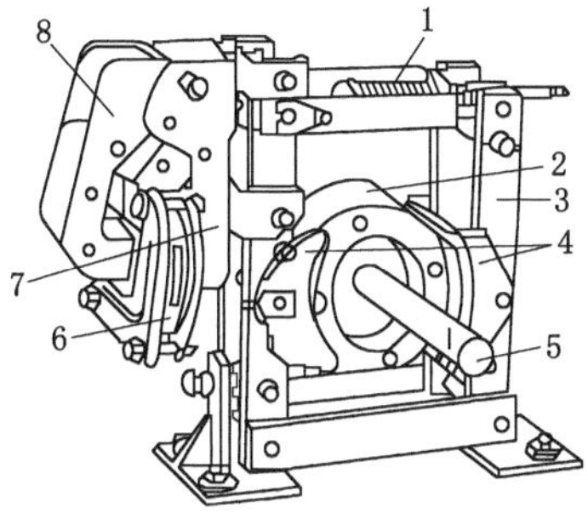

1—弹簧；2—闸轮；3—杠杆；4—闸瓦；5—轴；6—线圈；7—铁芯；8—衔铁。

图 5-5 电磁抱闸的结构

2. 电磁抱闸制动控制线路

图 5-6 所示为电磁抱闸断电制动控制线路。本制动线路属于断电制动，即主电路通电时，抱闸线圈有电，使闸瓦和闸轮分开，主电路断电时，闸瓦与闸轮抱住。

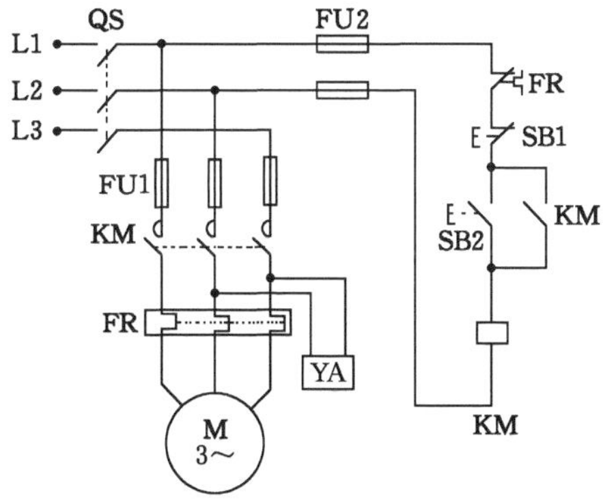

图 5-6 电磁抱闸断电制动控制线路

线路动作情况：合上电源开关 QS，按动启动按钮 SB2，接触器 KM 线圈获电动作，其常开辅助触点闭合自锁，主要触头闭合，电动机通电启动，同时电磁抱闸线圈获电，吸引衔铁，使它与铁芯闭合，衔铁克服弹簧拉力，迫使制动杠杆向上移动，从而使制动器的闸瓦与闸轮分开，电动机正常运行

当需要制动时，按下停止按钮 SB1，KM 断电释放，使电动机的电源被切断，与此同时，电磁抱闸线圈也断电，使抱闸衔铁与铁芯分开，在弹簧拉力作用下，闸瓦与闸轮紧紧抱住，电动机被迅速制动而停转。

这种制动在起重机械上被广泛采用，电动机在工作时，如果线路发生故障断电，电磁抱闸将迅速使电动机制动，从而防止重物下落和电动机反转的事故出现，比较安全可靠。但缺点是线圈的通电时间与电动机的工作时间相同，故很不经济。

电磁抱闸通电制动控制线路与断电制动相反，即主电路有电流流过时电磁抱闸线圈无电，这时抱闸与闸轮松开；当主电路断电而通过复合按钮 SB1 的常开触头的闭合使电磁抱闸线圈获电时，抱闸与闸轮抱紧呈制动状态。在电动机不转动的正常状态下，电磁抱闸线圈无电，抱闸与闸轮也处于分开状态。这样，在电动机未通电时，可以用手扳动主轴来调整、对刀、检测。在图 5-7 所示的控制线路中，只有将停止按钮 SB1 按到底才有制动作用。

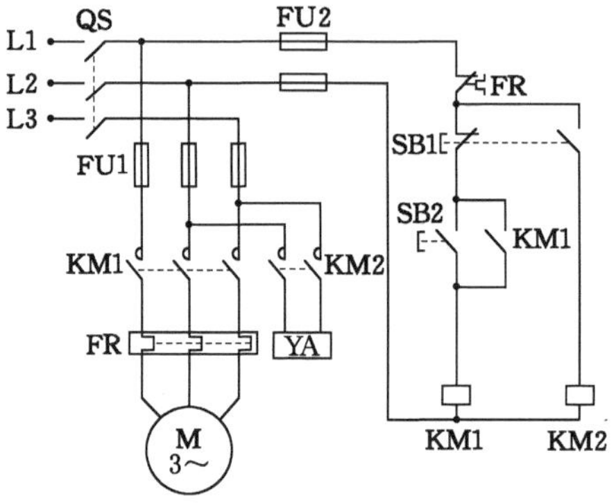

图 5-7　电磁抱闸通电制动控制线路

二、反接制动

异步电动机反接制动有两种情况：一种是在负载转矩作用下使电动机反转的倒拉反接制动；另一种是改变三相异步电动机电源相序进行反接制动。本处只介绍改变电源相序进行反接制动。

1. 反接制动的基本原理

将电动机的三根电源线中任意两根对调称为反接。若在停车前，把电动机反接，则其定子旋转磁场便反方向旋转，在转子上产生的电磁转矩亦随之反向，成为制动转矩，在制动转矩作用下电动机的转速便很快降到零，称为反接制动。必须指出，当电动机的转速接进零时，应立即切断电源，否则电动机将反转。在控制电路中常用速度继电器来实现这个要求，为此采用速度继电器来检测电动机速度的变化。在 120～3 000 r/min 范围内速度继电器触头动作，当转速低于 100 r/min 时触头恢复原位。

2. 单方向启动的反接制动控制电路

图 5-8 所示为单方向反接制动控制电路。图中，KM1 为单方向旋转接触器；KM2 为反接制动接触器；KV 为速度继电器；*R* 为反接制动电阻。

电路工作情况：合上电源开关 QS，按下启动按钮 SB2，接触器 KM1 通电并自锁，电动机 M 通电旋转。在电动机正常运行时，速度继电器 KV 常开触点闭合，为反接制动做准备。当按下停止按钮 SB1 时，KM1 断电，电动机定子绕组脱离三相电源，但电动机因惯性仍以很高速度旋转，KV 原闭合的常开触点仍保持闭合。当 SB1 按到底时，SB1 常开触点闭合，KM2 通电并自锁，电动机定子串接电阻接上反序电源，电动机进入反接制动状态。

由于反接制动时，转子与旋转磁场的相对速度接近于 2 倍的同步转速，所以定子绕组中

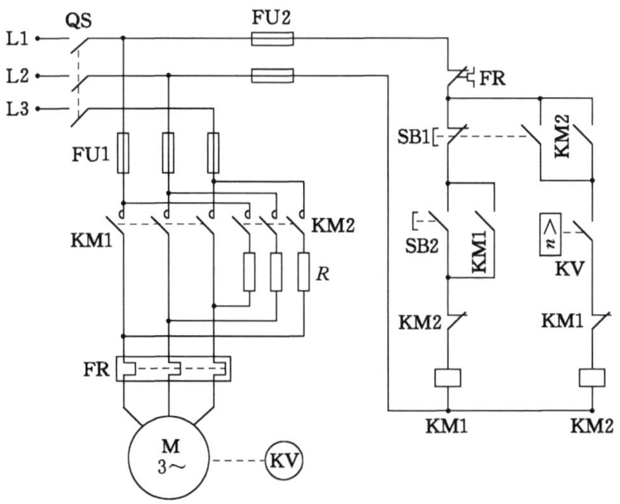

单方向反接制动控制电路动画

图 5-8 单方向反接制动控制电路

流过的反接制动电流相当于全电压直接启动电流的 2 倍,因此反接制动特点之一是制动迅速、效果好、冲击力大,通常仅适用于 10 kW 以下的小容量电动机。为了减小冲击电流,通常要求在电动机主电路中串接一定的电阻以限制反接制动电流,这个电阻称为反接制动电阻。反接制动的制动力矩较大,冲击强烈,易损坏传动零件,而且频繁反接制动可能使电动机过热,使用时必须引起注意。

三、速度继电器

速度继电器是反映转速和转向的继电器,其主要作用是以旋转速度的快慢为指令信号,与接触器配合实现对电动机的反接制动控制,故又称为反接制动继电器。

1. 结构及工作原理

JY1 型速度继电器(图 5-9)主要由定子、转子、可动支架、触点系统及端盖等部分组成。转子由永久磁铁制成,固定在转轴上;定子由硅钢片叠成并装有笼形短路绕组,能做小范围偏转;触点系统由两组转换触点组成,一组在转子正转时动作,另一组在转子反转时动作。

速度继电器的工作原理:当电动机旋转时,带动与电动机同轴连接的速度继电器的转子旋转,相当于在空间中产生一个旋转磁场,从而在定子笼形短路绕组中产生感应电流,感应电流与永久磁铁的旋转磁场相互作用产生电磁转矩,使定子随永久磁铁转动的方向偏转,与定子相连的胶木摆杆也随之偏转。当定子偏转到一定角度的,胶木摆杆推动簧片,使继电器的触点动作。

当转子转速低于某一数值时,定子的电磁转矩减小,胶木摆杆恢复原状态,触点在簧片作用下复位。

速度继电器的动作转速一般为 120 r/min,复位转速约在 100 r/min 以下。常用的速度继电器中,YJ1 型能在 3 000 r/min 以下可靠地工作。JFZ0 型的两组触点改用两个微动开关,使其触点的动作速度不受定子偏转速度的影响,额定工作转速有 300～1 000 r/min (JFZ0-1 型)和 1 000～3 600 r/min(JFZ0-2 型)两种。

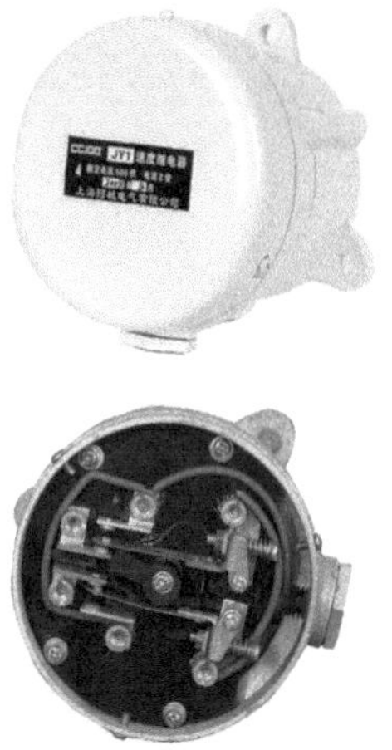

(a) 外形

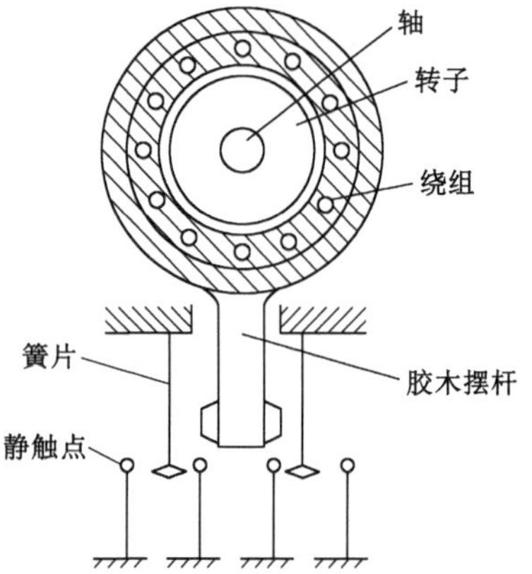

(b) 结构

图 5-9　速度继电器

2. 速度继电器的选用

速度继电器主要根据所需控制的转速大小、触头数量和电压、电流来选用。

(1) 速度继电器的转轴应与电动机同轴连接，且使两轴的中心线重合。

(2) 速度继电器安装接线时，应注意正反向触头不能接错。

(3) 速度继电器的金属外壳应可靠接地。

技术交流

一、导线选择要求

在选用绝缘导线时，主要考虑导线的安全电流、机械强度和额定电压。

1. 安全电流

导线流过电流时会发热，电流越大发出热量越多，热量通过绝缘层散发出去，如果散发的热量等于导线发出的热量，导线的温度不再上升；若流过导线的电流过大而产生大量的热量又不能都被绝缘层散发，导线的温度就会上升，绝缘层就容易老化，甚至损坏，引发触电或火灾事故。

安全电流是指导线温度达到绝缘层最高允许值(规定为 65 ℃)不再上升时的导线通过电流。当流过绝缘导线的电流超过安全电流时，绝缘层温度也会超过最高允许值而易损坏。安全电流大小除了与导线横截面积有关(如截面积越大，导线电阻越小，产生的热量越少，安全电流越大)；还与绝缘层有很大的关系，绝缘层散热性能越好，导线安全电流越大。因此，芯线截面积相同的普通单绝缘层导线较护套绝缘导线安全电流大，单股绝缘导线较多股绝缘导线安全电流大。

选择绝缘导线时，导线的安全电流应大于所接负载总电流，一般为 1.5～2 倍。

2. 机械强度

安装绝缘导线时，除了要考虑导线的安全电流外，在某些情况下还要考虑其机械强度。机械强度是指导线承受拉力、扭力和重力等的能力。

3. 额定电压

导线的绝缘层一般都有一定的耐压范围，超出这个范围绝缘性能会下降。选择导线时，要根据线路的电压来选择相应额定电压的绝缘导线。常用绝缘导线的额定电压有 250 V、500 V 和 1 000 V 等。如线路实际电压为 220 V，可选择额定电压为 250 V 的绝缘导线。

二、继电器产品说明

Specification				
Dimension		27.3 mm×21 mm×35 mm		
	Form	2A、2B、2C	3A、3B、3C	4A、4B、4C
	Rated load	6.5 A	6.5 A	5 A
Contact	Max switching voltage	240 VAC/28 VDC		
Feature	Contact resistance	≤100 mΩ		
	Material	Silver Alloy		
	Electrical life	≥1×10^5		
	Mechanical life	≥1×10^7		
Operate voltage(23 ℃)		DC：≤75%×Rated voltage，AC：≤80%×Rated voltage		
Release voltage(23 ℃)		DC：≥10%×Rated voltage，AC：≥30%×Rated voltage		
Maximum voltage(23 ℃)		110%×Rated voltage		
Coil voltage		DC：6～220 V，AC：6～380 V(Customize allowed)		
Coil power		DC：0.9 W，AC：1.2 V・A		
Pick-up time		≤15 ms		
Release time		≤10 ms		
Dielectric	Between Same-pole contacts	1 000 VAC/1 min(leakage current 1 mA)		
Strength	Between Opposite-pole contacts	1 000 VAC/1 min(leakage current 1 mA)		
	Between contacts and coil	1 500 VAC/1 min(leakage current 1 mA)		
Insulation resistance		≥100 mΩ(500 VDC)		
Ambient temperature		−25～55 ℃		
Ambient humidity		45%～75%RH		
Atmospheric pressure		86～106 kPa		
Shock resistance		10 G(sinusoidal half-wave pulse：11 ms)		
Vibration resistance		10～55 Hz(double amplitude：1.5 mm)		
Installation		PCB or Socket with DIN Rail or Screw		
Weight		Approx. 35 g/PCS		
Packing	Carton with paper box inside	600 PCS/Carton，G. W.：22 kg，N. W.：21 kg，Dimension(mm)：330×310×345		

巩固练习

1. 三相鼠笼式异步电动机常用的制动方法有几种。

2. 画出三相异步电动机能耗制动控制电路并分析其工作原理。
3. 速度继电器的触头动作时的速度范围是多少?
4. 反接制动的速度继电器怎样调整才能够获得较好的制动效果?
5. 三相交流电动机反接制动和能耗制动分别适用于什么情况?

项目六　电动机调速控制电路接线与调试

学习目标

1. 讲述电动机调速的发展历程,鼓励同学积极探索、勇于创新。
2. 掌握交流电动机变极、变频、变转差率调速工作原理。
3. 熟悉变频器的组成、性能、安装维护。
4. 能正确安装和调试电动机调速控制电路。
5. 培养学习者积极阅读文献资料、探索未知、开拓思维、解决问题的职业习惯。

相关知识

异步电动机结构简单、成本低、维修方便、工作可靠,因此得到了广泛的使用。在生产实际中需要对电动机转速进行调节以满足工艺设备的要求,因此三相异步电动机的调速具有重要的意义。

一、交流电动机调速方式

三相异步电动机的转速公式为:

$$n=\frac{60f_1}{p}(1-s)=n_1(1-s)$$

式中,f_1为异步电动机的定子电压供电频率;p为异步电动机的极对数;s为异步电动机的转差率。

所以,调节三相异步电动机的转速有三种方案。

1. 变极调速(改变电动机的极对数)

通过改变定子绕组的连接方式来实现。变极调速是改变异步电动机的同步转速,所以一般称变极调速的电动机为多速异步电动机。

(1) 变极原理

改变异步电动机的定子绕组的极对数 p,可以改变磁通势的同步转速 n_1,由于转差率 s 不变,则转速得到了调节。

三相鼠笼式异步电动机定子绕组极对数的改变,是通过改变绕组的接线方式实现的。如图 6-1(a)所示的四极电机 A 相定子绕组的两个线圈头尾相连时(正向串联),具有 4 个磁极($2p=4$);如果将定子绕组的连接方式改成如图 6-1(b)所示的形式,则根据每相绕组中一半线圈的电流方向,用右手螺旋定则确定出磁通方向,此时定子绕组具有两个磁极($2p=2$)。由此可见,让半相绕组的电流方向改变,就能使极对数减半,从而使同步转速增加一倍,运行的转速也接近成倍变化。

变极调速中,定子绕组的接线方式改变的同时,还需要改变定子绕组的相序,即倒换定

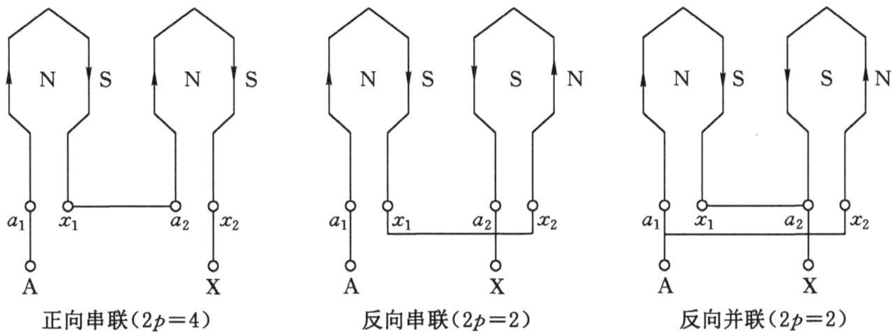

图 6-1　三相异步电动机的变极调速绕组接线方式

子电流的相序，以保证变极调速前后电动机的转向不变，即要求磁通旋转方向不变。

（2）变极调速的特点和性能

① 变极调速设备简单、体积小、重量轻，运行可靠，操作方便。

② 变极调速的机械特性较硬，可实现恒转矩调速和接近恒功率调速，且转差功率损耗基本不变，效率较高。

③ 变极调速方法为有级调速，且调速的级数不多，一般最多为四级。普遍应用于各种机床、起重机和输送机等设备上。

④ 变极调速的平滑性较差。为了改进调速的平滑性，可采用变极调速与降压调速相结合的方法，从而扩大了调速范围，又降低了低速损耗。

2. 变频调速

通过改变定子绕组的电压供电频率 f_1 来实现。当转差率 s 一定时，电动机的转速 n 基本上正比于 f_1。很明显，只要有输出频率可平滑调节的变频电源，就能平滑、无极地调节异步电动机的转速。

异步电动机的变压变频调速系统一般简称变频调速系统，由于调速时转差功率不变，在各种异步电动机调速系统中效率最高，同时性能最好，是交流调速系统的主要研究和发展方向。

（1）变频调速原理

改变异步电动机定子绕组供电电源的频率 f_1，可以改变同步转速 n，从而改变转速。如果频率 f_1 连续可调，则可平滑地调节转速，此为变频调速原理。

三相异步电动机运行时，忽略定子阻抗，压降时定子每相电压为：

$$U_1 \approx E_1 = 4.44 f_1 N_1 k_{w1} \Phi_m$$

式中，E_1 为气隙磁通在定子每相中的感应电动势；f_1 为定子电源频率；N_1 为定子每相绕组匝数；k_{w1} 为基波绕组系数；Φ_m 为每极气隙磁通量。

如果改变频率 f_1，且保持定子电源电压 U_1 不变，则气隙每极磁通 Φ_m 将增大，会引起电动机铁芯磁路饱和，从而导致过大的励磁电流，严重时会因绕组过热而损坏电机，这是不允许的。因此，降低电源频率 f_1 时，必须同时降低电源电压，已达到控制磁通 Φ_m 的目的。

（2）变频调速的特点和性能

① 变频调速设备（简称变频器）结构复杂、价格昂贵、容量有限，但随着电力电子技术的发展，变频器向着简单可靠、性能优异、价格便宜、操作方便的趋势发展。

② 变频器具有机械特性较硬、转差率小、转速稳定性好、调速范围广(可达 10∶1)、平滑性高等特点,可实现无级调速。

③ 变频调速时,转差率 s 较小,则转差功率损耗较小,效率较高。

④ 变频调速时,基频下的调速为恒转矩调速方式;基频调速以上时,近似为恒功率调速方式。

⑤ 变频调速器已广泛用于生产机械等很多领域内。

3. 变转差率调速

改变转差率的方法很多,常用的方案有改变异步电动机的定子电压变转差调速、采用电磁转差(或滑差)离合器调速、转子回路串电阻变转差调速以及串极调速等。前两种方法适用于鼠笼式异步电动机,后者适合于绕线式异步电动机。这些方案都能使异步电动机实现平滑调速,但共同的缺点是在调速过程中存在转差损耗,即在调节过程中转子绕组均产生大量的钢损耗(又称转差功率),使转子发热,系统效率降低,因此使用受到限制。

二、多速电动机

多速电动机是采用改变电动机定子绕组极数的方法来改变电动机同步转速的,这种调速方法称为变极调速,一般只适用于鼠笼式异步电动机。鼠笼式异步电动机常用的变极调速方法有两种:一种是改变定子绕组的接线,即改变定子绕组每相的电流方向;另一种是在定子绕组上设置具有不同极对数的两套互相独立的绕组,使每套绕组具有改变电流方向的能力。变极调速是有级调速,速度变换是阶跃式的。用变极调速方式构成的多速电动机一般有双速、三速、四速之分。

相关技能

电控柜的安装:控制板的尺寸应根据电器的安排情况决定。

(1) 电器的安排:尽可能组装在一起,使其成为一台或几台控制装置。只有那些必须安装在特定位置上的器件,如按钮、手动控制开关、位置传感器、离合器、电动机等,才允许分散安装在指定的位置上。安放发热元件时,必须使箱内所有元件的温升保持在它们的容许极限内。对发热很大的元件,如电动机的启动、制动电阻等,必须隔开安装,必要时可采用风冷。

(2) 可接近性:所有电器必须安装在便于更换、检测方便的地方。为了便于维修和调整,箱内电器元件的部位必须位于离地 0.4~2 m 之间,所有接线端子必须位于离地 0.2 m 处,以便于装拆导线。

(3) 间隔和爬电距离:必须符合规定的间隔和爬电距离,并应考虑有关的维修条件。

(4) 控制箱中的裸露、无电弧的带电零件与控制箱导体壁板间的间隙:对于 250 V 以下的电压,间隙应不小于 15 mm;对于 250~500 V 的电压,间隙应不小于 25 mm。

(5) 控制箱内的电器安排:

① 除了手动控制开关、信号灯和测量仪器外,门上不要安装任何器件。

② 由电源电压直接供电的电器最好装在一起,使其与只由控制电压供电的电器分开。

③ 电源开关最好装在箱内右上方,其操作手柄应装在控制箱前面和侧面。电源开关上方最好不安装其他电器,否则,应把电源开关用绝缘材料盖住,以防电击。

④ 箱内电器(如接触器、继电器等)应按原理图上的编号顺序牢固安装在控制箱(板)

上，并在醒目处贴上各元件相应的文字符号。

⑤ 控制箱内电器安装板的大小必须能自由通过控制箱和壁的门，以便装卸。

(6) 连接保护电路：电气设备的所有裸露导体零件（包括电动机、机座等），必须接到保护接地专用端子上。

① 连续性。保护电路的连续性必须用保护导线或机床结构上的导体可靠结合来保证。

为了确保保护电路的连续性，保护导线的连接件不得作任何别的机械紧固用，不得由于任何原因将保护电路拆断，不得利用金属软管作保护导线。

② 可靠性。保护电路中严禁用开关和熔断器。除采用特低安全电压电路外，在接上电源电路前必须先接通保护电路，在断开电源电路后才断开保护电路。

③ 明显性。保护电路连接处应采用焊接或压接等可靠方法，连接处要便于检查。

项目分析

双速电动机的调速控制

一、双速电动机的变极方法

如图 6-2(a)所示，U1、V1、W1 端接电源，U2、V2、W2 端开路，电动机为△形接法（低速）。

如图 6-2(b)所示，U1、V1、W1 端短接，U2、V2、W2 端接电源，电动机为 Y 形接法（高速）。

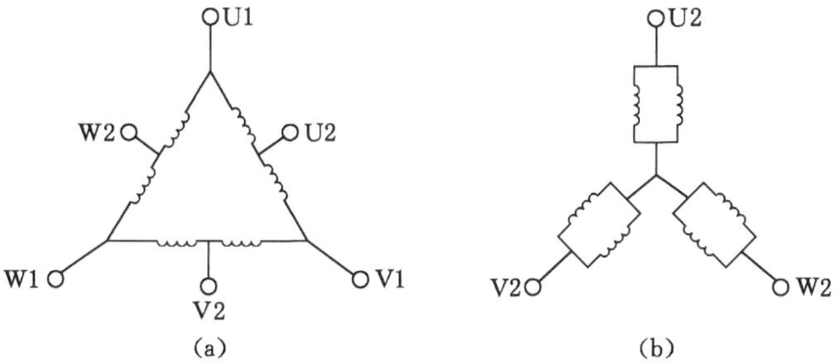

图 6-2　双速电动机绕组接线图

注意，变极时调换相序，以保证变极调速以后电动机转动方向不变。

二、主电路

KM1 主触点构成△形的低速接法。KM2、KM3 用于将 U1、V1、W1 端短接，并在 U2、V2、W2 端通入三相交流电源，构成 Y 形的高速接法。

三、控制电路

图 6-3(a)所示电路中，按钮 SB1 实现低速启动和运行，按钮 SB2 使 KM2、KM3 线圈通电自锁，用于实现 Y 形变速启动和运行。图 6-3(b)所示电路在高速运行时，先低速启动、后高速运行，以减少启动电流。选择开关 SA 合向高速→时间继电器 KT 线圈通电延时→KM1 线圈通电，电动机 M 低速启动。KT 延时时间到→KM1 线圈断电复位→KM2、KM3 线圈通电→电动机 M 高速运行。选择开关 SA 合向低速→KM1 线圈通电，电动机 M 低速转动。选择开关 SA 合向“0”位时，电动机停止运行。

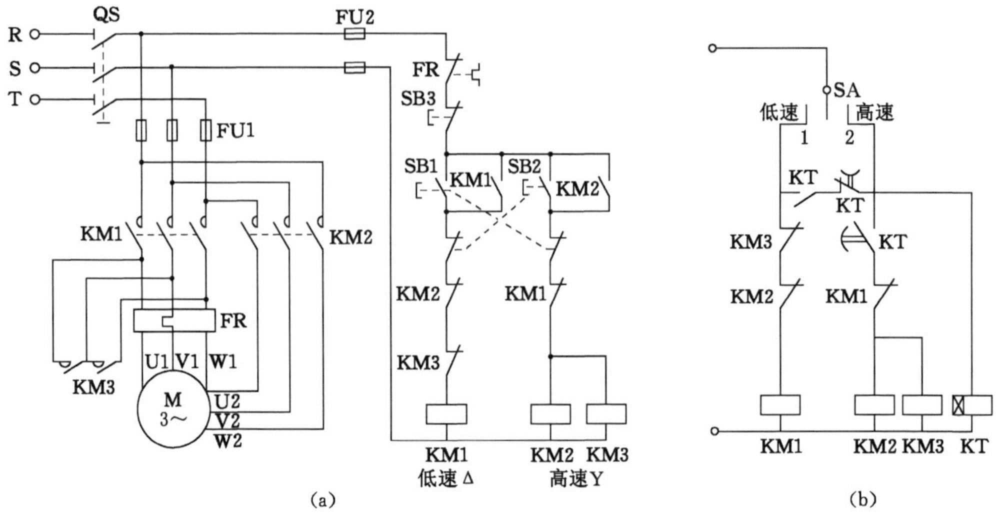

图 6-3 双速电动机的电气控制电路图

项目实施

一、工具及器材

工具及器材见表 6-1。

表 6-1 工具及器材

序号	名称	型号与规格	单位	数量
1	三相交流电源	3×380 V	处	1
2	电工通用工具	万用表、螺丝刀(十字口和一字口)、电工刀、尖嘴钳、斜口钳等	套	1
3	断路器	DZ5-20/330	个	1
4	低压熔断器	RT 系列	个	5
5	热继电器	JSR 系列(根据电动机自定)	个	1
6	按钮	LA10-2H	个	1
7	接触器	CJX1 系列(线圈电压 380 V)	个	3
8	时间继电器	JS7-2A(线圈电压 380 V,延时时间 6 s)	个	1
9	电动机	双速电动机	台	1
10	导线	BVR 1.5 mm^2 塑铜线		若干

二、操作注意事项

不允许带电安装元器件或连接导线,在有指导教师现场监护的情况下才能接通电源。停止时必须先按下停止按钮,不允许带负荷分断电源开关。

三、操作步骤

(1) 仔细观察各种不同类型、规格的行程开关，熟悉它们的动作原理。

(2) 检测时间继电器质量好坏，调节时间继电器的延时时间。

(3) 按图 6-3 所示的原理图进行接线。

(4) 经指导教师检查合格后进行通电操作。

四、项目完成情况评价

项目完成情况评价见表 6-2。

表 6-2　项目完成情况评价(评分细则见附录)

内容	职业素质	专业知识	岗位技能	实操安全	答辩及作业	项目完成结果
占比	20%	20%	20%	10%	10%	20%
同学 1	□优□良 □中□差	□优□良 □中□差	□优□良 □中□差	□优□良 □中□差	□优□良 □中□差	□优□良 □中□差
同学 2	□优□良 □中□差	□优□良 □中□差	□优□良 □中□差	□优□良 □中□差	□优□良 □中□差	□优□良 □中□差
同学 3	□优□良 □中□差	□优□良 □中□差	□优□良 □中□差	□优□良 □中□差	□优□良 □中□差	□优□良 □中□差
教师	□优□良 □中□差	□优□良 □中□差	□优□良 □中□差	□优□良 □中□差	□优□良 □中□差	□优□良 □中□差
总结及自评						
小组同学 签名：		教师 签名：		综合评价：		

知识拓展

一、异步电动机电磁调速

1. 电磁调速异步电动机控制线路

如图 6-4 所示，按下启动按钮 SB1，接触器 KM 线圈得电并自锁，主触点闭合，电动机 M 运转。同时，接通晶闸管控制器 VC 电源，VC 向电磁转差离合器爪形磁极的励磁线圈提供励磁电流，由于离合器电枢与电动机 M 同轴连接，爪形磁极随电动机同向转动，因此调节电位器可改变转差离合器磁极的转速，从而调节拖动负载的转速。

2. 电磁转差离合器的结构及工作原理

在普通鼠笼式异步电动机轴上安装一个电磁转差离合器，由晶闸管(又名可控硅)控制装置控制离合器绕组的励磁电流来实现调速。其结构及工作原理如图 6-5 所示。

二、变频器

变频器通常是指将频率固定的工频交流电变换成频率可调的三相交流电的电力控制装置，实质上它是运动控制系统中的功率变换器，如图 6-6 所示。本教材以通用变频器为例，简要介绍变频器的基本工作方法、内部结构、主要功能以及变频器的日常使用与维护。

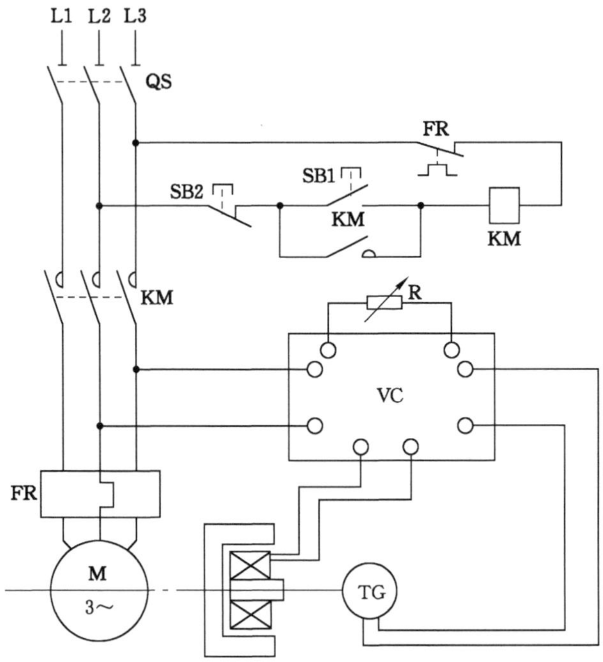

图 6-4　电磁调速异步电动机控制线路

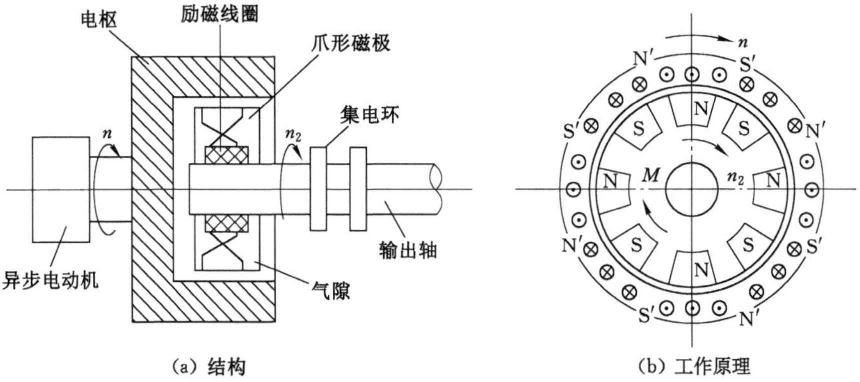

图 6-5　电磁转差离合器结构及工作原理

1. 变频器的结构组成

(1) 变频器的内部电路

从结构上看，变频器分为间接变频和直接变频两大类。直接变频器将工频交流电直接变换成电压和频率可调的交流电，不需要中间整流环节，称为"交-交"变频器。间接变频器先要将工频交流电变换为直流电，再经过逆变器将直流电变换为电压和频率可控的交流电，称为"交-直-交"变频器。目前，在中小容量的变频器中，"交-直-交"变频器应用最为广泛，它的基本结构如图 6-7 所示。

变频器通常由整流电路、直流电路、逆变电路、可控频率三相交流电输出电路、控制电路和保护电路等构成。其中，整流电路用于将工频交流电变换为直流电。直流中间电路用于

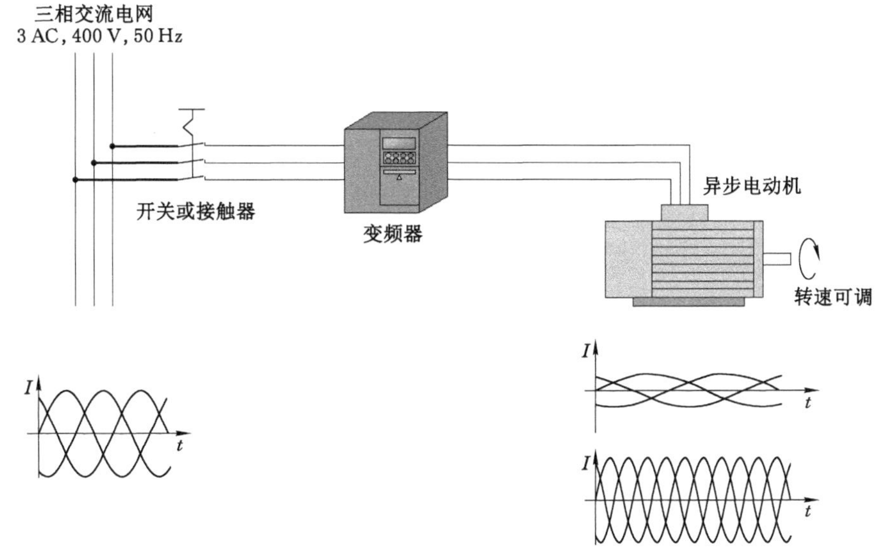

图 6-6　变频器工作示意图

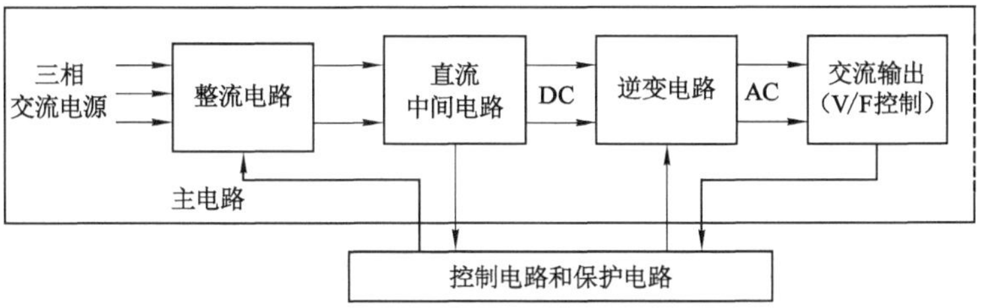

图 6-7　“交-直-交”变频器的结构示意图

提供稳定的直流电源(恒压或恒流)，有的变频器还提供交流电动机反馈制动时产生的再生电流通路。逆变电路主要是将直流电源变换为频率和电压均可控的三相交流电源。交流输出电路一般包括输出滤波电路、驱动电路以及反馈电路等。上述这些电路通常称为主电路。

控制电路的功能是按照要求产生和调节一系列的控制脉冲来控制逆变器开关的导通和关断，从而配合逆变电路完成逆变任务。控制电路大都采用计算机技术，以实现自动控制和增强变频器的功能。保护电路主要包括输入和输出的过压保护、欠压保护、过载保护、过流保护、短路保护等。在有的场合，变频器自身还有过速保护、失速保护、制动控制等辅助电路。

(2) 变频器的内部结构

变频器的种类很多，但目前市场上主流变频器的基本结构大体相同。不同类型的变频器主要区别是控制电路、检测电路以及控制算法不同而已。通用变频器的硬件结构如图 6-8 所示，主要包括主电路、控制电路和电动机电路三大部分。

2. 变频器的主电路

变频器的主电路主要由整流电路、直流中间电路和逆变电路组成，图 6-9 所示为电压型变频器中一种典型的主电路。

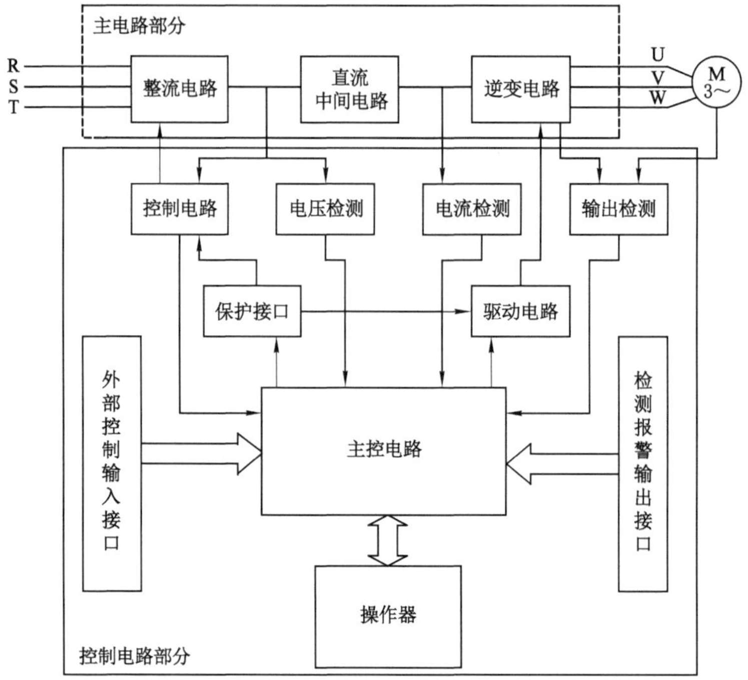

图 6-8　通用变频器的硬件结构示意图

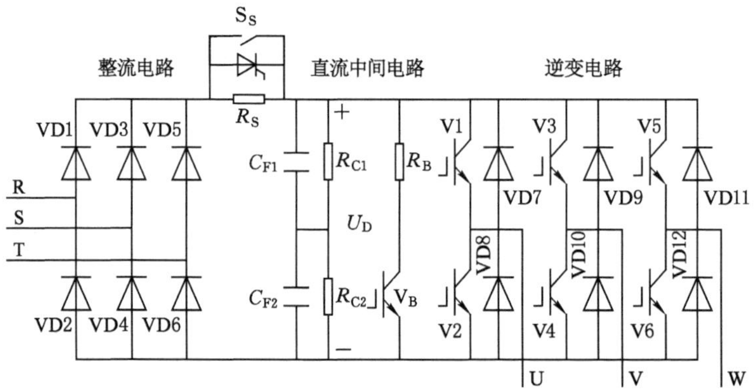

图 6-9　电压型变频器的典型主电路

整流电路通常由三相全波整流桥组成，将电网的交流电变换成所需要的直流电。整流元件通常采用的是二极管和晶闸管。二极管整流电路（图 6-9 中的 VD1～VD6）主要用于 PWM 变频器中，输出的直流电压取决于电源电压的幅值。由晶闸管构成的整流电路，其直流电压可控。

直流中间电路主要有两个作用：一是滤波，使输出的直流电源平滑，电压型变频器采用大容量的电解电容，如图 6-9 中的 C_{F1} 和 C_{F2}。由于受容量和耐压值的限制，滤波电容由若干个串（并）联而成，与其并联的等值均压电阻 R_{C1} 和 R_{C2} 用于减少电容容量离散的影响。二是限流和短路保护。图 6-8 中的限流电阻 R_S 和短路开关 S_S 等，在变频器刚接通的瞬间，整流电路与直流中间电路串联了 R_S，可以削弱冲击电流的影响；正常运行时再将 S_S 接通，把 R_S

切出电路，以免损耗。S_S 大多由晶闸管控制，小容量变频器的 S_S 开关有的用继电器的触点控制。

逆变电路主要是在控制电路的作用下，将平滑的直流电源变化成频率、电压都任意可调的交流电源。逆变器的输出通常都是变频器的输出，它被用来实现对异步电动机的调速控制。在图 6-9 中，V1～V6 构成逆变桥，在控制信号作用下将直流电压 U_D 逆变成三相交流电（U、V、W）；VD7～VD12 构成续流电路，它有三种功能：

① 为电动机绕组的无功电流返回直流电路提供通路。

② 当频率下降（即同步转速下降或电动机停车）时，为电动机的再生发电能量反馈到直流电路提供通路。

③ 为逆变电路的寄生电感在逆变过程中释放能量提供通路。通常在每个逆变管旁还接入 R_C 缓冲电路，以减小开关通断瞬间电压和电流变化对逆变管的冲击危害。

3. 变频器的控制电路

变频器典型控制电路包括主电路、信号检测电路、门极驱动电路、外部接口电路以及保护电路等部分。它是变频器的核心部分，其性能指标及其功能决定了变频器质量的好坏。

变频器主控电路的中心是一个高效能的微处理器，配备有高性能的存储器，主要作用有三个：

① 接受各种信号，其中包括各种功能的预置信号、从键盘或外接输入端输入的给定信号、外部输入端送来的控制信号以及各种检测电路取样来的状态信号等。

② 进行基本运算，包括进行矢运算、实时计算 SPWN 波形各切换点的时刻以及其他运算等。

③ 输出计算结果，包括通过驱动电路对逆变器进行波形变换、显示当前的各种状态以及输出各种信号到外接端子上，便于测试和调整。除此之外，主控电路还可以实现各种控制功能和实施各项保护功能，如对 SPWM 信号进行启动、停止、升速、降速、点动等控制和故障报警以及紧急终止输出等。

检测电路主要作用是将变频器主电路和电动机的工作状态反馈到微处理器，并由它按照预先确定的算法进行处理后，为各部分电路提供控制信号和保护信号，以达到控制变频器输出和为变频器及电动机提供必要的保护。

保护电路主要作用是由微处理器将变频器对检测电路得到的各种信号进行算法处理，判断变频器本身或系统是否出现异常，以便进行必要的处理，包括停止变频器的输出，从而对变频器进行保护，归纳起来有三类：

① 对变频器自身的保护，由变频器自身完成，通常对过热、过流、过压、过载和欠压、短路瞬时过流、控制电路异常等的保护。

② 对驱动电动机的保护，需要用户根据负载特性和外部环境设置必要的工作条件以及附加外部电路来完成。

③ 对系统的保护，根据系统配置和要求加以综合考虑。

外部接口电路通常包括顺序控制指令的输入电路（主要是电动机正反转和多段调速控制信号）、频率指令（模拟信号，经 A/D 处理）输入电路、监测信号输出电路以及通信接口电路等。变频器一般有 RS232C、RS485/422 与现场总线的通信接口，以便于变频器与计算机、变频器与 PLC 或网络通信的连接。

操作器一般包括操作键盘、数码显示和状态指示等部分。操作键盘用于向主控电路发出各种指令或控制信号,数码显示器则是对主控电路提供的工作数据进行显示,状态指示用于监视变频器的运行状况。

4. 主电路的外围电路

主电路外围电路示意图如图 6-10 所示,在不需要这些元件的场合则不需要接入。

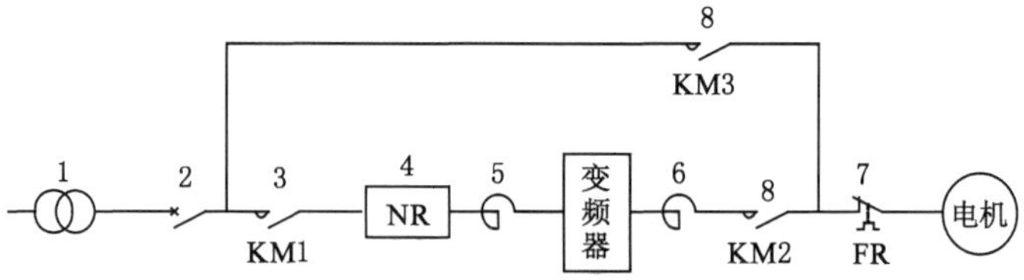

1—变压器;2—电源断路器;3,8—交流接触器;4—滤波器;5,6—AC 电抗器;7—热继电器。

图 6-10 主电路外围电路示意图

电源变压器用于将供电网的高压变换为变频器所需要的电压,一般变压器的容量可选用变频器的 1.5 倍左右。电源断路器用于主电路输入电源的接通和断开,并且在出现过电流或短路时,可自动切断电源。如果需要接地保护,可以选用变频器专用的漏电保护式断路器。变频器都要采用电源断路器,其容量是变频器额定电流的 1.5~2 倍。

交流接触器主要用于电动机在"工频"与"变频"运行状态之间的切换。在输入端,主触点的额定电流应不小于变频器的额定电流;而输出端含有较强的谐波分量,其主触点的额定电流应该略大于变频器额定的输出电流。输入交流接触器的工作状态还可以由变频器控制,以起到保护功能。当变频器出现异常时,利用变频器故障报警端(MA、MB 和 MC)的信号切断输入电源,可有效地保护系统。

滤波器用于滤去从电源线入侵到变频器的干扰信号,也可以降低从变频器向电源线送出的高次谐波成分。滤波器主要是由电容和线圈组成,串联在变频器的输入和输出电路中。在变频器输出侧的滤波器中,电容器应串接电阻后接在电动机侧,以防止逆变器受到电容器充、放电的影响而损坏。

电抗器主要是实现变频器与电源之间的阻抗匹配,改善功率因数以及减少高次谐波的不良影响。交流电抗器串接在三相电源与整流桥之间,功率因数可以提高 0.75~0.85。在连接大功率电源变压器的场合,将有很大的峰值电流经过输入回路而可能损坏整流器件,因而在变频器的整流桥与滤波器之间应串入 DC 电抗器。很多变频器出厂时都将接入 DC 电抗器的外接端子用金属片短接了,需要时取下金属短路片即可。

在变频器与电动机之间还要接上交流电抗器,以抑制电动机的噪声,同时限制电动机连接电缆中容性充电电流的冲击,使电动机在引线较长(100~400 m)的情况下也能工作。

热继电器主要作用是对电动机进行过热保护。热继电器的额定电流应选择为电动机额定电流的 1.1~1.2 倍。通常变频器内部都有热保护功能,故在只接一台电动机时,可不必外接热继电器。

变频器的接地线应尽量与外接电路分开接地,不允许将所有设备的接地线连接在一起后再接地,接地电阻一般要求小于 10 Ω。

5. 变频器的安装

(1) 电源控制开关及导线线径选择

电源控制开关及导线线径的选择与同容量的普通电动机选择方法相同，按变频器的容量选择即可。考虑到其输入侧的功率因数较低，故应本着宜大不宜小的原则选择线径。

(2) 变频器输出线径选择

变频器工作时频率下降，输出电压也下降；变频器工作时频率下降，输出电压也下降。在输出电流相等的条件下，若输出导线较长(20 m)，低压输出时线路的电压降 ΔU 在输出电压中所占的比例将上升，加到电动机上的电压将减小，因此低速时可能引起电动机发热。所以选择输出导线时主要考虑 ΔU 的影响，一般要求为：

$$\Delta U \leqslant (2 \sim 3)\% U_X$$

$$\Delta U = \frac{\sqrt{3} I_N R_0 L}{1\ 000}$$

式中　U_X——电动机的最高工作电压，V；

I_N——电动机的额定电流，A；

R_0——单位长度导线的电阻，mΩ/m；

L——导线长度，m。

(3) 控制电路导线线径的选取

小信号控制电路通过的电流很小，一般不进行线径计算。考虑到导线的强度和连接要求，请选用 0.75 mm^2 及以下的屏蔽线或绞合在一起的聚乙烯线。接触器、按钮开关等强电控制电路导线线径可选用 1 mm^2 的独股或多股聚乙烯铜导线。

6. 变频器的维护保养

变频器的日常维护与保养是变频器安全工作的保障，日常维护与保养工作做得好，问题可以及时发现和处理，可使变频器长期工作在最佳状态，减少停机故障的发生，提高变频器的使用寿命。

(1) 变频器的日常检查

变频器在日常运行中，可以通过耳听、目测、触感和气味等判断变频器的运行状态。一般检查内容有：

① 周围环境、温度、湿度是否符合要求。

② 变频器的进风口和出风口有无积尘，是否被积尘堵死。

③ 变频器的噪声、振动、气味是否在正常范围之内。

④ 变频器运行参数及面板显示是否正常。

(2) 变频器的定期维护与保养

通常低压小型变频器是指工作在电网 380 V(220 V)上的小功率变频器，多以垂直壁挂形式安装在控制柜内，其定期维护与保养主要包括：

① 定期检查除尘

变频器工作时，由于风扇散热及元器件的静电吸附作用，很容易在变频器的内部及通风口积尘。积尘能导致变频器散热不良，内部温度升高，会降低变频器的使用寿命或引起过热跳闸。视积尘情况要定期进行除尘工作，除尘时要先断开电源，等待变频器的储能电容放电后才能打开机盖，用毛刷或压缩空气对积尘进行清理。

② 定期检查电路的主要参数

变频器的一些主要参数是否在规定的范围内，是变频器安全运行的标志。如主电路和控制电路的电压是否正常、滤波电容是否漏液及容量是否下降等。

③ 定期检查变频器的外围电路和设施

主要包括检查制动电阻、电抗器、继电器接触器等是否正常工作，连接导线有无松动，柜中风扇是否正常，风道是否畅通。

④ 根据维护信息判断元器件的寿命

变频器主电路的滤波电容随着使用时间增长，其容量也慢慢下降。当下降到初始容量的 85%时即需更换，通风风扇当使用时间超过 3 万 h 时也需要更换。

技术交流

Item		Instruction
Power supply input	Rated voltage	S2(Single phase 220 V):Single phase AC(200～240) V
		T4(Three phase 400 V):Three phase AC(380～480) V
	Rated frequency	50/60 Hz±5%
Power output	Overload capability	Overload(G): 150% rated output current 60 s and 200% rated output current 2 s
		Light load(P):120% rated output current 60 s
Control performance	Control mode	Constant torque V/f, Quadratic load V/f, No PG vector control, Energy saving mode
	Frequency set mode	Outside terminals(including logic multi-step, analog input, UP/DOWN given),keypad panel,series communication
	Command given mode	Outside terminals(i. e. Logic input),keypad panel,series communication
	Low frequency torque	No PG V/f control:150% rated torque/3 Hz
		No PG vector control:150% rated torque/0. 5 Hz
	Programming method	Compatible with traditional PLC programming platform/high-level language(C/Python)/other programming platform
	Control power supply	5 V:Maximum current 10 mA,which is used on bench potentiometer
		24 V:Maximum current 100 mA,which is used for logic entrance
Communication interface	Hardware interface protocol	RS232、RS485
	Software communication protocol	Modbus
Logic input	Quantity	Ontology:11 kW:6 ways,LI1～LI4(Both inverter and PLC control can be used)
		AI1、AI2 Configurable as a logic input port
		15 kW:8 ways,LI1～LI8
		Extension:based on expansion board features
	Type	Positive logic(Source) or Negative logic(Sink)
	Input voltage	0～24 VDC

续表

Analog input	Maximum input range	AI1:0～5 VDC,or 0～10 VDC,or 0/4～20 mADC AI2:0～10 VDC,or PTC probe input or PTC
	Function selection	Can only be used for inverter control(frequency signal setting,feedback signal setting,temperature monitoring, etc.)/PLC switch output
Panel potentiometer input		Precision:10 bit/inverter control (frequency signal setting)/PLC analog quantity output
Analog output	Maximum output range	0～10 VDC
		0/4～20 mADC
	Function selection	Output frequency,output current,speed given,series output data and many other functions/PLC analog quantity output
Structure	Protection level	IP20

电动机的运行控制微课讲解

巩固练习

1. 两台三相异步电动机的电源频率为 50 Hz,额定转速分别为 1 440 r/min 和 2 910 r/min,试问它们的磁极数分别是多少？额定转差率分别是多少？
2. 异步电动机的调速方法有哪几类？
3. 三相异步电动机变极调速的原理是什么？有什么注意事项？
4. 三相异步电动机变转差率调速有哪几种方法？分别有什么特点？
5. 变频器主要由哪几部分组成？给用户提供的主要外接接口是什么？

项目七　机床电气控制线路的调试与检修

学习目标

1. 营造工厂氛围,培养学习者遵守实验室管理要求及国家规范、标准、行业规程的意识。
2. 了解机床的电力拖动特点、控制要求。
3. 掌握 CA6140 型车床电气控制线路的工作原理。
4. 掌握 CA6140 型车床的电气部件布局及接线,能够完成机床的常规维修。
5. 培养学习者实事求是、吃苦耐劳、甘于奉献的岗位素养。

相关知识

电气拖动的控制方式亦经历了一个从低级到高级的发展过程，最初采用手动控制。最早的自动控制是20世纪二三十年代出现的继电接触器控制，它可以实现对控制对象的启动、停车、调速、自动循环以及保护等控制。它所使用的控制器件结构简单、价廉、控制方式直观、易掌握、工作可靠、易维护，因此在机床控制中得到长期、广泛的应用。

随着计算技术的发展，又出现了以微型计算机为基础的具有编程、存储、逻辑控制及数字运算功能的可编程控制器PLC。PLC的设计以工业控制为目标，因而具有功率级输出、接线简单、通用性强、编程容易、抗干扰能力强、工作可靠等一系列优点，一问世即以强大的生命力占领了传统的控制领域。PLC的一个发展方向是微型、简易、价廉，以图取代传统的继电器控制；另一个发展方向是大容量、高速、高性能，对大规模复杂控制系统能进行综合控制。

一、CA6140型车床主要结构

CA6140型车床为我国自行设计制造的普通车床，与C620-1型车床比较，具有性能优越、结构先进、操作方便和外形美观等优点。

CA6140型普通车床主要由床身、主轴箱、进给箱、溜板箱、刀架、丝杠、光杠、尾架等部分组成(图7-1)。车床的切削运动包括工件旋转的主运动和刀具的直线进给运动。

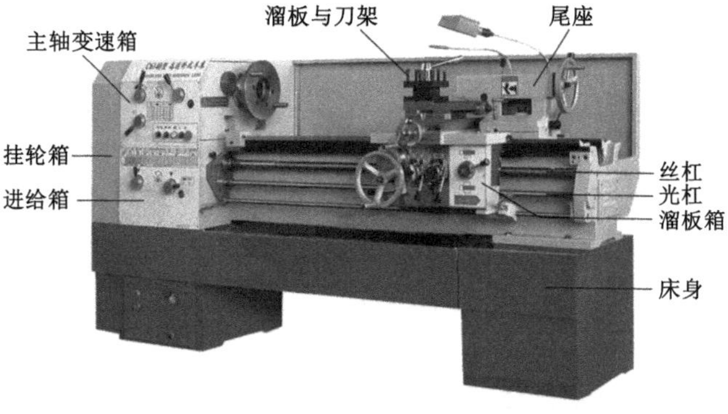

图7-1　CA6140型普通车床外形结构

车削速度是指工件与刀具接触点的相对速度。根据工件的材料性质、车刀材料及几何形状、工件直径、加工方式、冷却条件的不同，要求主轴有不同的切削速度。主轴变速是由主轴电动机经V带传递到主轴变速箱来实现的。CA6140型车床的主轴正转速度有24种(10～1 400 r/min)，反转速度有12种(14～1 580 r/min)。

二、CA6140型车床运动形式

车床的进给运动是刀架带动刀具的直线运动。溜板箱把丝杠或光杠的转动传递给刀架部分，变换溜板箱外的手柄位置，经刀架部分使车刀做纵向或横向进给。

车床的辅助运动为车床上除切削运动以外的其他一切必需的运动，如尾架的纵向移动、工件的夹紧与放松等。

三、CA6140型车床电力拖动特点及控制要求

(1) 主拖动电动机一般选用三相鼠笼式异步电动机，不进行电气调速。

(2) 采用齿轮箱进行机械有级调速。为减小振动，主拖动电动机通过几条V带将动力传递到主轴箱。

(3) 在车削螺纹时，要求主轴有正反转，由主拖动电动机正反转或采用机械方法来实现。

(4) 主拖动电动机的启动、停止采用按钮操作。

(5) 刀架移动和主轴转动有固定的比例关系，以便满足对螺纹的加工需要。

(6) 车削加工时，由于刀具及工件温度过高，有时需要冷却，因而应该配有冷却泵电动机，且要求在主拖动电动机启动后，方可决定冷却泵开动与否，而当主拖动电动机停止时，冷却泵应立即停止。

(7) 必须有过载、短路、欠压、失压保护。

(8) 具有安全的局部照明装置。

相关技能

一、机床电气维修操作规程

(1) 机床电气维修必须停电进行，严禁带电作业。

(2) 检修用照明灯应使用 36 V 安全电压，灯头应有护罩。

(3) 使用吊装工具时，先检查设备是否良好，不准超负荷起吊，不准歪拉斜吊，吊物下不准站人。

(4) 拆装电机端盖、皮带轮、轴及轴承时，应用铜棒、木榔头、拉钩等专用工具，不准直接用铁锤、扁铲等敲打。

(5) 带有放大环节的电气设备，应调试后试车。试车前应采取安全措施，认真检查机械部分各限位器、零压、零磁、过压、过流继电器等是否安全可靠。

(6) 试车时，应注直观察电动机转向、声音等是否正常。工作人员要避开联轴节的旋转方向。工作结束后，要检查清理现场，断开电源，消除火源后方可离去。

(7) 用汽油清洗电器零件时，严禁动用明火。

二、电气设备安装相关标准、规范

(1)《电气装置安装工程 低压电器施工及验收规范》(GB 50254—2014)。

(2)《电气装置安装工程 电气设备交接试验标准》(GB 50150—2016)。

低压电器施工及验收规范、电气设备交接试验标准

项目分析

CA6140 型卧式车床电路图如图 7-2 所示。

一、主电路分析

主电路共有三台电动机：M1 为主轴电动机，带动主轴旋转和刀架做进给运动；M2 为冷却泵电动机，用以输送切削液；M3 为刀架快速移动电动机。

将钥匙开关 SB 向右旋转，再扳动断路器 QF 将三相电源引入。主轴电动机 M1 由接触器 KM 控制，热继电器 FR1 作过载保护，熔断器 FU 作短路保护，接触器 KM 作失压和欠压保护。冷却泵电动机 M2 由中间继电器 KA1 控制，热继电器 FR2 作为它的过载保护。

由中间继电器 KA2 控制刀架快速移动电动机 M3，点动控制，故未设过载保护。FU1

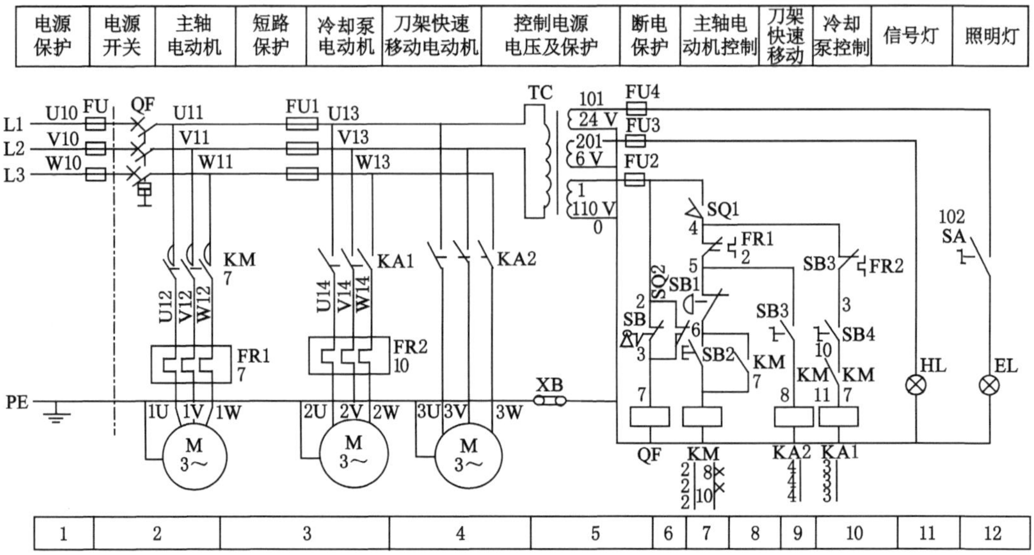

图 7-2　CA6140 型卧式车床电路图

作为冷却泵电动机 M2、快速移动电动机 M3、控制变压器 TC 短路保护。

二、控制电路分析

控制电路的电源由控制变压器 TC 二次侧输出 110 V 电压提供。在正常工作时，位置开关 SQ1 的常开触头闭合。打开床头皮带罩后，SQ1 断开，切断控制电路电源，以确保人身安全。钥匙开关 SB 和位置开关 SQ2 在正常工作时是断开的，QF 线圈不通电，断路器 QF 能合闸。打开配电盘壁龛门时，SQ2 闭合，QF 线圈获电，断路器 QF 自动断开。

三、照明、信号电路分析

控制变压器 TC 的二次侧分别输出 24 V 和 6 V 电压，作为车床低压照明灯和信号灯的电源。EL 作为车床的低压照明灯，由开关 SA 控制；HL 为电源信号灯。它们分别由 FU4 和 FU3 作为短路保护。

项目实施

一、工具及器材

工具及器材见表 7-1。

表 7-1　工具及器材

名称	型号或规格	单位	数量
常用电工工具	万用表、螺丝刀(十字口和一字口)、钢丝钳、断线钳、电工刀、斜口钳、剥线钳等	套	1
万用表	MF-47	块	1
兆欧表	ZC25 型、500 V	个	1
钳形电流表	MG24，0～50 A	只	1
校验灯	3 V	只	1
车床	CA6140	台	1

二、操作注意事项

(1) 按照表 7-1(或类似型号、规格的元件)核对电气设备和元件。

(2) 根据电动机容量、线路走向及要求和各元件的安装尺寸,核对选配导线的规格、导线通道类型和数量、接线端子板型号及节数、控制板、管夹、束节、紧固体等。

(3) 观察控制板外部的所有电器、导线走向。

(4) 核对控制板外部布线的编码套管。

三、操作步骤

(1) 检查电路的接线是否正确,接地通道是否具有连续性。

(2) 检查热继电器的整定值是否符合要求,各级熔断器的熔体是否符合要求。如不符合要求,应予以更换。

(3) 检测电动机及线路的绝缘电阻,清理安装场地。

(4) 接通电源开关,点动控制各电动机启动,以检查各电动机的转向是否符合要求。

(5) 通电空转试验时,应认真观察各电器元件、线路、电动机的工作情况是否正常。如不正常,应立即切断电源进行检查,调整或修复后方能再次通电试车。

四、项目完成情况评价

项目完成情况评价见表 7-2。

表 7-2　项目完成情况评价(评分细则见附录)

内容	职业素质	专业知识	岗位技能	实操安全	答辩及作业	项目完成结果
占比	20%	20%	20%	10%	10%	20%
同学 1	□优□良 □中□差	□优□良 □中□差	□优□良 □中□差	□优□良 □中□差	□优□良 □中□差	□优□良 □中□差
同学 2	□优□良 □中□差	□优□良 □中□差	□优□良 □中□差	□优□良 □中□差	□优□良 □中□差	□优□良 □中□差
同学 3	□优□良 □中□差	□优□良 □中□差	□优□良 □中□差	□优□良 □中□差	□优□良 □中□差	□优□良 □中□差
教师	□优□良 □中□差	□优□良 □中□差	□优□良 □中□差	□优□良 □中□差	□优□良 □中□差	□优□良 □中□差
总结及自评						

小组同学 签名:	教师 签名:	综合评价:

知识拓展

一、CA6140 型车床

1. 电动机的选择

M1 主轴电动机:Y 系列电动机具有体积小、重量轻、运行可靠、结构坚固、外形美观等特点,其启动性能好、效率高、噪声低、寿命长、经久耐用。Y 系列电动机适用于空气中不含易燃、易爆或腐蚀性气体的场所。Y132-4-B3 型号电动机功率为 7.5 kW,频率为 50 Hz,转速为 1 450 r/min，功率因素为 0.85，效率为 87%，堵转转矩为 2.2 N·m，最大转矩为 2.3 N·m，所以此类型电动机能符合电路配置，并能有效完成工作。

M2 冷却泵电动机：AOB-25 机床冷却泵是一种浸渍式的三相电泵，它由封闭式三相异步电动机与单极离心泵组合而成，具有安装简单方便、运行安全可靠、过负荷能力强、效率高、噪声低等优点，适合作为各种机床输送冷却液、润滑液的动力。此电动机输出功率为 90 W，扬程为 4 m，流量为 25 L/min，出口管径为 1/2″，能有效配合 M1 电动机使用。

M3 快速移动电动机：AOS5634 功率为 250 W，电压为 380 V，频率为 50 Hz，转速为 1 360 r/min，E 级。

2. 控制变压器的选择

首先查看电源电压、实际用电载荷和地方条件，然后参照变压器铭牌标示的技术数据逐一选择，一般应从变压器容量、电压、电流及环境条件综合考虑，其中容量选择应根据用户用电设备的容量、性质和使用时间来确定所需的负荷量，以此来选择变压器容量。

在正常运行时，应使变压器承受的用电负荷为变压器额定容量的 75%～90%左右。运行中如实测出变压器实际承受负荷小于 50%时，应更换小容量变压器，如大于变压器额定容量，应立即更换大变压器。同时，根据线路电源决定变压器的初级线圈电压值，根据用电设备选择次级线圈的电压值，最好选为低压三相四线制供电，这样可同时提供动力用电和照明用电。对于电流的选择要注意负荷在电动机启动时能满足电动机的要求（因为电动机启动电流要比下沉运行时大 4～7 倍）。

JBK2-100 机床控制变压器适用交流 50～60 Hz，输出额定电压不超过 220 V，输入额定电压不超过 500 V，可作为各行业的机械设备、一般电器的控制电源工作照明及信号灯的电源之用。此类控制变压器初级电压为 380 V，次级电压分别为 110 V、24 V、6 V。

3. 熔断器的选择

其类型根据使用环境、负载性质和各类熔断器的适用范围来进行选择。例如，用于照明电路或小的热负载，可选用 RCIA 系列瓷插式熔断器；在机床控制电路中，较多选用 RL1 系列螺旋式熔断器。

熔断器的额定电压必须大于或等于被保护电路的额定电压；熔断器的额定电流必须大于或等于所装熔体的额定电流。

4. 导线的选择

在安装电器配电设备中，经常遇到导线选择的问题，正确选择导线是一项十分重要的工作，如果导线的截面积选小了，电器负载大，易造成电器火灾；如果导线的截面积选大了，成本高，造成材料浪费。

导线的载流量与导线截面积有关，也与导线的材料、型号、敷设方法以及环境温度等有关，根据以下数据，主电路选择 BVR 2.5 mm^2 铜芯导线，控制电路选择 BVR 1 mm^2 铜芯导线。

铜导线安全载流量（25 ℃）：

1 mm^2 铜电源线的安全载流量：6 A；

1.5 mm^2 铜电源线的安全载流量：14 A；

2.5 mm^2 铜电源线的安全载流量：28 A；

4 mm^2 铜电源线的安全载流量：35 A；

6 mm^2 铜电源线的安全载流量：48 A；

10 mm^2 铜电源线的安全载流量：65 A；

16 mm^2 铜电源线的安全载流量：91 A；

25 mm^2 铜电源线的安全载流量：120 A。

电路中各元件的技术数据见表 7-3。

表 7-3　电路中各元件的技术数据

代号	名称	型号及规格	数量	用途
M1	主轴电动机	Y132M-4-B3，7.5 kW，1 450 r/min	1	主传动用
M2	冷却泵电动机	AOB-25，90 W，3 000 r/min	1	输送冷却液用
M3	快速移动电动机	AOS5634，250 W，1 360 r/min	1	溜板快速移动用
FR1	热继电器	JR16-20/2D，15.4 A	1	M1 的过载保护
FR2	热继电器	JR16-20/2D，0.32 A	1	M2 的过载保护
FU	熔断器	RL1-10，55×78，35 A	3	总电路短路保护
FU1、FU2	熔断器	RL1-10，55×78，25 A	6	M2、M3 及主电路短路保护
FU3	熔断器	RL1-10，55×78，25 A	2	变压器短路保护
FU4	熔断器	RL1-15，5 A	1	照明电路保护
FU5	熔断器	RL1-15，5 A	1	指示灯电路保护
FU6	熔断器	RL1-15，5 A	1	控制电路保护
KM	交流接触器	CJ20-20，线圈电压 110 V	3	控制 M1
KA1	中间继电器	JZ7-44，线圈电压 110 V	1	控制 M2
KA2	中间继电器	JZ7-44，线圈电压 111 V	1	控制 M3
SB1	按钮	LAY3-01ZS/1	1	停止 M1
SB2	按钮	LAY3-10/3.11	1	启动 M1
SB3	按钮	LA9	1	启动 M3
SB4	按钮	LAY3-10X/2	1	控制 M2
SQ1、SQ2	位置开关	JWM6-11	2	断电保护
HL	信号灯	ZSD-0.6 V	1	照明
QS	断路器	AM2-40，20 A	1	电源引入
TC	控制变压器	JBK2-100，380 V/110 V/24 V/6 V	1	

二、X62W 型万能铣床

1. X62W 型万能铣床的主要结构及运动形式

X62W 型万能铣床的外形结构如图 7-3 所示。它主要由床身、主轴、刀杆、悬梁、工作台、回转盘、横溜板、升降台、底座等几部分组成。箱形的床身固定在底座上，床身内装有主轴的传动机构和变速操纵机构。在床身的顶部有水平导轨，上面装着带有一个或两个刀杆支架的悬梁。

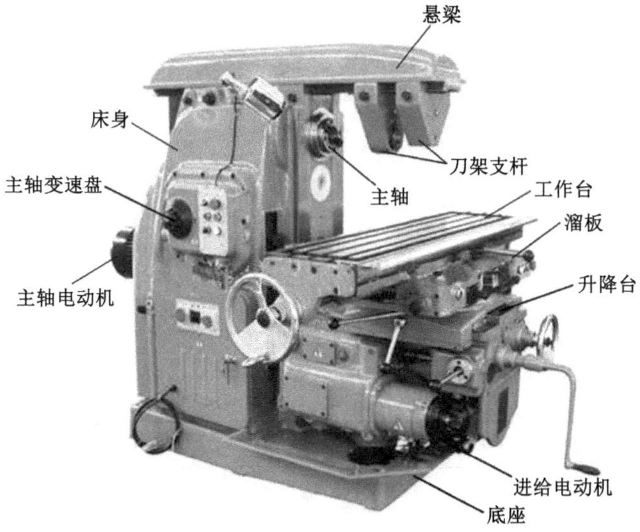

图 7-3　X62W 型万能铣床的外形结构

刀杆支架用来支撑铣刀芯轴的一端，芯轴的另一端则固定在主轴上，由主轴带动铣刀铣削。刀杆支架在悬梁上以及悬梁在床身顶部的水平导轨上都可以做水平移动，以便安装不同的芯轴。在床身的前面有垂直导轨，升降台可沿着它上下移动。在升降台上面的水平导轨上装有可在平行主轴轴线方向移动(前后移动)的溜板。溜板上部有可转动的回转盘，工作台就在溜板上部回转盘的导轨上做垂直于主轴轴线方向的移动(左右移动)。工作台上有 T 形槽用来固定工件。这样，安装在工作台上的工件就可以在 3 个坐标上的 6 个方向调整位置或进给。

铣削是一种高效率的加工方式。铣床主轴带动铣刀的旋转运动是主运动；铣床工作台的前后(横向)、左右(纵向)和上下(垂直)6 个方向的运动是进给运动；铣床其他的运动，如工作台的旋转运动则属于辅助运动。

2. X62W 型万能铣床电气控制线路分析

X62W 型万能铣床电路图如图 7-4 所示。

(1) 主电路分析

M1、M2、M3 分别是主轴电动机、进给电动机和冷却泵电动机。M1 的正反转由组合开关 SA4 预先选定。接触器 KM1 控制 M1 的启停，接触器 KM2、电阻 R 和速度继电器 KS 实现串电阻瞬时冲动和正反转反接制动控制，并能通过机械进行变速。进给电动机 M2 能进行正反转控制，通过接触器 KM3、KM4 与行程开关、KM6、YA 配合，能实现进给变速时的瞬时冲动、6 个方向的常速进给和快速进给控制。YA 为快进电磁铁，由接触器 KM6 控制，当 YA 得电时，工作台快速移动。M3 只需要单向旋转，由 KM5 控制。

(2) 主拖动控制电路分析

SB1、SB2 与 SB3、SB4 是分别装在机床两边的停止(制动)和启动按钮，实现两地控制，方便操作。KM1 是主轴电动机启动接触器，KM2 是反接制动和主轴变速冲动接触器，SQ6 是与主轴变速手柄联动的瞬时动作行程开关。

启动时，按下启动按钮 SB1 或 SB2，KM1 线圈通电并自锁，M1 启动，由 SA4 选定旋转

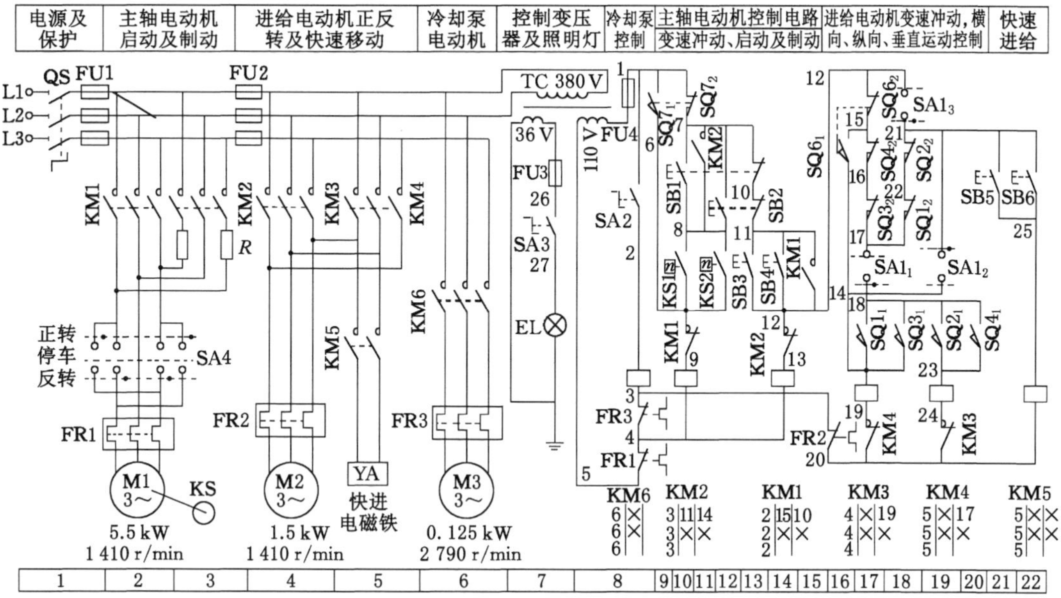

图 7-4　X62W 型万能铣床电路图

方向。M1 启动后，速度继电器 KS 的一对常开触点闭合，为主轴电动机的停转制动做好准备。停车时，按下停止按钮 SB3 或 SB4，接触器 KM1 断电，KM2 通电，电动机 M1 串入电阻 R 进行反接制动，转速下降。当电动机转速下降到 KS 触点分断时，KM2 断电，制动过程结束。

在机械传动中，主动轴与从动轴转速之比与主、从动齿轮的齿数之比成反比，因此改变从动轮的齿数就可以改变从动轴的转速。铣床的机械变速就是通过选择不同齿数的从动轮与主动轮啮合来实现的。

变速时，先下压变速手柄，然后拉到前面，当快要落到第二道槽时，转动变速盘，选择需要的转速。此时凸轮压下弹簧杆，使冲动行程 SQ6 的常闭触点先断开，切断 KM1 线圈的电路，电动机 M1 断电；同时 SQ6 的常开触点接通，KM2 线圈得电动作，M1 被反接制动。

当手柄拉到第二道槽时，SQ6 不受凸轮控制而复位，M1 停转。接着把手柄从第二道槽推回原始位置时，凸轮又瞬时压动行程开关 SQ6，使 M1 反向瞬时冲动一下，以利于变速后的齿轮啮合。

主轴变速可以在主轴不转时进行，也可以在主轴旋转时进行，不需要再按下停止按钮。因为变速过程中有一个反接制动的过程，电动机转速迅速下降后再进行变速操作。变速完成后，必须再次启动电动机，主轴在新的转速下旋转。但要注意的是，不论是开车还是停车，主轴在变速操作时，应以较快速度将手柄推入啮合位置。因为 SQ6 的瞬动只靠手柄上凸轮的一次接触达到，如果推入动作缓慢，凸轮与 SQ6 接触时间延长，会使主轴电动机 M1 转速过高，齿轮啮合不上，甚至损坏齿轮。

（3）工作台进给运动控制电路分析

工作台的运动由进给运动、快速调整运动和手动调整运动组成。进给运动的方向有左右的纵向运动、前后的横向运动和上下的垂直运动，三个坐标轴上的相反运动由电动机 M2

的正反转来实现，由接触器 KM3 和 KM4 使 M2 实现正反转。控制电路采用了与纵向运动机械操作手柄联动的行程开关 SQ1、SQ2 和与横向及垂直运动机械操作手柄联动的行程开关 SQ3、SQ4 组成复合联锁控制。即在选择 3 种运动形式的 6 个方向移动时，只能进行其中一个方向的移动，以确保操作安全，当这两个机械操作手柄都在中间位置时，各行程开关都处于未压的原始状态。

由于主轴运动与进给运动之间存在联锁关系，必须在主轴电动机启动后，才能启动进给电动机。也即在 KM1 触点闭合后，才能对进给控制进行操作。SA1 为圆工作台选择开关，该开关有 3 对触点，设有“接通”和“断开”两个位置。将 SA1 扳到“断开”位置，使触点 $SA1_1$ 和 $SA1_3$ 闭合，而 $SA1_2$ 断开，然后启动 M1，这时接触器 KM1 吸合，使常开触点闭合，就可进行工作台的进给控制了。

① 工作台纵向(左右)运动的控制

工作台的纵向运动是由进给电动机 M2 驱动，由纵向操纵手柄来控制。此手柄是复式的，一个安装在工作台底座的顶面中央部位，另一个安装在工作台底座的左下方。当手柄扳到向右或向左运动方向时，手柄的联动机构压下行程开关 SQ1 或 SQ2，使接触器 KM3 或 KM4 动作，控制进给电动机 M2 的正反转。

工作台纵向运动操作之前，垂直与横向操纵手柄必须处于中间位置，这样垂直离合器与横向离合器都脱开，行程开关 SQ3、SQ4 处于分断状态。

工作台向左运动：在 M1 启动后，将纵向操作手柄扳至向左位置，一方面机械接通纵向离合器，同时压下 SQ2，使 $SQ2_2$ 断、$SQ2_1$ 通，而其他控制进给运动的行程开关都处于原始位置，此时使 KM4 吸合，M2 反转，工作台向左进给运动。

工作台向右运动：当纵向操纵手柄扳至向右位置时，机械上仍然接通纵向进给离合器，但却压动了行程开关 SQ1，使 $SQ1_2$ 断、$SQ1_1$ 通，使 KM3 吸合，M2 正转，工作台向右进给运动。

工作台在左右运动时，若将纵向操作手柄扳回中间位置，纵向离合器将脱开，行程开关 SQ1、SQ2 也将分断，工作台停止运动。工作台左右运动的行程由安装在工作台前方操纵手柄两侧的挡铁来决定。当工作台纵向运动到极限位置时，纵向操作手柄因撞到挡铁而返回到中间位置，工作台停止运动，从而实现了纵向终端保护。

② 工作台垂直(上下)和横向(前后)运动的控制

工作台的垂直和横向运动，由垂直和横向进给手柄操纵。此手柄也是复式的，有两个完全相同的手柄分别装在工作台左侧的前方和后方。首先，确认操作手柄处于中间位置，这时纵向离合器脱开，SQ1、SQ2 断开，SQ3、SQ4 闭合。操纵手柄有 5 个位置(上、下、前、后、中间)，5 个位置是联锁的，工作台的上下和前后的终端保护是利用装在床身导轨旁与工作台座上的撞铁实现的。将操纵手柄扳到中间位置，M2 断电停转。

工作台向前(或者向下)运动的控制：将垂直与横向操纵手柄扳至向前(或者向下)位置时，机械上接通横向进给(或者垂直进给)离合器，同时压下 SQ3，使 $SQ3_2$ 断、$SQ3_1$ 通，使 KM3 线圈通电，电动机 M2 正转，工作台向前(或者向下)运动。

工作台向后(或者向上)运动的控制：将垂直与横向操纵手柄扳至向后(或者向上)位置时，机械上接通横向进给(或者垂直进给)离合器，同时压下 SQ4，使 $SQ4_2$ 断、$SQ4_1$ 通，使 KM4 线圈通电，电动机 M2 反转，工作台向后(或者向上)运动。

③ 工作台的快速移动

为提高生产率，要求铣床在不进行铣切加工时工作台能快速移动。工作台在垂直、横向、纵向的快速移动也是由进给电动机 M2 拖动的。当工作台已经进行工作时，将进给操纵手柄扳到所需位置，工作台按照选定的速度和方向做常速进给移动，再按下快速进给按钮 SB5（或 SB6），使接触器 KM6 通电吸合，接通快进电磁铁 YA，衔铁吸上，经杠杆将进给传动链中的摩擦离合器合上，减少中间传动装置，工作台按原运动方向实现快速进给。当松开 SB5（或 SB6）时，接触器 KM6、电磁铁 YA 断电，摩擦离合器断开，快速进给运动停止，工作台仍按原常速进给时的速度继续运动。

若要在主轴电动机不转情况下进行工作台的快速移动操作，可将主轴换向开关 SA4 扳至“停止”位置，然后按下 SB1 或 SB2，使 KM1 通电自锁，操纵工作台手柄，使进给电动机 M2 启动旋转，再按下 SB5 或 SB6，工作台便可在主轴不旋转的情况下实现快速移动。

④ 进给变速时的冲动控制

与主轴变速一样，在进给变速时，为使齿轮易于啮合，电路中也设有变速冲动控制环节。

进给变速冲动是由进给变速手柄配合进给变速冲动行程开关 SQ5 实现的。当需要进行进给变速时，应将转速盘的蘑菇形手轮向外拉出并转动转速盘，把所需进给量的标尺数字对准箭头，然后再把蘑菇形手轮用力向外拉到极限位置并随即推向原位，就在一次操纵手轮的同时，其连杆机构二次瞬时压下行程开关 SQ5，使其动断触点 $SQ5_2$ 先断开，然后又使 $SQ5_1$ 闭合，KM3 通电，M2 正转启动。由于在操作时，只使 SQ5 瞬时压合，所以电动机只是瞬时动一下，推动进给变速机构瞬时动作，以利于变速齿轮啮合。

由于进给变速瞬时冲动的通电回路要经过 SQ1～SQ4 这 4 个行程开关的常闭触点，因此要求进给变速操作之前将两个操作手柄都扳到中间位置，使 4 个常闭触点都处于闭合状态，这样才能实现进给变速冲动控制。

(4) 圆工作台进给拖动的控制

铣床如需铣切螺旋槽、弧形槽等曲线，可在工作台上安装圆形工作台及其传动机构，圆形工作台的回转运动也是由进给电动机 M2 驱动的。

圆工作台工作前，应先确认两个进给操作手柄都扳到中间（停止）位置，然后将圆工作台组合开关 SA1 扳到圆工作台接通位置。此时 $SA1_1$、$SA1_3$ 断，$SA1_2$ 通。再按下主轴启动按钮 SB1 或 SB2，接触器 KM1 得电吸合，主轴电动机 M1 启动旋转，同时 KM3 因 KM1 通电自锁而通电，进给电动机 M2 启动运转，M2 经传动机构使圆工作台只能做单方向回转，不能实现正反转。

(5) 冷却泵电动机的控制与照明电路

冷却泵电动机 M3 通常在铣削加工时由转换开关 SA2 操作，当 SA2 扳至“接通”位置时，接触器 KM5 通电，M3 启动旋转，拖动冷却泵送出冷却液，供铣削加工冷却用。

机床局部照明电路由照明变压器 T 输出 36 V 安全电压，由开关 SA3 控制照明灯 EL。

(6) 控制电路的联锁与保护

X62W 型万能铣床的运动较多，电气控制线路较复杂。为了安全可靠地工作，应具有完善的联锁与保护装置。

① 进给运动与主运动间的顺序联锁

主轴电动机启动后，才能启动进给电动机。因此，进给运动电气控制线路接在控制主电动机的接触器 KM1 之后，主轴停止后，进给也停止。另外，因主轴控制电路具有失压保护功能，进给控制电路就不必另设失压保护装置。

② 工作台 6 个运动方向之间的联锁

铣床工作时，工作台只能朝一个方向运动，因此工作台上、下、左、右、前、后 6 个运动方向都应有联锁。上、下、前、后 4 个方向是由同一个手柄控制的，因而不会出现同时选择两个方向的情况。但是左、右 2 个方向是由另一个手柄控制的，这样就可能出现误操作。当工作台在向上、下、前、后 4 个方向中的某一个方向运动时，如果将控制左、右方向的手柄拨动到左或右，将会损坏机床，造成事故。因此，X62W 型万能铣床采用了电气联锁的方法。即 KM3 或 KM4 若要通电，必须经过两条并联的路径之一，一条是由 $SQ2_2$ 和 $SQ1_2$ 串联构成，另一条是由 $SQ3_2$ 和 $SQ4_2$ 串联构成。当纵向手柄不在中间位置时，前一条路径断开；当垂直与横向手柄不在中间位置时，后一条路径断开。因此如果出现两个手柄都不在中间位置时，KM3 和 KM4 都不能通电，电动机 M2 就不会运行，起到了保护作用。

③ 圆形工作台工作与 6 个方向进给运动间的联锁

圆工作台与 6 个方向进给运动有联锁，即当圆工作台工作时，不允许工作台在纵向、横向、垂直方向上有任何运动。因此，两个进给运动操作手柄必须置于中间位置，然后将开关 SA1 置于"接通"位置。这时 KM3 通电，电动机 M2 转动，拖动圆工作台做回转运动。若误操作而扳动进给运动操纵手柄，SQ1～SQ5 中必有一对断开，使 KM3 断开，M2 立即停转，圆形工作台不能运动。同样，工作台若要做进给运动，圆形工作台控制开关必须置于"断开"位置，若将 SA1 扳到了"接通"位置，$SA1_1$ 和 $SA1_3$ 断开，KM3 和 KM4 都不会通电，工作台就不能运动，这样就实现了圆台回转运动与进给运动之间的联锁。

④ 具有完善的保护环节

FU1 用作电动机 M1 的短路保护，FU2 用作 M2、M3 及控制变压器 TC、照明灯 EL 的短路保护，热继电器 FR1、FR2、FR3 分别作为 M1、M2、M3 的过载保护。工作台 6 个运动方向设有限位保护。

3. X62W 型万能铣床电气线路的故障与维修

(1) 主轴电动机不能启动。故障的主要原因有：主轴换向开关打在"停止"位置，控制电路熔断器 FU1 熔丝烧断，控制按钮的触点接触不良或接线脱落，热继电器 FR1 已动作过而未能复位，主轴变速冲动开关 SQ6 的常闭触点不通，接触器 KM1 线圈及主触点损坏或接线脱落。

(2) 主轴不能变速冲动。故障的原因是主轴变速冲动行程开关 SQ6 位置移动、撞坏或断线。

(3) 主轴不能反接制动。故障的主要原因有：按钮 SB3 或 SB4 触点损坏，速度继电器 KS 损坏，接触器 KM2 线圈及主触点损坏或接线脱落，反接制动电阻 R 损坏或接线脱落。

(4) 主轴停车后发生短时反向旋转。这是由于速度继电器触头复位弹簧调整过松，使触头复位分断过迟造成的，以致在反接的惯性作用下，电动机停止后，又会短时反向旋转，出现这种现象时，只需将触头弹簧适当调节即可消除此故障。

(5) 按停止按钮后主轴不停。这是由于主轴电动机启动、制动频繁，造成接触器 KM1 的主触头熔焊，以致无法分断电动机电源造成的。

(6) 工作台不能进给。故障的主要原因有：接触器 KM3、KM4 及主触点损坏或接线脱落，行程开关 SQ1、SQ2、SQ3 或 SQ4 的常闭触点接触不良或接线脱落，热继电器 FR2 已动作而未能复位，进给变速冲动行程开关 SQ5 常闭触点断开，两个操作手柄都不在零位，电动机 M2 已损坏，选择开关 SA1 损坏或接线脱落。

(7) 进给不能变速冲动。故障的原因是进给变速冲动行程开关 SQ5 位置移动、撞坏或断线。

(8) 工作台不能快速移动。故障的主要原因有：快速移动的按钮 SB5 或 SB6 的触点接触不良或接线脱落，接触器 KM6 线圈及触点损坏或接线脱落，快速移动电磁铁 YA 线圈烧坏，线圈松动，接触不良，或机械零件卡死。

机床电气控制电路的分析与调试微课讲解

技术交流

机床结构的中英文对照见表 7-4 和图 7-5。

表 7-4　机床结构的中英文对照

序号	英文	中文
1	Spindle speed selector	主轴速度转换开关
2	Headstock assembly	主轴箱
3	Spindle with chuck	附有夹具主轴
4	Tool post	刀架
5	Compound rest	复式刀架
6	Cross slide	横向拖板
7	Carriage	滑鞍、滑座
8	Ways	导轨
9	Dead center	死顶尖
10	Tailstock quill	尾架顶尖套筒
11	Tailstock assembly	尾架
12	Hand-wheel	手轮
13	Bed	底座、床身
14	Lead screw	丝杠
15	Feed rod	进刀杠、光杠
16	Clutch	离合器
17	Longitudinal and transverse feed control	纵向和横向进给控制
18	Split-nut control	开合螺母控制
19	Apron	溜板箱、进给箱
20	Chip pan	承屑盘
21	Feed selector	进给选择开关

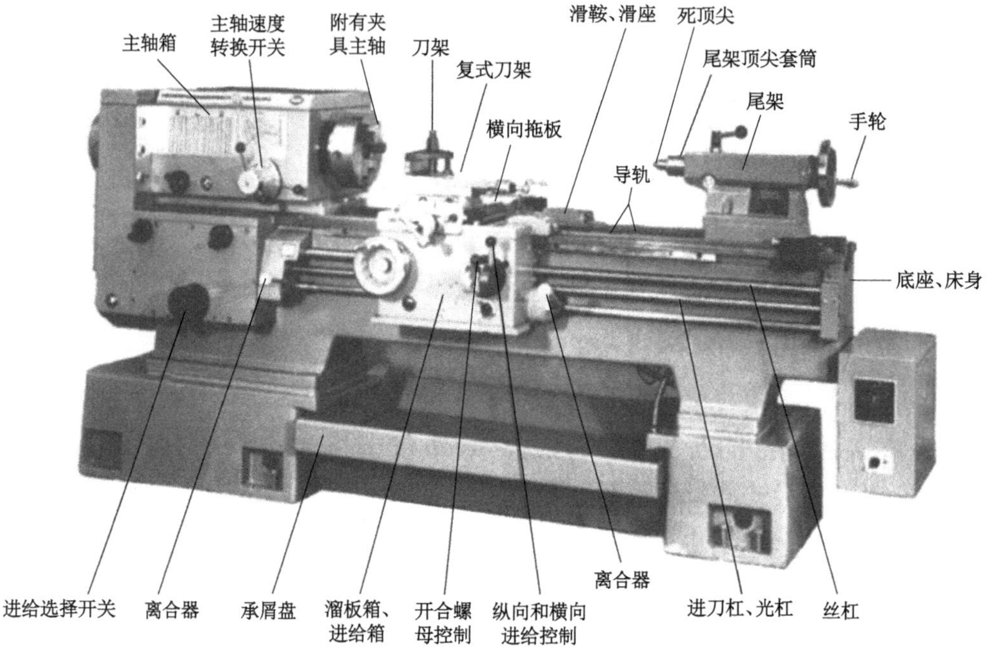

图 7-5　机床的结构

巩固练习

1. CA6140 型车床在车削过程中若有一个控制主轴电动机的接触器主触头接触不良，会出现什么现象？如何解决？

2. CA6140 型车床电气控制线路中为什么未对 M3 进行过载保护？

3. X62W 型万能铣床的工件能在哪些方向上调整位置或进给？是怎样实现的？

4. X62W 型万能铣床对主轴有哪些电气要求？

5. X62W 型万能铣床对进给系统有哪些电气要求？

项目八　桥式起重机电气控制线路的分析与检修

学习目标

1. 营造工厂氛围，培养学生安全为本、勤俭持家、勇于担当的职业素养。
2. 熟悉桥式起重机的结构组成、控制要求、运行特点。
3. 掌握桥式起重机电气控制线路原理。
4. 具备设计典型电气控制系统的能力。
5. 培养学习者排查电路故障的思维方法和耐心细致的思维品质。

相关知识

桥式起重机(图 8-1)是桥架在高架轨道上运行的一种桥架型起重机,又称天车。桥式起重机的桥架沿铺设在两侧高架上的轨道纵向运行,起重小车沿铺设在桥架上的轨道横向运行,构成一矩形的工作范围,就可以充分利用桥架下面的空间吊运物料,不受地面设备的阻碍。桥式起重机广泛地应用在室内外仓库、厂房、码头和露天储料场等处。桥式起重机可分为普通桥式起重机、简易梁桥式起重机和冶金专用桥式起重机三种。

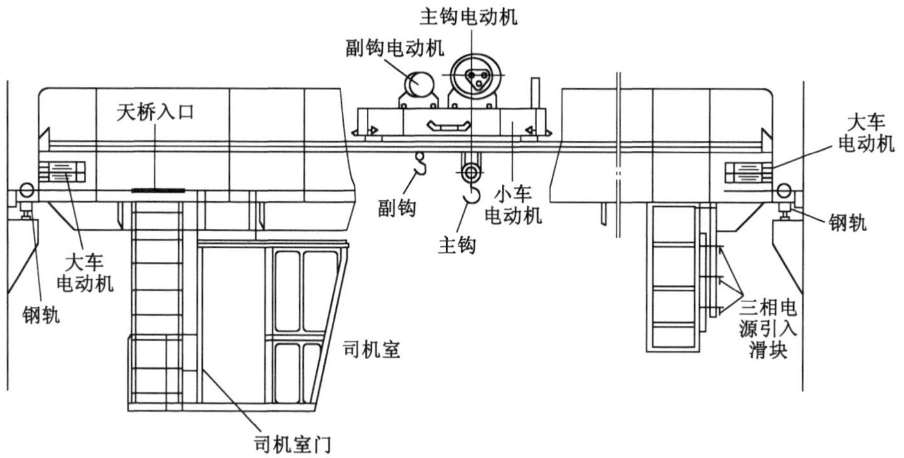

图 8-1　桥式起重机示意图

一、桥式起重机的特点

桥式起重机一般由装有大车运行机构的桥架、装有起升机构和小车运行机构的起重小车、电气设备、司机室等几个大部分组成。外形像一个两端支撑在平行的两条架空轨道上平移运行的单跨平板桥。起升机构用来垂直升降物品,起重小车用来带着载荷做横向运动;桥架和大车运行机构用来将起重小车和物品做纵向移动,以达到在跨度内和规定高度内组成三维空间里做搬运和装卸货物用。

桥式起重机是使用最广泛、拥有量最大的一种轨道运行式起重机,其额定起重量从几吨到几百吨。最基本的形式是通用吊钩桥式起重机,其他形式的桥式起重机基本上都是在通用吊钩桥式起重机的基础上派生发展出来的。

二、桥式起重机的主要结构

通用吊钩桥式起重机由金属结构、大车运行机构、小车运行机构、起升机构、电器及控制系统及司机室组成。取物装置为吊钩,额定起重量为 10 t 以下的多为 1 个起升机构,16 t 以上的则多为主、副两个起升机构。这类起重机能在多种作业环境中装卸和搬运物料及设备。

三、桥式起重机的运动形式

大车运行机构由电动机、传动轴、制动器、联轴器、减速器及车轮组构成。由电动机并经减速器机械传动所带动的车轮组称为主动车轮组,只起支撑作用的车轮组称为从动车轮组。

大车运行机构工作原理:当电动机通电时,常闭制动器打开,电动机产生电磁转矩,通过传动轴、齿轮联轴器将扭矩传到减速器的输入轴端,经过传动减速,由其输出端将扭矩输出,并经齿轮联轴器带动车轮组的车轮转动,车轮沿轨道顶面滚动,在大车主动轮与轨道顶面间附着力的作用下,整台起重机随车轮的滚动而产生向左或向右的运动。大车由两台电动机驱动,敷设在车间两侧柱子的轨道上,可以沿车间纵向做左右移动;小车同样由电动机驱动,能在大车的小轨道上沿横向前后移动;主钩和副钩都装在小车上,沿垂直方向上下移动。

相关技能

电气控制系统的设计

一般来说,当生产机械的电力拖动方案和控制方案一经确定,就可以进行电气控制线路的具体设计工作了。电气控制线路的设计没有固定的方法和模式,作为设计人员,必须不断扩展自己的知识面,总结经验,丰富自己的知识,设计出合理的、性价比高的电气线路。下面介绍在设计中应遵循的一般原则。

1. 最大限度地实现生产机械和工艺对电气控制系统的要求

电气控制系统是为整个生产机械设备及其工艺过程服务的。因此,设计之前首先要弄清楚生产机械设备需满足的生产工艺要求,对生产机械设备的整个工作情况做一全面、细致的了解。同时深入现场调查研究、收集资料,并结合技术人员及现场操作人员的经验,以此作为设计电气控制线路的基础。

2. 在满足生产工艺要求的前提下,控制线路应简单经济

(1) 尽量选用标准电器元件,尽量减少电器元件的数量,尽量选用相同型号的电器元件,以减少备用品的数量。

(2) 尽量选用标准的、常用的或经过实践检验的典型环节或基本电气控制线路。

(3) 尽量缩短连接导线的数量和长度。设计控制线路时,应考虑到各元器件之间的实际接线。特别要注意电气柜、操作台和限位开关之间的连接线。

(4) 减少不必要的触点,从而简化电气控制线路,在满足工艺要求的前提下,使用的电器元件越少,电气控制线路中所涉及的触点数量也越少,因此控制线路越简单,同时还可以提高控制线路的工作可靠性,降低故障率。

(5) 控制线路在工作时,除必要的电器必须通电外,其余的电器尽量不通电,以节约电能。

3. 保证电气控制线路工作的可靠性

保证电气控制线路工作的可靠性,最主要的是选择可靠的电器元件,同时在具体线路设计中应注意以下几点:

(1) 正确连接电器元件的触点。在设计控制线路时,应使分布在线路不同位置的同一电器元件触点尽量接到同一个或尽量共接同一等位点,以避免在电器触点上引起短路。

(2) 正确连接电器的线圈。交流电器线圈不能串联使用。即使外加电压是两个线圈的额定电压之和,也是不允许的。因为两个电器动作总是有先有后,有一个电器吸合动作,它线圈上的电压降也相应增大,从而使另一个电器达不到所需要的动作电压。因此,若需要两个电器元件同时工作,其线圈应并联连接。

(3) 应尽量避免电器依次动作的现象。在电气控制线路中,应尽量避免许多电器元件依次动作才能接通另一个电器元件的控制线路。

(4) 避免出现寄生电路。在电气控制线路的动作过程中,发生意外接通的电路称为寄

生电路(图 8-2)。寄生电路将破坏电器元件和控制线路的工作顺序或造成误动作。

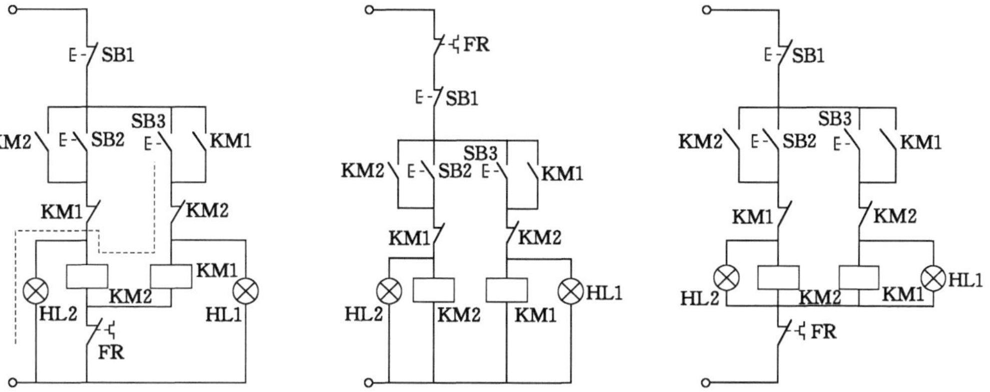

(a) 有寄生电路　　(b) 无寄生电路　　(c) 无寄生电路

图 8-2　寄生电路

(5) 避免发生触点“竞争”与“冒险”现象。由于任何一种电器元件从一种状态到另一种状态都有一定的动作时间,对一个控制电路来说,改变某一控制信号后,由于触点和线圈动作时间之间的配合不当,可能会出现与控制预定结果相反的结果。这时控制电路就存在着潜在的危险——“竞争”。另外,由于电器元件存在固有释放延时作用,因此也会出现开关电器不按要求的逻辑功能转换状态的可能性,这种现象称为“冒险”。“竞争”与“冒险”现象都可能会造成控制回路不能按要求动作,引起控制失灵。

(6) 在频繁操作的可逆运行线路中,正反向接触器之间不仅要有电气联锁,而且要有机械联锁。

(7) 设计的电气控制线路应能适应所在电网的情况,并据此来决定电动机是采用直接启动还是其他启动方式。

(8) 允分考虑继电器触点的接通和分断能力。如要增加接通能力,可以多并联触点;如要增加分断能力,则可以多串联触点。

4. 保证电气控制线路工作的安全性

电气控制线路应具有完善的保护环节,来保证整个生产机械的安全运行,消除在其工作不正常或误操作时所带来的不利影响,避免事故的发生。

电气控制系统中常用的保护环节有短路保护、过流保护、过载保护、零电压和欠电压保护等。

(1) 短路保护。常用的短路保护元器件有熔断器和断路器。熔断器的熔体串联在被保护的电路中,当电路发生短路或严重过载时,熔断器的熔丝自动熔断,从而切断电路,达到保护的目的。断路器又称自动空气开关,在线路发生短路、过载和欠压故障时快速地自动切断电源,它是低压配电重要的保护元件之一,常作低压配电盘的总电源开关及电动机变压器的合闸开关。

当电动机容量较小时,控制线路不需另外设置熔断器作短路保护,主电路的熔断器也可作控制线路的短路保护。当电动机容量较大时,控制电路要单独设置熔断器作短路保护。也可以采用自动空气开关作短路保护,它既可以作为短路保护,又可以作为过载保护。当线路出现故障时,空气开关动作,事故处理完重新合上开关,线路重新运行工作。

(2) 过流保护。如果在直流电动机和交流绕线转子异步电动机启动或制动时,限流电阻被短接,将会造成很大的启动或制动电流,此外负载的加大也会导致电流增加。过大的电流将会使电动机或机械设备损坏。因此,对直流电动机或绕线转子异步电动机常采用过流保护。

(3) 过载保护。电动机负载突然增加、断相运行或电网电压降低都会引起电动机过载。电动机长期过载运行,绕组温升超过其允许值,电动机的绝缘材料就要变脆,寿命就会降低,严重时将会损害电动机。过载电流越大,达到允许温升的时间就越短。常用的过载保护器件是热继电器,当电动机为额定电流时,温度为额定温升,热继电器不动作;在过载电流较小时,热继电器要经过较长时间才动作;当过载电流较大时,热继电器则经过较短时间就会动作。由于热惯性的原因,热继电器不会受电动机短时过载冲击电流或短路电流的影响而瞬时动作,所以在使用热继电器作过载保护的同时,还必须设有短路保护。

短路、过流、过载保护虽然都是电流保护,但由于故障电流、动作值及保护特性、保护要求和使用元器件的不同,它们之间是不能相互取代的。

(4) 零电压与欠电压保护。电动机正常工作时,由于电源电压消失而使电动机停转,当电源电压恢复后,电动机可能会自行启动,从而造成人身伤亡和设备毁坏的事故。为了防止电压恢复时电动机自行启动的保护称为零电压保护。另外,电源电压过分地降低将引起一些电器释放,造成控制线路不正常工作,也可能发生事故,同时也会引起电动机转速下降甚至停转,因此需要在电源电压降到一定值以下时就将电源切断,这就是欠电压保护。

一般常用零电压保护继电器和欠电压保护继电器实现零电压保护和欠电压保护。

(5) 弱磁保护。对于直流电动机而言,必须有足够强度的磁场才能确保正常启动时,如果直流电动机的励磁电流太小,产生的磁场也会减弱,将会使直流电动机的启动电流很大。正常运行时,如果直流电动机的磁场突然减弱或消失,会引起电动机转速迅速升高,换向失败,损坏机械,甚至发生“飞车”事故,因此,必须设置弱磁保护,及时切断电源。

弱磁保护是在直流电动机的励磁回路中串入起弱磁保护作用的欠电流继电器来实现的。电动机启动过程中,当励磁电流达到弱磁继电器(欠电流继电器)的动作值时,继电器就吸合,使串在控制回路中的常开触点闭合,接通电源,电动机启动正常运行;当励磁回路电流太小时,继电器就释放,其触点复位,切断控制回路电源,电动机停转。

(6) 限位保护。对于做直线运动的生产机械常设有极限保护环节,如上下极限、前后极限保护等。一般用行程开关的动断触点来实现。

(7) 超速保护。生产机械设备在运行过程中如果速度超过了预定许可的速度时,将会造成设备损坏。例如,在高炉卷扬机和矿井提升机设备中,必须设置超速保护装置来控制速度或切断电源起到及时保护的作用。超速保护一般是用离心开关完成,也可以用测速发电机来实现。

(8) 其他保护。除了以上几种保护外,可按生产机械在其运行过程中的不同工艺要求和可能出现的现象,根据实际情况来设置,如温度、水位等保护环节。

5. 力求操作简单,维护检修安全方便

操作回路数较多时,不能用许多个按钮,应采用主令控制器。为保证检修方便,避免带电操作，需设隔离电器。为调试方便，应加方便的转换控制方式，如从自动控制转换到手动控制。

项目分析

一、电源

采用三相三线制，电源电压 380 V，并有保护接地或保护接零措施。由于起重机工作时经常移动，因此采用可移动的滑触线和电刷供电方法。

装在小车上的小车电动机、主钩及副钩电动机和电磁制动器的电源，是由架设在大车上的辅助滑触线来供电。

转子电阻也是通过辅助滑触线与电动机连接的。

根据凸轮控制器的结构和接线要求，为了减少辅助滑触线的数量，将三相电源中的第一相 U 作为电源的公共相，直接从保护控制屏用导线或辅助滑触线接到各电动机定子绕组的一相接线端子上。

二、电气设备

为满足设备对电气的要求，各电动机均采用绕线转子异步电动机和制动可靠的断电式机械制动。

(1) 大车两侧的电动机分别由两台规格相同的电动机驱动，用一台凸轮控制器控制。两台电动机定子绕组接在同一电源上，但三相电源相序相反，使两台电动机转向相反，以保证大车在两侧滚轮驱动时，大车的运动方向一致。

(2) 小车由一台电动机驱动，用一台凸轮控制器控制。

(3) 主钩提升由一台主令控制器和一台磁力控制屏控制，提升的终端保护用位置开关实现。

(4) 副钩提升由凸轮控制器控制，位置开关为提升提供终端保护。

三、保护装置

(1) 整个起重机电路和各控制电路都用熔断器作短路保护。

(2) 每台电动机都有各自的过电流继电器作过载保护。总电流过载保护的过电流继电器串联在公用相线上。

(3) 为保障维修人员安全，在驾驶舱口门盖及横梁杆门上分别有安全位置开关。只要舱门打开，所有电动机都不能启动，从而保证了人身安全。

(4) 起重机有零位联锁，凸轮控制器的手柄必须全部置于零位，方能在按下启动按钮后将电源接触器吸合，起重机才可以进行操作。

(5) 驾驶室内，在操作时易于接近的地方，装有一只与电源接触器线圈电路串联的单刀单投紧急开关，当发生紧急情况时，可以拉开紧急开关切断电源，防止事故发生。

项目实施

一、工具及器材

工具及器材见表 8-1。

表 8-1　工具及器材

名称	型号或规格	单位	数量
常用电工工具	万用表、螺丝刀(十字口和一字口)、钢丝钳、断线钳、电工刀、斜口钳、剥线钳等	套	1
万用表	MF-47	块	1
兆欧表	ZC25 型、500 V	个	1
钳形电流表	MG24,0～50 A	只	1
校验灯	3 V	只	1
桥式起重机	5 t	台	1

二、操作步骤

(1) 接通总电源开关。

(2) 先将所有保护类电器(如驾驶舱口门盖及横梁杆门等)安全位置开关打到所需位置,以保证各电动机能得到所需动作条件。

(3) 将所有凸轮控制器的手柄全部置于零位,方能在按下启动按钮后将电源接触器吸合,起重机才可以进行操作。

(4) 电源引入后,试验大车动作情况:转动大车凸轮控制器向左或向右旋转,观察大车前进或后退的情况。在观察过程中注意凸轮控制器所连接的相关电器的动作情况,并对照凸轮元件动作表核对,以加深印象。

(5) 试验小车动作情况:转动小车凸轮控制器向左或向右旋转,观察小车前进或后退的情况。

(6) 试验副钩动作情况:转动副钩凸轮控制器向左或向右旋转,观察副钩下降或提升的情况。

(7) 试验主钩动作情况:转动主钩凸轮控制器向左或向右旋转,观察主钩下降或提升的情况。注意:在观察主钩动作时,它的下降包括强力和制动相配合的动作形式。

(8) 试验当保护类电器动作时对行车动作的影响。

三、项目完成情况评价

项目完成情况评价见表 8-2。

表 8-2　项目完成情况评价(评分细则见附录)

内容	职业素质	专业知识	岗位技能	实操安全	答辩及作业	项目完成结果
占比	20%	20%	20%	10%	10%	20%
同学 1	□优□良 □中□差	□优□良 □中□差	□优□良 □中□差	□优□良 □中□差	□优□良 □中□差	□优□良 □中□差
同学 2	□优□良 □中□差	□优□良 □中□差	□优□良 □中□差	□优□良 □中□差	□优□良 □中□差	□优□良 □中□差
同学 3	□优□良 □中□差	□优□良 □中□差	□优□良 □中□差	□优□良 □中□差	□优□良 □中□差	□优□良 □中□差

表 8-2(续)

内容	职业素质	专业知识	岗位技能	实操安全	答辩及作业	项目完成结果
教师	□优□良 □中□差	□优□良 □中□差	□优□良 □中□差	□优□良 □中□差	□优□良 □中□差	□优□良 □中□差
总结及自评						
小组同学 签名：		教师 签名：			综合评价：	

知识拓展

电气控制系统设计的基本任务是根据控制要求设计和编制出设备制造和使用过程中必需的图纸、资料，包括电气原理图、电气系统的组件划分与元器件布置图、安装接线图、电气箱图以及控制面板、电器元件安装板及非标准紧固件加工图等，编制外购成件目录、单台材料消耗清单、设备说明书等资料。

一、电气控制系统设计的内容

任何生产机械电气控制装置的设计，都包含两个基本方面：一个是满足生产机械和工艺的各种控制要求；另一个是满足电气控制装置本身的制造、使用及维修的需要。因此，电气控制装置设计包括原理与工艺设计两个方面。

1. 原理设计内容

(1) 拟订电气设计任务书。

(2) 选择电力拖动方案与控制方式。

(3) 确定电动机的类型、容量、转速，并选择具体型号。

(4) 设计电气控制原理框图，确定各部分之间的关系，拟订各部分技术要求。

(5) 设计并绘制电气原理图，计算主要技术参数。

(6) 选择电器元件，制订元器件目录清单。

(7) 编写设计说明书。

2. 工艺设计内容

工艺设计的主要目的是便于组织电气控制装置的制造，实现原理设计要求的各项技术指标，为设备的调试、维护、使用提供必要的图纸资料。具体包括以下几个方面：

(1) 根据设计的原理图及选定的电器元件设计电气设备的总体配置，绘制电气控制系统的总装配图及总接线图。

(2) 按照原理框图或划分的组件，对总原理图进行编号，绘制各组件原理图，列出各部分的元件目录表，并根据总图编号设计各组件的进出线号。

(3) 根据组件原理电路及选定的元件目录表设计组件装配图、接线图，图中应反映各电器元件的安装方式与接线方式。

(4) 根据组件装配要求绘制电器安装板和非标准安装零件图纸，标明技术要求。

(5) 设计电气箱。

(6) 根据总原理图、总装配图及各组件原理图等资料进行汇总，分别列出外购清单、标准件清单及主要材料消耗定额。

（7）编写使用说明书。

二、电气控制设计的程序

（1）制订设计任务书。简要说明所设计设备的型号、用途、工艺过程、动作要求、传动参数、工作条件，另外还应说明以下主要技术指标及要求：

① 控制精度、生产效率要求。

② 电气传动基本特性，如运动部件数量、用途，动作顺序，负载特性，调速指标，启动、制动要求等。

③ 自动化程度要求。

④ 稳定性及抗干扰要求。

⑤ 联锁条件及保护要求。

⑥ 电源种类、电压等级、频率及容量要求。

⑦ 目标成本与经费限额。

⑧ 验收标准与验收方式。

⑨ 其他要求，如设备布局、安装要求、操作台布置、照明、指示、报警方式等。

（2）选择施动方案与控制方式。电力拖动方案是指根据零件加工精度、加工效率要求、生产机械的结构、运动部件的数量、运动要求、负载性质、调速要求以及投资额等条件确定电动机的类型、数量、传动方式以及拟订电动机启动、运行、调速、转向、制动等控制要求，作为电气控制原理图设计及电器元件选择的依据。

① 拖动方式的选择。电力拖动方式有单独拖动与分立拖动两种。单独拖动就是一台设备只由一台电动机拖动；分立拖动是通过机械传动链将动力传送到每个工作机构，一台设备由多台电动机分别驱动各个工作机构。电气传动发展的方向是电动机逐步接近工作结构，形成多电动机的拖动方式。例如有些机床，除必需的内在联系外，主轴、刀架、工作台及其他辅助运动结构都分别用单独电动机拖动，这样不仅能缩短机械传动链、提高传动效率、便于自动化，而且也能使总体结构简化。因而在选择时，应根据生产工艺及机械结构的具体情况决定电动机的数量。

② 调速方案的选择。一般金属切削的主运动和进给运动以及要求具有快速平稳的动态性能和准确定位的设备，如龙门刨床、锁床等，都要求具有一定的调速范围，为此，可采用齿轮变速箱、液压调速装置、双速或多速电动机以及电气的无级调速传动方案。在选择调速方案时，可参考以下几点：

a. 重型或大型设备主运动及进给运动，应尽可能采用无级调速。这样有利于简化机械结构，缩小设备体积，降低设备制造成本。

b. 精密机械设备如坐标锁床、精密磨床、数控机床及某些精密机械手，为了保证加工精度和动作的准确性、便于自动控制，也应采用电气无级调速方案。

c. 一般中小型设备如普通机床没有特殊要求时，可选用经济、简单、可靠的三相鼠笼式异步电动机，配以适当级数的齿轮变速箱。为了简化结构、扩大调速范围，也可采用双速或多速的鼠笼式异步电动机。在选用三相鼠笼式异步电动机的额定转速时，应满足工艺条件的要求。

③ 启(制)动方案的确定。机械设备主运动传动系统的启动转矩一般都比较小，原则上可采用任何一种启动方式。对于它的辅助运动，在启动时往往要克服较大的静转矩，必要时也可选用高启动转矩的电动机，或采用提高启动转矩的措施。另外，还要考虑电网容量，对

电网容量不大而启动电流较大的电动机，一定要采用限制启动电流的措施，如串入电阻降压启动等，以免电网电压波动较大而造成事故。传动电动机是否需要制动，应视机电设备工作循环的长短而定。对于某些高速高效金属切削机床，宜采用电动机制动。如果对于制动的性能无特殊要求而电动机又需要反转时，则采用反接制动可使线路简化。在要求制动平稳、准确，即在制动过程中不允许有反转可能性时，则宜采用能耗制动方式。电动机频繁启动、反向或制动会使过渡过程中的损耗增加，导致电动机过载。因此，必须限制电动机的启动、制动电流，或者在选择电动机的类型上加以考虑。

(3) 选择电动机。电动机的选择包括电动机的种类、结构形式、额定转速和额定功率。

① 根据生产机械的调速要求选择电动机的种类。感应电动机结构简单、价格便宜、维护工作量小，因此在感应电动机能满足生产需要的场合都宜采用感应电动机，仅在启动、制动和调速不满足要求时才选用直流电动机。近年来，随着电力电子及控制技术的发展，交流调速装置的性能和成本已能与直流调速装置相媲美，越来越多的直流调速应用领域被交流调速所占领。在需要补偿电网功率因数及稳定工作时，应优先考虑采用同步电动机；在要求大的启动转矩和恒功率调速时，常选用直流串级电动机；对于要求调速范围大的场合，常采用机械与电气联合调速。

② 根据工作环境选择电动机的结构模式。在正常环境条件下，一般采用防护式电动机；在人员及设备安全有保证的前提下，也可采用开启式电动机；在空气中存在较多粉尘的场所，宜采用封闭式电动机；在比较潮湿的场所，应选用湿热带型电动机；在露天场所，宜选用户外型电动机；在高温车间，可以根据周围环境温度选用相应绝缘等级的电动机；在有爆炸危险及有腐蚀性气体的场所，应选用隔爆型及防腐型电动机。

③ 根据生产机械的功率负载和转矩负载选择电动机的额定功率。首先根据生产机械的功率负载图和转矩负载图预选一台电动机，然后根据负载进行发热校验，用检验的结果修正预选的电动机，直到电动机容量得到充分利用(电动机的稳定温升接近其额定温升)，最后再校验其过载能力与启动转矩是否满足拖动要求。

(4) 选择控制方式。电气控制方案的选择对机械结构和总体方案非常重要，因此，必须使电气控制方案设计既能满足生产技术指标和可靠性、安全性的要求，又能提高经济效益。选择控制方案时应遵循以下原则：

① 控制方式应与设备通用化和专用化的程度相适应。一般的简单生产设备需要的控制元器件数很少，其工作程序往往是固定的，使用中一般不需经常改变原有程序，因此，可采用有触点的继电-接触器控制系统。虽然该控制系统在电路结构上是呈“固定式”的，但它能控制较大的功率，而且控制方法简单，价格便宜，目前仍使用很广。对于要求较复杂的控制对象或者要求经常变换工作流程和加工对象的机械设备，可以采用可编程序控制器控制系统。

② 控制方式随控制过程的复杂程度而变化。在自动生产线中，可根据控制要求和联锁条件的复杂程度不同，采用分散控制或集中控制的方案。但各台单机的控制方案和基本控制环节应尽量一致，以简化设计及制造过程。

③ 控制系统的工作方式，在经济、安全的前提下应最大限度地满足工艺要求。此外，在电气控制方案中还应考虑以下问题：采用自动循环或半自动循环、手动调整、工序变更、系统的检测、各个运动之间的联锁、各种安全保护、故障诊断、信号指标、照明及人机关系等。

(5) 设计电气控制原理线路图并合理选用元器件，编制元器件目录清单。

(6) 设计电气设备制造、安装、调试所必需的各种施工图纸，并以此为依据编制各种材料定额清单。

(7) 编写说明书。

技术交流

一、电气控制线路设计方法

(1) 按工艺要求提出的启动、反向、制动、调速等设计主电路。

(2) 根据主电路设计控制电路的基本环节，如启(制)动及调速等环节。

(3) 根据各部分运动要求配合关系及联锁关系设计控制电路的联锁环节。

(4) 分析工作中可能出现的故障，线路中要加必要的保护环节。

(5) 综合审查，检查其动作是否无误，关键环节可做必要的试验，使控制线路进一步完善。

注意对设计完的线路进行审核：能否满足工艺要求，是否有多余环节、多余电器，是否存在寄生电路，是否会产生误动作，保护环节是否完善，是否有设备事故和人身事故隐患，处理故障是否安全方便等。必要时，要进行模拟负载试验。

二、起重机产品说明

Brand Name：XXXX	Color：Commonred or as your request
Feature：Gantry crane	Application：outdoors、workshop、wharf、port
Rated Loading Capacity：75 ton	Max. Lifting Load：75 ton
Max. Lifting Height：12 m	Span：18～35 m
Certification：ISO 9001	Model Number：Goods yard crane
Power Source：3-Phase 380 V 50 Hz	Power Supply：Cable drum type or line sliding
Working Class：A5	Working Temperature：－25～＋40 ℃
Warranty：12 months	Weight Overload Protection Fuction：Included
Control Method：Pendant with cable/remote control/cabin	
Product Name：Top manufacture goods yard double beam gantry crane 10 ton	
Place of Origin：Henan，China	

品牌名称：XXXX	颜色：普通红色或按照要求
特征：龙门起重机	用途：户外、车间、码头、港口
额定装载能力：75 t	最大起重负荷：75 t
最大提升高度：12 m	跨度：18～35 m
认证：ISO 9001	型号：货场起重机
电源：3 相 380 V 50 Hz	电源供给：电缆卷筒或线滑
工作等级：A5	工作温度：－25～＋40 ℃
保修期：12 个月	超重保护功能：内含
控制方法：电缆吊坠/遥控/吊舱	
产品名称：生产货场上空双梁龙门起重机 10 t	
原产地：中国河南	

巩固练习

1. 桥式起重机电路中有几台电动机？各有什么特点？

2. 在桥式起重机电路中，当电源接通并合上凸轮控制器后，电动机启动运转，但不能发出额定功率，可能是什么原因造成的？

3. 桥式起重机在停车时，制动电磁铁响声很大，可能是什么原因造成的？

4. 电气控制线路中常用的电气保护都有哪些？由什么设备实现？

5. 电气控制系统设计包含哪些内容？

模块二　PLC 应用技术

项目九　基于 PLC 的电动机运行控制系统编程与调试

学习目标

1. 培养学习者关注我国机电行业的发展和提高我国机电产品技术水平的责任感与使命感。
2. 了解 PLC 的基本组成结构、工作原理、性能指标。
3. 掌握 S7-200 SMART 系列 PLC 各种模块的安装接线及使用方法。
4. 掌握 PLC 位操作类指令的功能及应用，掌握 PLC 编程及仿真软件的使用。
5. 分组实操，具备最基本的 PLC 控制系统的安装和调试能力。

相关知识

一、S7-200 SMART 系列 PLC

1. PLC 的基本结构(图 9-1)

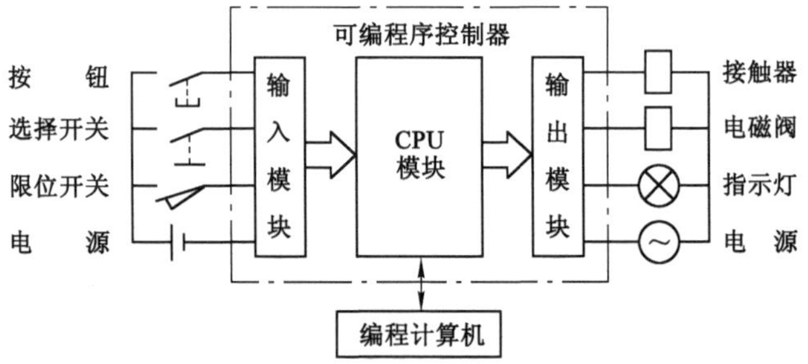

图 9-1　PLC 的基本结构

(1) CPU 模块

CPU 模块主要由 CPU 芯片和存储器组成。

(2) 扩展模块和信号板

扩展模块包括输入、输出模块，简称为 I/O 模块。输入模块用来采集输入信号，输出模块用来控制外部的负载和执行器。I/O 模块还有电平转换与隔离的作用。

(3) 编程软件

STEP 7-Micro/WIN SMART 用来生成和编辑用户程序、监控 PLC 的运行。

(4) 电源

PLC 使用 AC 220 V 电源或 DC 24 V 电源，可以为外部电子传感器提供 DC 24 V 电源。

2. S7-200 SMART 的特点

(1) 品种丰富，配置灵活，10 种 CPU 模块，CPU 模块最多 60 个 I/O 点，标准型 CPU 最多可以配置 6 个扩展模块，经济型 CPU 价格便宜。

(2) 有 4 种可安装在 CPU 内的信号板，使配置更为灵活。

(3) CPU 模块集成了以太网接口和 RS485 接口，可扩展一块通信信号板。

(4) 场效应管输出的 CPU 集成了 100 kHz 的 2 路或 3 路高速脉冲输出，集成了 S7-200 的位置控制模块的功能。

(5) 使用 Micro SD(内存卡)可以实现程序的更新和 PLC 固件升级。

(6) 编程软件界面友好，编程高效，融入了更多的人性化设计。

(7) S7-200 SMART、SMART LINE 触摸屏、V20 变频器和 V80/V60 伺服系统完美整合，无缝集成。

3. S7-200 SMART 的硬件

S7-200 SMART PLC 的外部结构如图 9-2 所示。

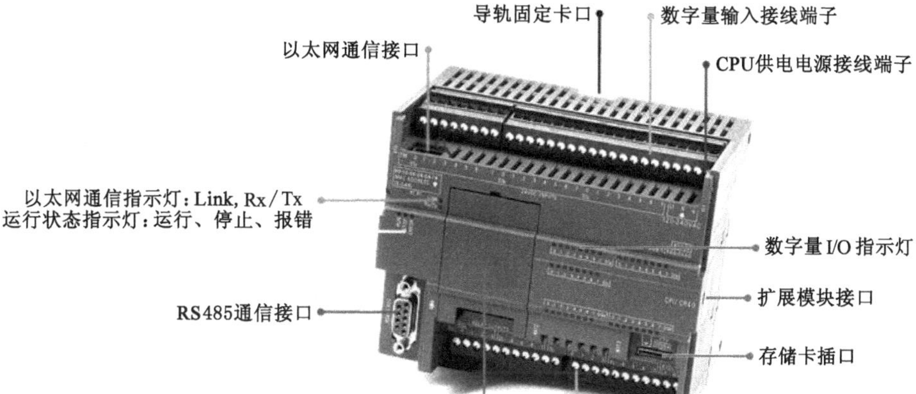

图 9-2　S7-200 SMART PLC 的外部结构

(1) CPU 模块

① CPU 模块的技术规范

S7-200 SMART PLC 的 I/O 分配见表 9-1。

标准型 CPU SR20/SR30/SR40/SR60、CPU ST20/ST30/ST40/ST60 可扩展 6 个扩展模块，SR 和 ST 分别是继电器输出和晶体管输出。

经济型的 CPU CR40/CR60 价格便宜，不能扩展。定时器/计数器各 256 点。4 点输入中断，2 个定时中断。CPU SR60/ST60 的用户存储器 30KB，用户数据区 20KB，最大数字量 I/O 252 点。标准型 CPU 最大模拟量 I/O 36 点，4 点 200 kHz 的高速计数器，晶体管输出的 CPU 有 2 点或 3 点 100 kHz 高速输出。

表 9-1　S7-200 SMART PLC 的 I/O 分配

CPU 类型	CPU SR20 /ST20	CPU SR30 /ST30	CPU SR40 /ST40	CPU SR60 /ST60	CPU CR40	CPU CR60
集成的数字 I/O	12 输入 /8 输出	18 输入 /12 输出	24 输入 /16 输出	36 输入 /24 输出	24 输入 /16 输出	36 输入 /24 输出
最大本地 I/O-数字量	108DI/104DO	114DI/108DO	120DI/112DO	132DI/120DO	24DI/16DO	36DI/24DO
最大本地 I/O-模拟量	24AI/12AO	24AI/12AO	24AI/12AO	24AI/12AO	—	—
可扩展模块数	最大 6 个				—	

② CPU 模块中的存储器

PLC 的程序分为操作系统和用户程序。

RAM（随机存取存储器）的工作速度高、价格便宜、改写方便，断电后储存的信息会丢失。

ROM（只读存储器）只能读出，不能写入，断电后储存的信息不会丢失。

EEPROM（可以电擦除可编程的只读存储器）的数据可以读出和改写，断电后信息不会丢失。写入数据的时间比 RAM 长，改写的次数有限制。一般用 EEPROM 来存储用户程序和需要长期保存的重要数据。

（2）扩展模块（图 9-3）

图 9-3　S7-200 SMART PLC 的扩展模块

S7-200 SMART 共提供了 12 种不同的扩展模块，见表 9-2。通过扩展模块可以很容易地扩展控制器的本地 I/O，以满足不同的应用需求。S7-200 SMART 分别提供了数字量/模拟量模块，以提供额外的数字/模拟 I/O 通道。

表 9-2　扩展模块

数字量输入	
EM DI08	DI 8×24 VDC
数字量输出	
EM DR08	DO 8×RLY 30 VDC/250 VAC @ 2A
EM DT08	DO 8×28.8 VDC @ 0.75A

表 9-2(续)

数字量输入/输出	
EM DR16	DI 8×24 VDC DO 8×RLY 30 VDC/250 VAC @ 2A
EM DR32	DI 16×24 VDC DO 16×RLY 30 VDC/250 VAC @ 2A
EM DT16	DI 8×24 VDC DO 8×24 VDC @ 0.75 A
EM DT32	DI 16×24 VDC DO 16×24 VDC @ 0.75A

数字量模块有 8 点、16 点的 I/O 模块以及 16 点、32 点的 I/O 模块。输出模块有晶体管和继电器两种。

模拟量输入模块将模拟量转换为多位数字量。模拟量输出模块将 PLC 中的多位数字量转换为模拟量电压或电流。有 4AI、2AO、4AI/2AO、2 路热电阻、4 路热电偶模块，见表 9-3。

表 9-3　模拟量模块

模拟量输入	
EM AI04	AI 4×12 Bit±10 VDC，±5 VDC，±2.5 VDC or 0～20 mA
模拟量输出	
EM AQ02	AO 2×11 Bit±10 VDC or 0～20 mA
模拟量输入/输出	
EM AM06	AI 4×12 Bit±10 VDC，±5 VDC，±2.5 VDC or 0～20 mA AO 2×11 Bit±10 VDC or 0～20 mA
温度测量模块	
EM AR02	AI 2×RTD×16 Bit
EM AT04	AI 4×TC×16 Bit

(3) 信号板(图 9-4)

图 9-4　S7-200 SMART PLC 的信号板

S7-200 SMART 共提供了 4 种不同的信号板，见表 9-4。使用信号板，可以在不额外占用电控柜空间的前提下，提供额外的数字量 I/O、模拟量 I/O 和通信接口，达到精确化配置。

表 9-4　信号板扩展

数字量扩展	
SB DT04	2×24 VDC 输入/2×24 VDC 输出
模拟量扩展	
SB AQ01	1×12 位模拟量输出
串行通信	
SB CM01	通信信号板，RS485/RS232
电池扩展	
SB BA01	支持 CR1025 纽扣电池，保持时钟大约 1 年

4. S7-200 SMART PLC 的 I/O 分配及外部接线

(1) 输入端子的接线(图 9-5)

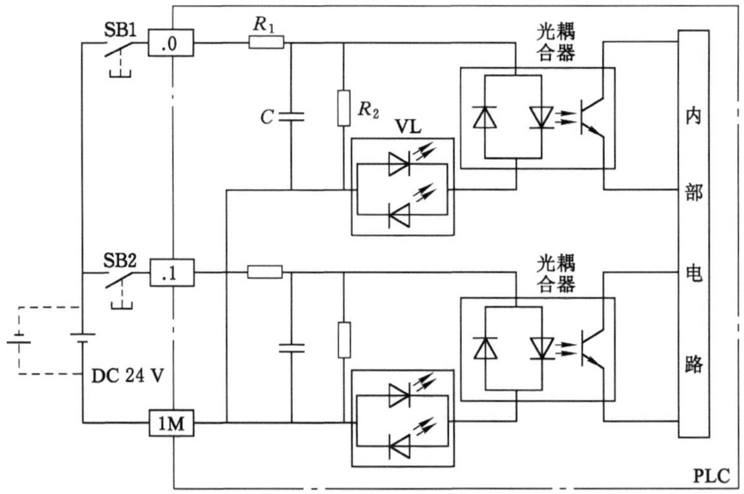

图 9-5　S7-200 SMART PLC 的输入电路

因为 S7-200 SMART 的数字量输入点内部为双向二极管，数字量输入端支持漏型或源型的接线方式。

(2) 输出端子的接线(图 9-6)

继电器输出电路可以驱动直流负载和交流负载，承受瞬时过电压和过电流的能力较强，动作速度慢，动作次数有限。

场效应晶体管输出电路只能驱动直流负载，反应速度快、寿命长，但过载能力稍差。

以 S7-200 SMART PLC 的 CPU SR40 为例，其接线图如图 9-7 所示。

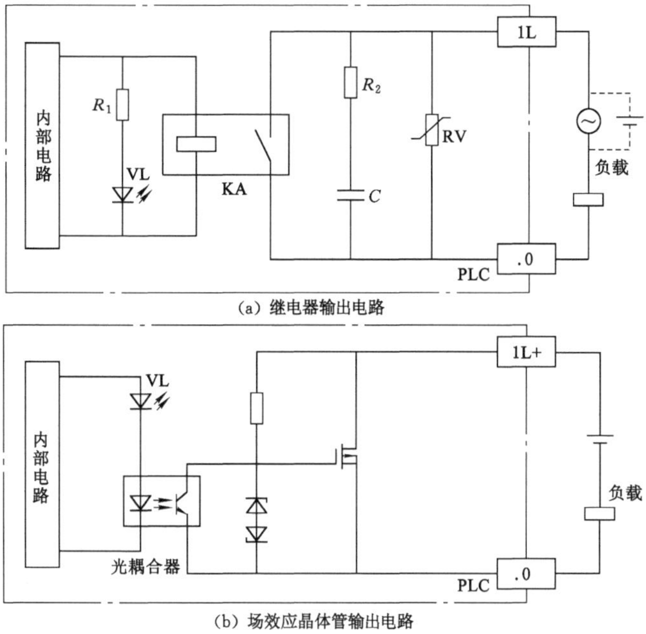

(a) 继电器输出电路

(b) 场效应晶体管输出电路

图 9-6 S7-200 SMART PLC 的输出电路

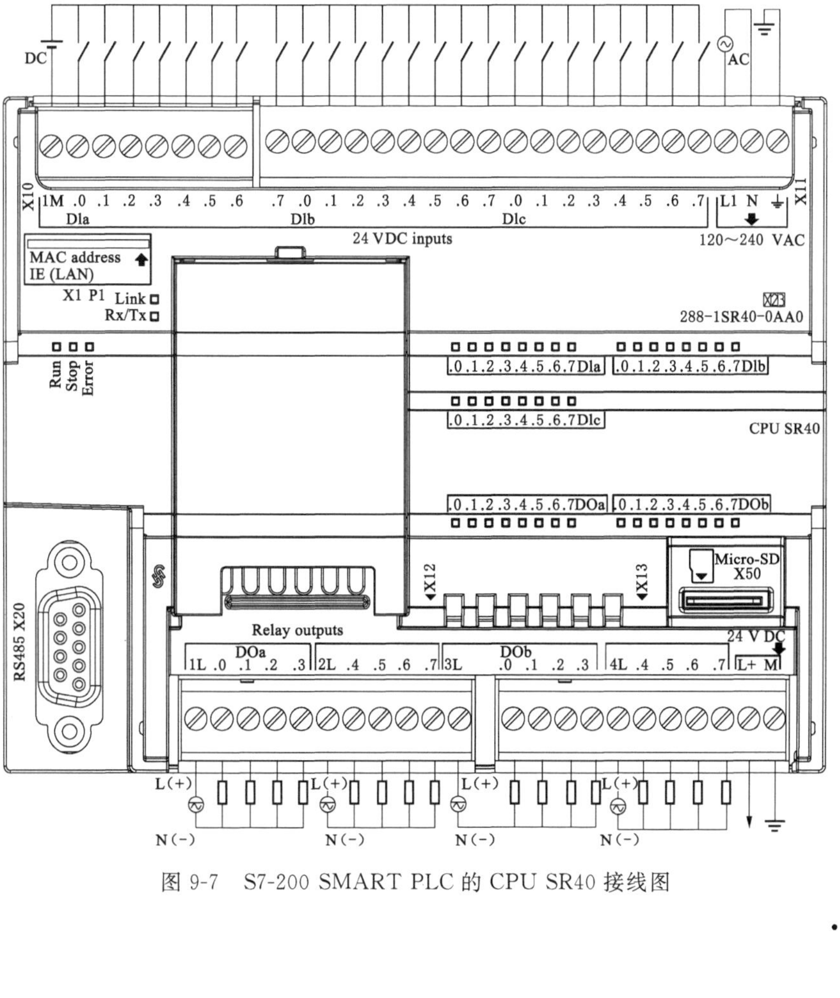

图 9-7 S7-200 SMART PLC 的 CPU SR40 接线图

S7-200 SMART 系统手册　S7-200 SMART 编程软件　S7-200 SMART 仿真软件

二、S7-200 SMART 系列 PLC 的基本工作原理

扫描工作过程：PLC 虽然具有微机的许多特点，但是它的工作方式却与微机有着很大的不同。微机一般采用等待命令的工作方式，而 PLC 则采用循环扫描的工作方式。在 PLC 中，用户程序是按先后顺序存放的，CPU 在运行用户程序时，先从第一条指令开始执行，直至遇到结束符后又返回到第一条指令，如此周而复始不断循环。整个工作过程可分为 5 个阶段：自诊断、通信处理、输入采样、执行程序、输出刷新。其工作过程如图 9-8 所示。

图 9-8　PLC 工作过程示意图

三、S7-200 SMART 系列 PLC 的 I/O 寄存器

I/O 寄存器都是以字节为单位的寄存器，可以按位操作，它们的每一位对应一个数字量 I/O 接点。不同型号主机单元的 I/O 寄存器区域的大小和 I/O 点数可参考主机模块主要技术性能指标，见表 9-5；扩展后的实际 I/O 点数不能超过 I/O 寄存器区域的大小。I/O 寄存器区域未用的部分可作为内部标志位或数据存储器使用。

表 9-5　S7-200 SMART PLC 的 CPU 主机模块主要技术性能指标

特性	CR40/CR60	SR20/ST20	SR30/ST30	SR40/ST40	SR60/ST60
本机数字量 I/O 点数	CR40：24DI/16DO CR60：36DI/24DO	12DI/8DO	18DI/12DO	24DI/16DO	36DI/24DO
用户程序区	12KB	12KB	18KB	24KB	30KB
用户数据区	8KB	8KB	12KB	16KB	20KB
扩展模块数	—	6			
信号板	—	1			
数字量 I/O 映像区	256 位输入/256 位输出				
模拟量 I/O 映像区	—	56 位输入/56 位输出			
定时器	256				
计数器	256				
布尔运算速度	0.15 μs				
定时中断	2 个，分辨率为 1 ms				
通信端口数	以太网：1 个 RS485 端口：1 个	以太网：1 个 RS485 端口：1 个 附加串行端口：1 个（带有可选 RS232/RS485 信号板）			

表 9-5(续)

HMI 设备	RS485 每个端口 4 个,以太网每个端口 8 个				
高速计数器	共 4 个　单相 100 Hz 4 个,A/B 相 50 Hz 2 个				
最大脉冲输出频率	—	2 个 100 Hz (仅 ST20)	3 个 100 Hz(仅 ST30/ST40/ST60)		
脉冲捕捉输入点数	14	12	14	14	14
实时时钟,可保持 7 天	—	有			
存储卡	Micro SD 卡(可选)				
DC 5 V 电源供电能力	—	SR20 为 740 mA ST20 为 1 100 mA	740 mA		
传感器 24 V 电源供电能力	300 mA				

I/O 寄存器可以按位、字节、字或双字等方式寻址。

(1) 输入过程映像寄存器(I):外部输入电路接通时对应的过程映像输入寄存器为 ON(1 状态),反之为 OFF(0 状态)。

(2) 输出过程映像寄存器(Q):梯形图中 Q0.0 的线圈“通电”时,输出模块中对应的硬件继电器的常开触点闭合。

(3) 模拟量输入过程映像寄存器:AI 模块将模拟量按比例转换为一个字的数字量。AI 地址应从偶数字节开始(如 AIW2),AI 为只读数据。

(4) 模拟量输出过程映像寄存器:AQ 模块将一个字的数字值按比例转换为电流或电压。AQ 地址应从偶数字节开始(如 AQW2),用户不能读取 AQ。

四、S7-200 SMART 系列 PLC 的位操作指令

位操作指令是 PLC 常用的指令,用来实现基本的位逻辑运算和控制。梯形图指令有触点和线圈两大类,触点又分为常开和常闭两种形式;语句表指令有与、或和输出等逻辑关系。各指令格式与功能见表 9-6～表 9-11。

各指令具体说明如下:

(1) LD:装载指令,对应梯形图从左母线开始,连接常开触点。

(2) LDN:装载指令,对应梯形图从左母线开始,连接常闭触点。

(3) A:与操作指令,用于常开触点的串联。

(4) AN:与非操作指令,用于常闭触点的串联。

(5) O:或操作指令,用于常开触点的并联。

(6) ON:或非操作指令,用于常闭触点的并联。

(7) =:将梯形图左侧触点的逻辑运算结果输出到指定的继电器线圈。

(8) NOT:取反操作。

(9) ALD:用于指令块的串联。

(10) OLD:用于指令块的并联。

(11) LPS:逻辑堆栈操作指令。

(12) LRD:逻辑读栈操作指令。

(13) LPP:逻辑弹栈操作指令。

(14) S:强制置位指令。

(15) R:强制复位指令。

(16) EU:正跳变(上升沿)触发指令。

(17) ED:负跳变(下降沿)触发指令。

表 9-6　触点装载指令与线圈输出指令格式及功能说明

指令名称	数据类型	LAD	STL	功能	操作数
装载	BOOL(位)	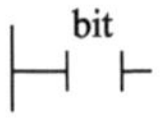	LD bit	用于逻辑运算的开始,表示常开触点与左母线连接	I、Q、V、M、SM、S、T、C、L
取非装载	BOOL(位)	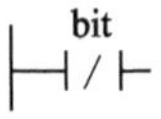	LDN bit	用于逻辑运算的开始,表示常闭触点与左母线连接	I、Q、V、M、SM、S、T、C、L
输出	BOOL(位)	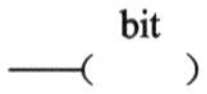	=bit	线圈驱动指令,用于将逻辑运算的结果驱动一个指定线圈	Q、V、M、SM、S、T、C

表 9-7　触点串联指令格式与功能说明

指令名称	数据类型	LAD	STL	功能	操作数
与	BOOL(位)	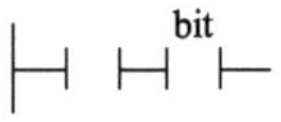	A bit	用于单个常开触点的串联	I、Q、V、M、SM、S、T、C、L
与非	BOOL(位)	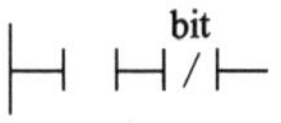	AN bit	用于单个常闭触点的串联	I、Q、V、M、SM、S、T、C、L

表 9-8　触点并联指令格式与功能说明

指令名称	数据类型	LAD	STL	功能	操作数
或指令	BOOL(位)	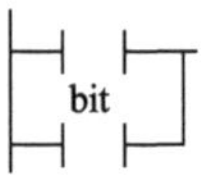	O bit	用于单个常开触点的并联	I、Q、V、M、SM、S、T、C
或非指令	BOOL(位)	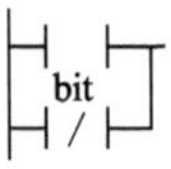	ON bit	用于单个常闭触点的并联	I、Q、V、M、SM、S、T、C

表 9-9　或装载指令、与装载指令格式与功能说明

指令名称	LAD	STL	功能	操作数
或装载	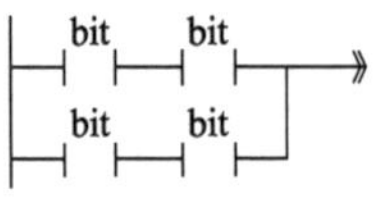	OLD	用来描述串联电路块的并联关系	无
与装载	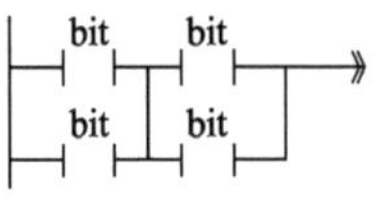	ALD	用来描述并联电路块的串联关系	无

表 9-10　置位与复位指令格式与功能说明

指令名称	数据类型	LAD	STL	功能	操作数
置位	bit,BOOL N,字节	bit —(S) N	S bit,N	从起始位开始连续,N 位被置位(变为 ON)	Q、V、M、SM、S、T、C、L
复位	bit BOOL N,字节	bit —(R) N	R bit,N	从起始位开始连续,N 位被复位(变为 OFF)	Q、V、M、SM、S、T、C、L

表 9-11　正跳变指令和负跳变指令格式与功能说明

指令名称	LAD	STL	功能	操作数
与	——┤P├——	EU	在输入信号上升沿产生一个扫描周期的脉冲输出	无
负跳变	——┤N├——	ED	在输入信号下降沿产生一个扫描周期的脉冲输出	无

五、仿真软件的使用

仿真软件可以在计算机或编程设备中模拟 PLC 运行和测试程序,就像运行在真实的 PLC 上一样。S7-200 SIM 2.0 仿真软件是为 S7-200 系列 PLC 开发的,部分 S7-200 SMART 程序也可以用 S7-200 SIM 2.0 进行仿真。

(1) 本软件无须安装,解压缩后双击“S7_200.exe”图标即可使用。

(2) 仿真前先用 STEP 7-Micro/WIN SMART 编程软件编译程序,编译完成后在菜单栏“文件”里点击“导出”命令,弹出一个“导出程序块”对话框,选择存储路径,填写文件名“启保停仿真程序”,文件的扩展名为“.awl”。

(3) 打开 S7-200 SIM 2.0 仿真软件,单击图示图标的任意位置,输入密码“6596”,选择菜单栏中的“配置”→“CPU 型号”命令,弹出如图 9-9 所示的 CPU 型号设置对话框,选定所需的 CPU,这里选择 CPU226(该仿真软件没有 S7-200 SMART PLC 型号,用 CPU226 替代),再单击“Accept”(确定)按钮即可。

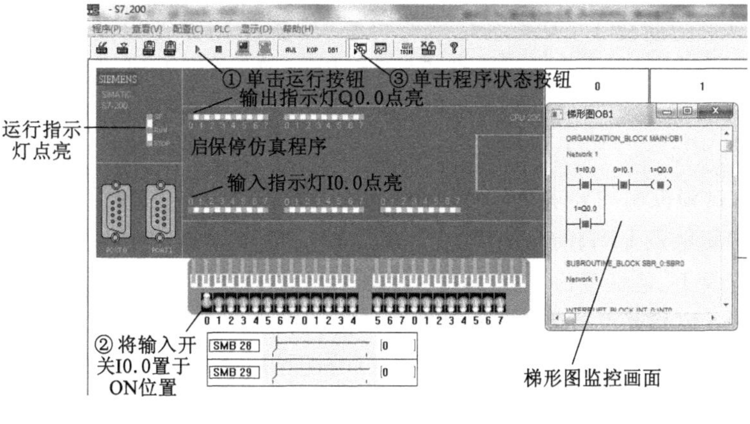

图 9-9　仿真软件界面

(4) 装载程序。单击菜单栏中的“程序”→“装载程序”命令，弹出“装载程序”对话框，设置如图 9-9 所示，再单击“确定”按钮，弹出“打开”对话框，选中要装载的程序“启保停仿真程序. awl”，最后单击“打开”按钮即可，此时程序已经装载完毕。

(5) 开始仿真。加载成功后，在仿真软件中的 AWL、KOP 和 DB1 观察窗口中可以分别观察到加载的语句表程序、梯形图程序和数据块。

项目导入

三相异步电动机直接启动的继电接触控制系统如图 9-10 所示，现要改用 PLC 来控制电动机的启停。具体控制要求：当按下启动按钮 SB2 时，电动机启动并连续运行；当按下停止按钮 SB1 或热继电器 FR 动作时，电动机停止。

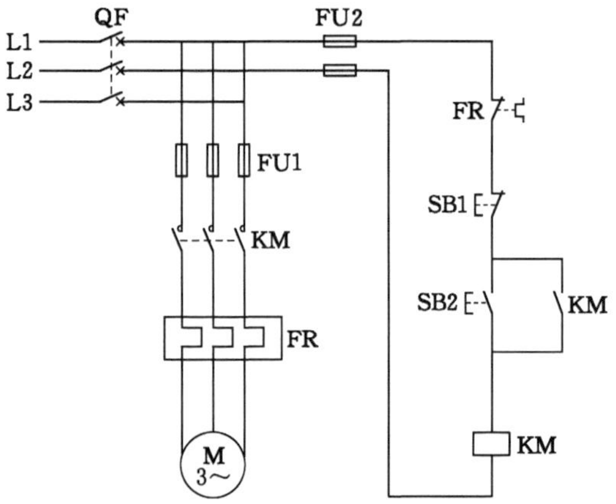

图 9-10 三相异步电动机直接启动电路图

项目分析

随着 PLC 的推广普及，PLC 产品的种类和数量越来越多。PLC 机型选择的基本原则是在满足控制要求的前提下，保证系统运行可靠、维护使用方便以及最佳的性价比。具体应考虑以下四个方面：性能与任务相适应；结构合理，安装方便；机型统一；是否在线编程。

1. 确定 I/O 设备

根据电动机自锁控制的要求可以看出，控制系统的输入设备有启动按钮 SB1、停止按钮 SB2、热继电器常闭触点 FR；输出设备为电动机 M 的执行元件交流接触器 KM。

2. I/O 分配及 PLC 机型的选择

由于本项任务控制要求较为简单，只有 3 个输入设备和 1 个输出设备，因此 PLC 只需要 3 个输入点和 1 个输出点即可满足要求。I/O 分配见表 9-12。

表 9-12　电动机自锁控制 I/O 分配表

输入		输出	
输入寄存器	输入设备	输出寄存器	输出设备
I0.0	SB1	Q0.0	KM
I0.1	SB2		
I0.2	FR		

3. 控制程序

根据电动机自锁控制的要求编写梯形图程序，如图 9-11 所示。

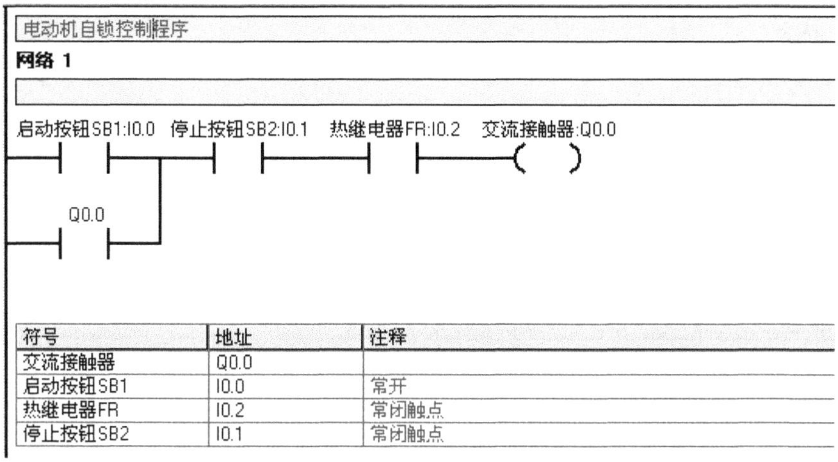

图 9-11　电动机自锁控制梯形图程序

4. 绘制 PLC 外部接线图

根据电动机自锁控制的 I/O 分配情况，绘制如图 9-12 所示的 PLC 外部接线图。

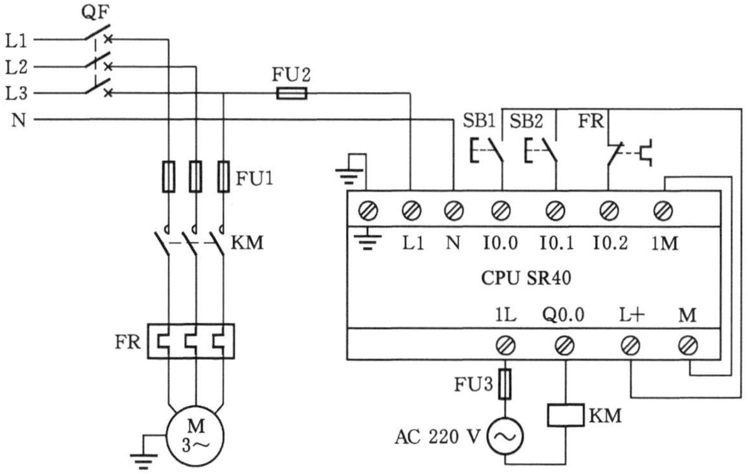

电动机自锁控制系统
编程与实现微课讲解

图 9-12　电动机自锁控制 PLC 接线图

项目实施

一、工具及器材

根据对电动机自锁控制任务的分析可知，实现本任务需要准备的工具及器材见表9-13。

表9-13 工具及器材

序号	名称及说明	数量	备注
1	PLC主机模块(S7-200 SMART CPU)	1	
2	计算机(编程/监控)	1	
3	以太网电缆	1	
4	带三相插头的电源线	1	
5	三相异步电动机(AC 380 V)	1	
6	交流接触器(AC 220 V)	1	
7	单按钮	2	
8	热继电器	1	
9	连接导线	若干	
10	万用表、螺丝刀(十字口和一字口)、剥线钳、尖嘴钳、斜口钳等	1	

二、操作注意事项

(1) PLC主机模块CPU上的1M、2M分别是I0.0～I0.7、I1.0～I1.5这两组数字量输入点的公共端，应接内置DC 24 V电源的M端(0 V)；1L、2L、3L分别是Q0.0～Q0.3、Q0.4～Q0.6、Q0.7～Q1.1这三组数字量输出点的公共端，接AC 220 V电源的L1端；KM线圈的其中一个端子接AC 220 V电源的N端(KM线圈的另一个端子接PLC的Q0.0)，反之亦可。

(2) 梯形图程序以网络分段，每个网络只允许有一个输出线圈(并联线圈除外)，否则编译不成功。

(3) 下载程序时，确保PLC主机模块的电源已打开；运行程序时，确保相关I/O接口公共端、输入设备、输出设备等部分已与电源连接好。

(4) 下载程序时，应确保PLC处于"STOP"模式。

三、操作步骤

1. 完成接线

根据主电路图完成电动机M、交流接触器KM和电源之间的接线。根据电动机自锁控制PLC接线图完成PLC主机模块与I/O设备(按钮SB1和SB2、热继电器FR及交流接触器KM)之间的信号线、电源线连接。

2. 输入电动机自锁控制梯形图程序

打开STEP 7-Micro/WIN SMART编程软件，界面如图9-13所示。

(1) 用菜单命令"文件/新建"生成一个新的项目，保存为"电动机启保停.mwp"文件。

(2) 单击导引条中的"程序块"图标，打开程序编辑器，再选择菜单命令"查看"→"梯形图”。

(3) 打开指令树“指令”→“位逻辑”菜单，用拖拽或双击的方式将常开触点“⊣⊢”、常闭触点“⊣/⊢”及线圈“()”插入程序编辑器“网络 1”下的指定位置。单击触点和线圈上方的“??.?”，分别输入地址 I0.0、I0.1 和 Q0.0，每次输入地址后需按“Enter”键确认。

(4) 在菜单命令“PLC(P)”中选择编译或单击工具栏中的相应图标来编译所输入的梯形图程序。如果程序有错误，编译后在输出窗口显示与错误有关的信息。必须改正程序中所有的错误，通过编译后，程序才能下载。

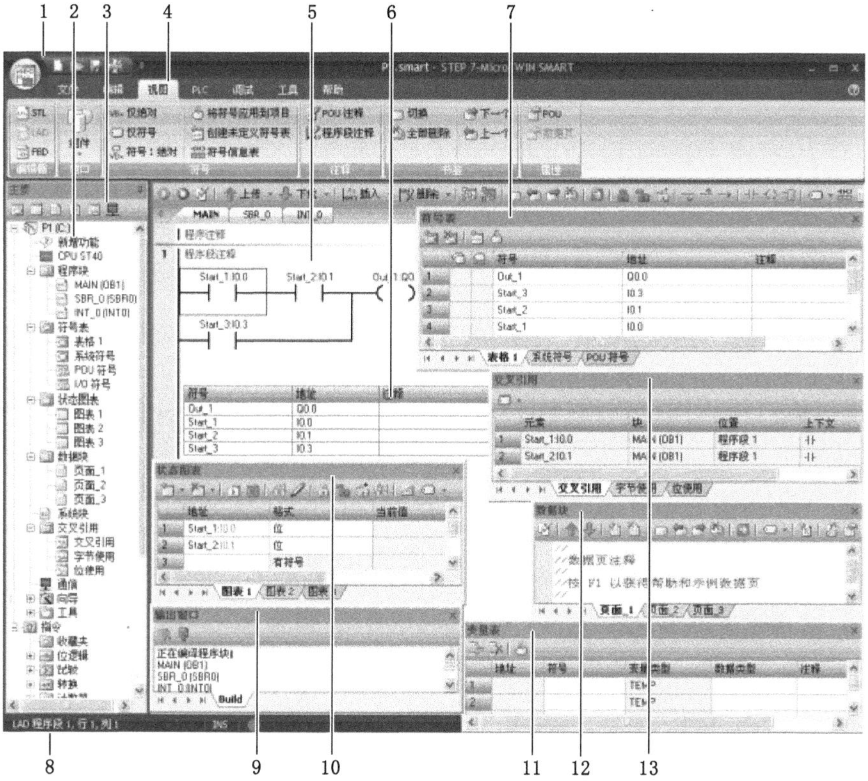

1—快速访问工具栏；2—项目树；3—导航栏；4—菜单；5—程序编辑器；6—符号信息表；
7—符号表；8—状态栏；9—输出窗口；10—状态图表；11—变量表；12—数据块；13—交叉引用。

图 9-13　STEP 7-Micro/WIN SMART 软件编程软件界面

3. 下载并运行控制程序

(1) 建立 Micro/WIN SMART 编程软件与 CPU 的通信连接，如图 9-14 所示。

(2) 设置计算机网卡的 IP 地址，如图 9-15 所示。

(3) 下载程序，如图 9-16 所示。

(4) 运行程序。

程序下载成功后，将 PLC 主机右侧盖板下的开关拨至“RUN”位置，再单击工具栏中的“运行”按钮，即开始运行用户程序。此时，“RUN”位置旁边的 LED 绿色指示灯点亮。按下启动按钮 SB1 和停止按钮 SB2，观察 Q0.0 对应的 LED 指示灯状态及电动机 M 的运行情况。

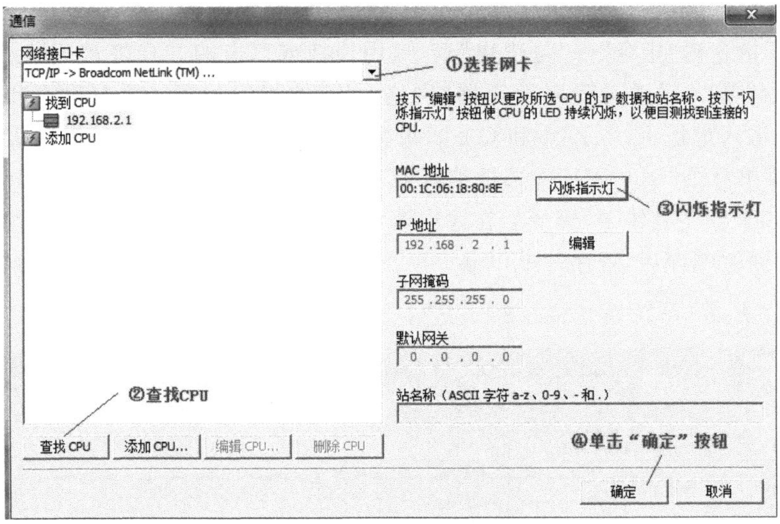

图 9-14　通信连接界面

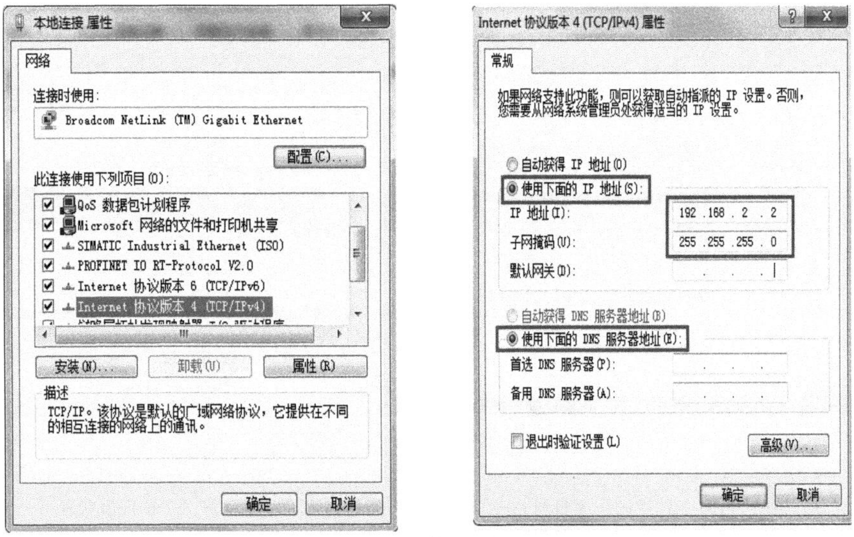

图 9-15　计算机网卡的 IP 地址设置界面

图 9-16　程序下载界面

四、项目完成情况评价

项目完成情况评价见表 9-14。

表 9-14　项目完成情况评价(评分细则见附录)

内容	职业素质	专业知识	岗位技能	实操安全	答辩及作业	项目完成结果
占比	20%	20%	20%	10%	10%	20%
同学 1	□优□良 □中□差	□优□良 □中□差	□优□良 □中□差	□优□良 □中□差	□优□良 □中□差	□优□良 □中□差
同学 2	□优□良 □中□差	□优□良 □中□差	□优□良 □中□差	□优□良 □中□差	□优□良 □中□差	□优□良 □中□差
同学 3	□优□良 □中□差	□优□良 □中□差	□优□良 □中□差	□优□良 □中□差	□优□良 □中□差	□优□良 □中□差
教师	□优□良 □中□差	□优□良 □中□差	□优□良 □中□差	□优□良 □中□差	□优□良 □中□差	□优□良 □中□差
总结及自评						
小组同学 签名：		教师 签名：		综合评价：		

知识拓展

一、PLC 的产生、发展及应用

1. PLC 的产生和发展

PLC 的产生与传统的继电-接触器控制系统有很大的关系。在 PLC 出现之前，生产线控制多采用继电-接触器控制系统，这种控制系统是靠硬件接线实现控制作用的，是有触点的控制系统，组合复杂，通用性、灵活性较差，而且体积大，制作周期长，检修维护、故障查找也非常困难。随着市场需求的不断变化和生产的快速发展，传统的继电-接触器控制系统已严重束缚了工业发展的脚步，因此，人们对自动控制装置提出了更通用、更灵活、更经济、更可靠的要求，并努力寻求一种新型的通用控制设备取代原有的继电-接触器控制系统。1969 年，美国数字设备公司根据美国通用汽车公司提出的要求，研制出了世界上第一台 PLC，并应用于汽车自动生产线控制，获得了极大的成功。从此，PLC 控制技术在世界各地迅速发展起来。

从 PLC 产生到现在，其发展历经了以下四个阶段：

第一阶段(1969—1972 年)：CPU 由中小规模集成电路组成，存储器为磁芯存储器，控制功能比较简单，仅能完成定时、计数及逻辑控制，产品没有形成系列化。

第二阶段(1973—1975 年)：CPU 采用 8 位微处理器，存储器采用半导体存储器，使数据处理能力有很大提高，增加了数据运算、传送、比较等功能，实现了对模拟量的控制，开始具备自诊断功能，初步形成系列化。

第三阶段(1976—1983 年)：由于大规模集成电路的发展，PLC 开始采用 8 位和 16 位微处理器，使数据处理能力和速度得到了很大的提高，同时也具备了一定的通信能力，并增加了多种特殊功能，如浮点数的运算及三角函数、表处理、脉宽调制输出等。

第四阶段(1984 年至今)：超大规模集成电路使 PLC 完全计算机化，CPU 已经开始采用 32 位微处理器，同时产生了内含微处理器的智能模块，使得此时的 PLC 除了具有逻辑控制功能外，还具有运动控制功能、位置控制功能、过程控制功能、数据处理功能、联网通信功能等。

PLC 自问世以来，经过几十年的发展，功能越来越强大，应用范围也越来越广泛，其足迹已遍及国民经济的各个领域。不同的企业对控制系统有不同的要求，因此，不仅需要发展适合于大中型企业的高水准的 PLC 网络控制系统，也要发展适合于小型企业性价比高的小型 PLC 控制系统，这就决定了 PLC 将朝着两个方向发展：一是向小型化、微型化方向；二是向大型化、网络化、多功能化方向。

2. PLC 的应用

PLC 的应用范围极其广阔，遍及冶金、石油、化工、电力、矿山、机械制造、汽车、交通运输、轻纺、环保等各行各业。根据 PLC 所完成控制功能的不同将其应用场合归纳如下：

(1) 逻辑控制：是 PLC 最基本、最广泛的应用领域，可以取代传统的继电-接触器控制系统。在单机控制、多机群控和自动生产线控制方面都有很多成功的应用实例，如机床电气控制、电梯运行控制、高炉上料控制、汽车装配生产线控制、饮料灌装生产线控制等。

(2) 运动控制：PLC 可用于直线运动和圆周运动的控制。早期 PLC 通过开关量 I/O 模块、位置传感器和执行机构的连接来实现这一功能，现在一般都使用专门的运动控制模块来完成。

(3) 闭环过程控制：PLC 可通过 A/D 和 D/A 转换模块对温度、压力、速度、流量等连续变化的模拟量进行控制。运用 PID 子程序或智能 PID 模块可实现对模拟量的闭环过程控制，如锅炉运行控制、化学反应堆控制、水处理控制、连轧机速度控制等。

(4) 数据处理：PLC 都具有不同程度的数据处理功能，如数学运算、数据传送、数据比较、数值转换、数据移位、数据采集等。数据处理功能通常用于大中型控制系统，如柔性制造系统、机器人控制系统等。

(5) 网络通信：指 PLC 与 PLC 之间、PLC 与上位计算机或其他智能设备之间的通信。利用双绞线、同轴电缆或光缆可以将它们连成网络，以实现信息的交换；还可以构成“集中管理、分散控制”的分布式控制系统，建立工厂的自动化网络。

3. PLC 的技术性能指标

各个生产厂家所生产的 PLC 产品在技术性能上虽然各有差别、各具特色，但是衡量 PLC 功能强弱的一些技术性能指标却基本相同。简介如下：

(1) I/O 点数：指 PLC 外部输入、输出端子数。

(2) 存储容量：指用户程序存储器的容量，通常以字或千字为单位。约定 16 位二进制数为 1 个字，每 1 024 个字为 1 000 字。

(3) 扫描速度：指 PLC 执行程序的速度，一般以扫描 1KB 程序所用的时间来衡量。

(4) 指令条数：是衡量 PLC 软件功能强弱的主要指标。指令条数越多，说明其软件功能越强，能实现更加复杂的控制。

(5) 内部寄存器：主要用来存放变量的状态、中间结果和数据等，是衡量 PLC 硬件功能强弱的一个重要指标。

(6) 智能模块:PLC除了主机模块外还可以配接各种智能模块。主机模块实现基本控制功能,智能模块则可实现某一种特殊的专门功能,如常见的位置控制模块、速度控制模块、PID控制模块、A/D转换模块和D/A转换模块等。

4. PLC的流派分类

世界上PLC生产厂家有200多家,生产的产品有400多种。美国和欧洲的PLC技术是在相互隔离情况下独立研究开发的,因此美国和欧洲的PLC产品有明显的差异。日本的PLC技术是由美国引进的,对美国的PLC产品有一定的继承性。美国和欧洲以大中型PLC而闻名,而日本则以小型PLC著称。按地域分为四个流派:

(1) 美国产品:性价比适中,使用比较方便。著名的有A-B公司、通用电气(GE)公司、莫迪康(MODICON)公司、德州仪器(TI)公司、西屋公司等。

(2) 欧洲产品:性价比适中,易用性一般,扩展性强。德国的西门子(SIEMENS)公司、AEG公司及法国的TE公司是欧洲著名的PLC制造商。德国西门子的电子产品以性能精良而久负盛名,在大中型PLC产品领域与美国的A-B公司齐名。

(3) 日本产品:性价比高,使用方便,扩展性一般。日本的小型PLC最具特色,在小型机领域中较为出名。日本有许多PLC制造商,如三菱、欧姆龙、松下、富士、日立、东芝等,在世界小型PLC市场上日本产品约占有70%的份额。

(4) 中国产品:性价比特别高,使用比较方便,扩展性一般。国产PLC厂商众多,主要集中于小型PLC,产品相对单一,市场范围较小,主要有信捷、深圳奥越信、和利时、德维深、浙大中控、浙大中自、合信、兰州全志、科威、科赛恩、正航、厦门海为、智达、丰炜(台湾)、亿维、伟创、南大傲拓等品牌。

二、PLC的数据类型和存储

1. 数制

(1) 二进制数

二进制数的1位只能为0和1。用1位二进制数来表示开关量的两种不同的状态,线圈通电、常开触点接通、常闭触点断开为1状态(ON),反之为0状态(OFF)。二进制位的数据类型为BOOL(布尔)型。

多位二进制数用来表示大于1的数字。从右往左的第n位(最低位为第0位)的权值为2^n。例如,二进制0000 0100 1000 0110对应的十进制数为$2^{10}+2^7+2^2+2^1=1\ 158$。

(2) 十六进制数

十六进制数用于简化二进制数的表示方法,16个数为0～9和A～F(10～15),4位二进制数对应于1位十六进制数。例如,二进制1000 1111可以转换为十六进制8F。

十六进制数“逢16进1”,第n位的权值为16^n。例如,十六进制8F对应的十进制数为$8\times16^1+15\times16^0=143$。

(3) BCD码

BCD码用4位二进制数(或者1位十六进制数)表示1位十进制数。例如,1位十进制数9的BCD码是1001。4位二进制数有16种组合,但BCD码只用到前10个(0000～1001),后6个(1010～1111)没有在BCD码中使用。例如,BCD码1001 0110 0111 0101对应的十进制数为9 675。

2. 数据类型及取值范围

数据类型及取值范围见表 9-15。

表 9-15 数据类型及取值范围

基本数据类型	位数	范围
布尔型	1	0 或 1
字节型	8	0～255
字型	16	0～65 535
双字型	32	$0\sim(2^{32}-1)$
整型	16	－32 768～＋32 767
双整型	32	$-2^{31}\sim(2^{31}-1)$
实数型	32	IEEE 浮点数

3. 数据存储器编址

(1) 位地址编址：数据存储器位地址的编址方式为[数据存储区]＋[字节地址].[位地址]，如图 9-17 所示，其中第 0 位为最低位(LSB)，第 7 位为最高位(MSB)。

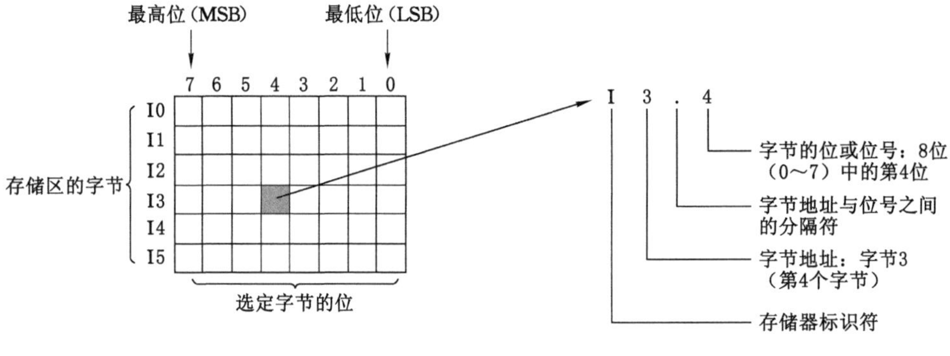

图 9-17 位地址编址

(2) 字节地址编址：相邻的 8 位二进制数组成 1 字节。字节地址的编址方式为[数据存储区]＋字节长度符 B＋[字节地址]，如图 9-18 所示。例如，VB100 表示由 VB100.0～VB100.7 这 8 位组成的字节。

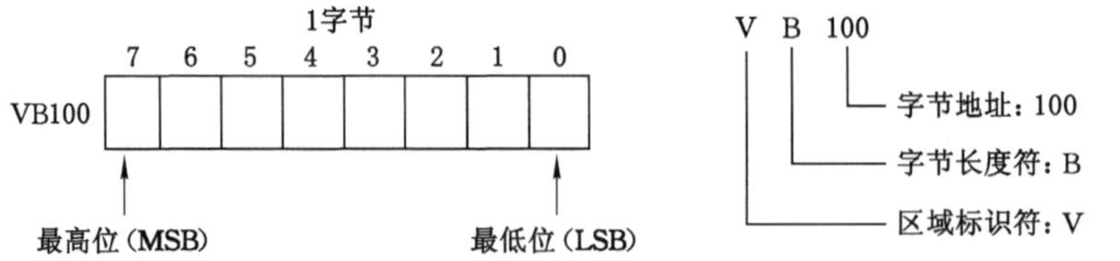

图 9-18 字节地址编址

(3) 字地址编址：两个相邻的字节组成一字。字地址的编址方式为[数据存储区]＋字长度符 W＋[起始字节地址]。例如，VW100 表示由 VB100 和 VB101 这 2 字节组成的字，如图 9-19 所示。

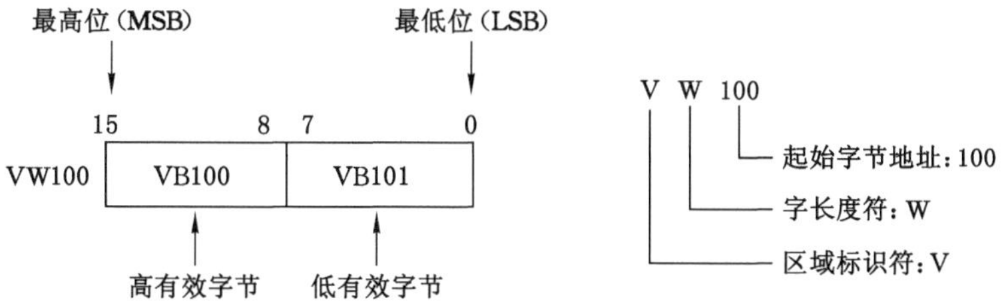

图 9-19 字地址编址

(4) 双字地址编址:两个相邻的字组成一双字。双字地址编址方式为[数据存储区]+双字长度符 D+[起始字节地址]。例如,VB100 表示由 VB100～VB103 这 4 字节组成的双字,如图 9-20 所示。

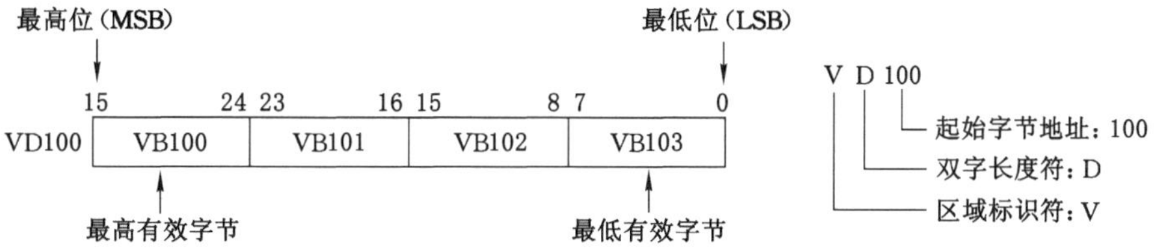

图 9-20 双字地址编址

4. 数据存储区的类型

(1) 标志存储器(M):用作内部控制继电器来存储操作的中间状态或其他控制信息,可以按位、字节、字或双字来存取 M 区数据。

(2) 特殊存储器(SM):提供了在 CPU 和用户程序之间传递信息的一种方法,可以使用这些位来选择和控制 CPU 的某些特殊功能。

(3) 变量存储器(V):用来存储程序执行过程中控制逻辑操作的中间结果,也可以用它来存储与过程或任务相关的其他数据。

(4) 定时器存储器(T):用于时间累计。

(5) 计数器存储器(C):用来累计其计数脉冲上升沿的次数,计数器位用来描述计数器的触点的状态。

(6) 高速计数器(HC):用来累计比 CPU 的扫描速率更快的事件。

(7) 累加器(AC0～AC3):32 位,可以按字节、字和双字来访问累加器中的数据。按字节、字只能访问累加器的低 8 位或低 16 位。常用于向子程序传递参数和从子程序返回参数,或用来临时保存中间的运算结果。

(8) 局部存储器(L):各程序组织单元都有自己的 64 字节的局部存储器,仅仅在它被创建的组织单元中有效,作为暂时存储器,或给子程序传递参数。

(9) 顺序控制继电器(S):用于顺序控制编程,实现控制程序的逻辑分段,可以按位、字节、字或双字访问。

知识拓展

一、电动机启动控制的多种实现方法

1. 电动机自锁控制的 PLC 程序多种实现方法

启动/停止按钮均使用常开触点，分别接输入继电器 I0.0、I0.1 端口，控制电动机的接触器接输出继电器 Q0.5 端口，如图 9-21 所示。

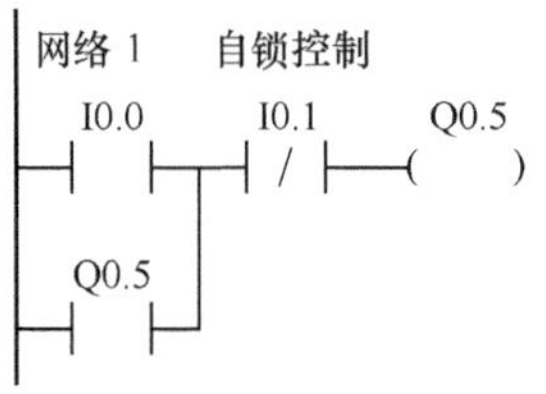


```
网络 1  自锁控制
LD      I0.0
O       Q0.5
AN      I0.1
=       Q0.5
```

图 9-21　启保停实现自锁控制

启动按钮使用常开触点，接输入继电器 I0.0 端口，停止按钮使用常闭触点，接输入继电器 I0.1 端口，控制电动机的接触器接输出继电器 Q0.5 端口。在工业控制中，具有“停止”和“过载保护”等关系到安全保障功能的信号一般都应使用常闭触点，防止因不能及时发现断线故障而失去作用，如图 9-22 所示。

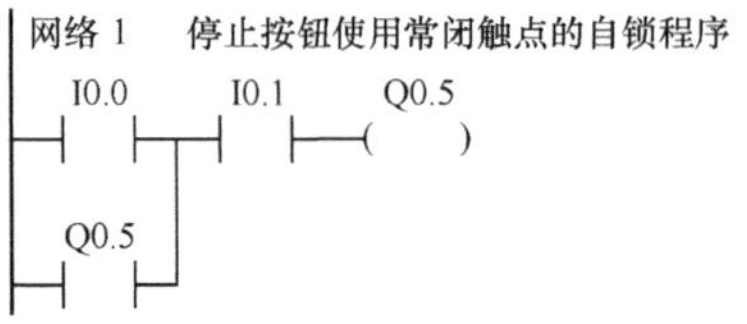


```
网络 1  停止按钮使用常闭
        触点的自锁程序
LD      I0.0
O       Q0.5
A       I0.1
=       Q0.5
```

图 9-22　常开常闭触点的使用

用置位指令与复位指令编写具有自锁功能的程序。启动按钮使用常开触点，接输入继电器 I0.0 端口，停止按钮使用常闭触点，接输入继电器 I0.1 端口，控制电动机的接触器接输出继电器 Q0.5 端口，如图 9-23 所示。

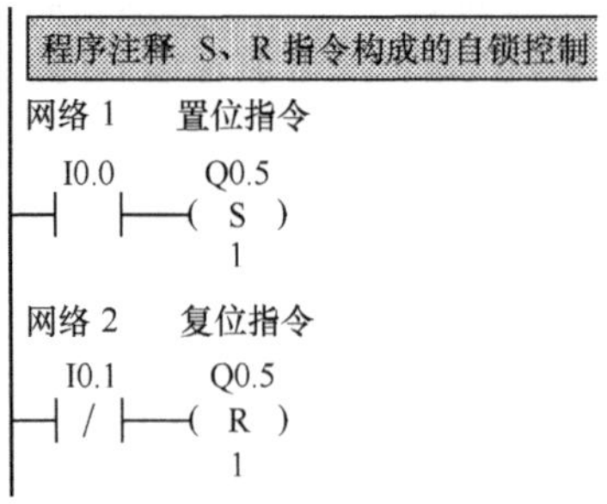


```
网络 1  置位指令
LD      I0.0
S       Q0.5, 1
网络 2  复位指令
LDN     I0.1
R       Q0.5, 1
```

图 9-23　置位指令与复位指令实现自锁控制

2. 跳变指令实现的电动机启停

只用一个按钮控制电动机的启停，即第一次按下该按钮电动机启动，第二次按下该按钮电动机停止。

某台设备有两台电动机 M1 和 M2，接触器分别接 PLC 的输出端口 Q0.0 和 Q0.1，启动/停止按钮分别接 PLC 的输入端口 I0.0 和 I0.1。为了减小两台电动机同时启动对供电电路的影响，让 M2 延时启动。按下启动按钮，M1 启动，延缓几秒钟后，松开启动按钮，M2 才启动；按下停止按钮，M1 先停止，延缓几秒钟后，M2 才停止。当电动机发生过载时，电动机停止运行。

（1）I/O 分配

单按钮控制电动机 I/O 分配见表 9-16。

表 9-16　单按钮控制电动机 I/O 分配表

输入			输出		
输入继电器	输入元件	作用	输出继电器	输出元件	作用
I0.0	SB1 常开触点	启动	Q0.0	接触器 KM1	电动机 M1
I0.1	SB2 常开触点	停止	Q0.1	接触器 KM2	电动机 M2
I0.2	FR1 常闭触点	过载保护			
I0.3	FR2 常闭触点	过载保护			

（2）控制电路

单按钮控制电动机的启动控制电路如图 9-24 所示。

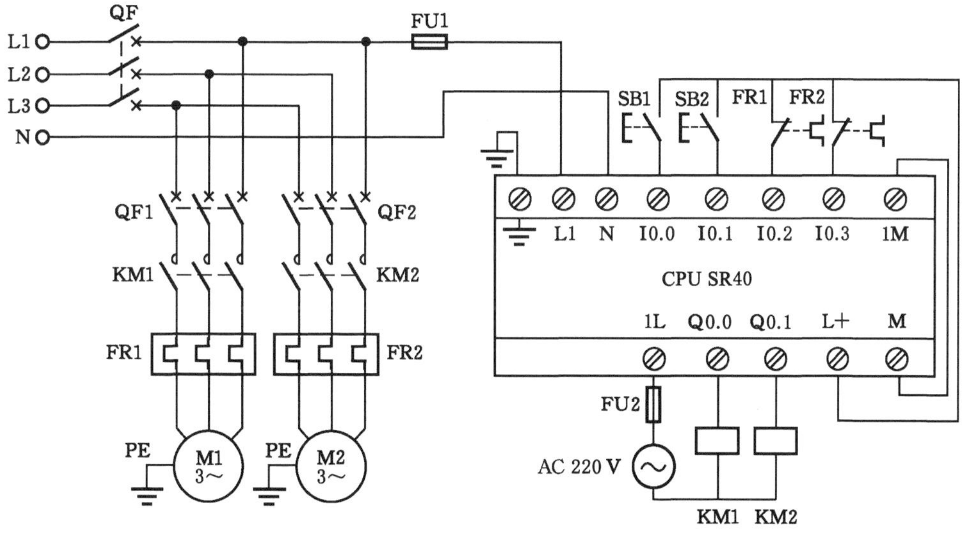

图 9-24　单按钮控制电动机的启动控制电路

（3）控制程序

单按钮控制电动机的启动控制程序如图 9-25 所示。

二、三相异步电动机的正反转控制

三相异步电动机正反转控制要求如下：不通过停止按钮 SB0，直接按正/反转启动按钮 SB1/SB2 就可以改变电动机的转向。为了减轻正反转切换瞬间电流对电动机的冲击，需适当延长切换时间，即电动机正转时，按下反转启动按钮 SB2，让电动机先停止正转，延迟片刻

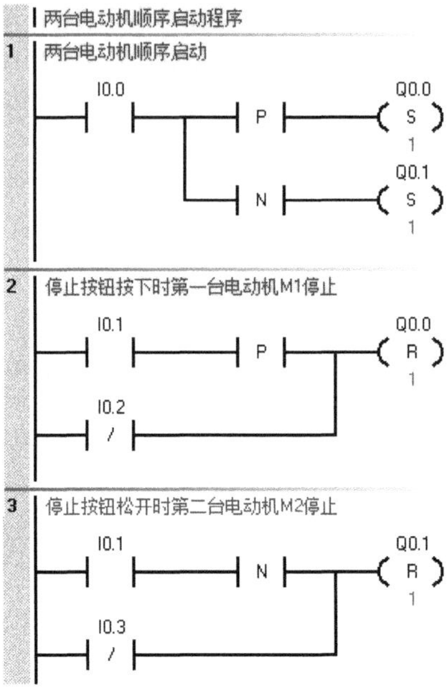

图 9-25　单按钮控制电动机的启动控制程序

后再松开 SB2，电动机开始反转；反之亦然。

(1) I/O 分配

电动机正反转控制 I/O 分配见表 9-17。

表 9-17　电动机正反转控制 I/O 分配表

输入			输出		
输入继电器	输入元件	作用	输出继电器	输出元件	作用
I0.0	KH 常闭触点	过载保护	Q0.1	接触器 KM1	正转
I0.1	SB1 常开触点	停止	Q0.2	接触器 KM2	反转
I0.2	SB2 常开触点	正转			
I0.3	SB3 常开触点	反转			

(2) 控制电路

电动机正反转控制电路如图 9-26 所示。

(3) 控制程序

电动机正反转控制梯形图程序如图 9-27 所示。

三、小车自动往返控制

1. 控制要求

(1) 按下启动按钮 SB1，小车电动机 M 正转，小车前进，碰到限位开关 SQ1 后，小车电动机反转，小车后退。

(2) 小车后退碰到限位开关 SQ2 后，小车电动机 M 再次前进，碰到限位开关 SQ1，再次后退。

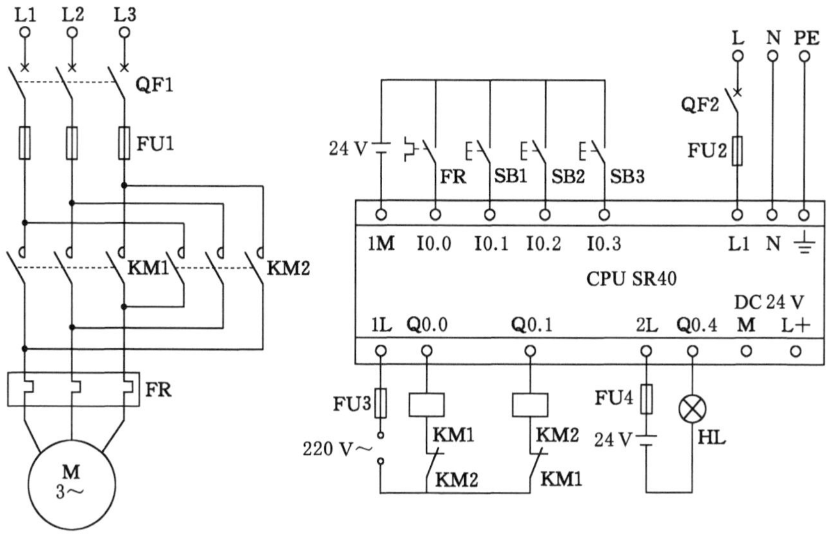

图 9-26 电动机正反转控制电路

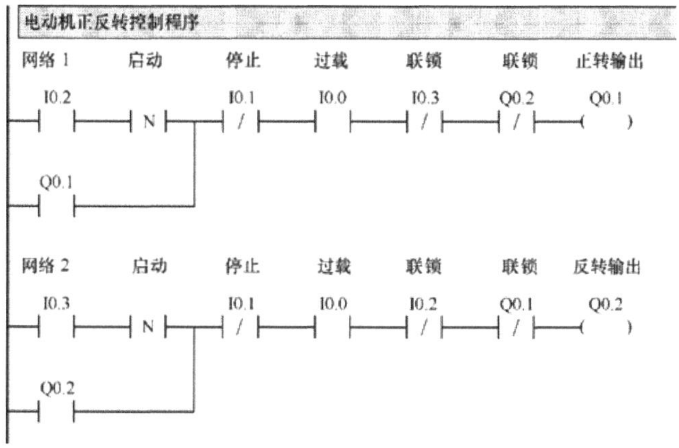

图 9-27 电动机正反转控制梯形图程序

(3) 按下停止按钮，小车停止。

2. I/O 分配

小车自动往返转控制 I/O 分配见表 9-18。

表 9-18 小车自动往返转控制 I/O 分配表

输入		输出	
输入寄存器	输入设备	输出寄存器	输出设备
I0.0	前进按钮 SB2	Q0.0	接触器 KM1
I0.1	后退按钮 SB3	Q0.1	接触器 KM2
I0.2	停止按钮 SB1		
I0.3	过载 FR		
I0.4	A 位置开关 SQ1		

表 9-18(续)

输入		输出	
输入寄存器	输入设备	输出寄存器	输出设备
I0.5	A 限位开关 SQ3		
I0.6	B 位置开关 SQ2		
I0.7	B 限位开关 SQ4		

3. 控制电路

小车自动往返控制电路如图 9-28 所示。

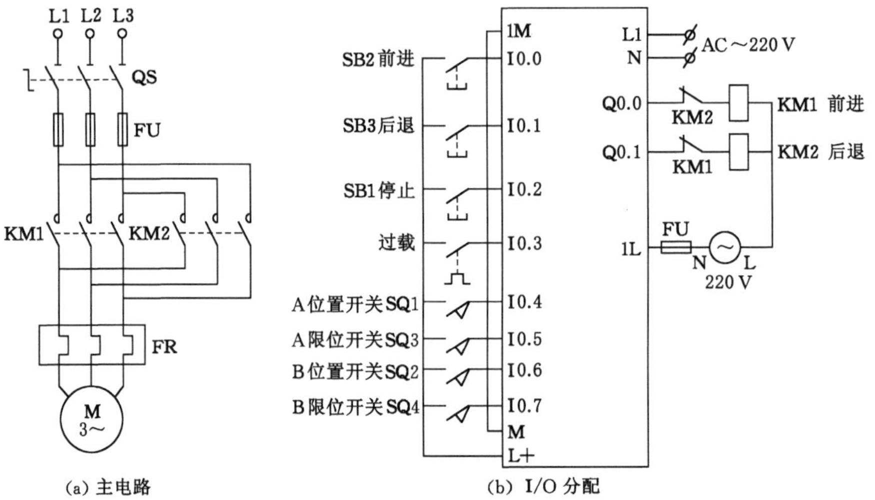

图 9-28　小车自动往返控制电路图

4. 控制程序

小车自动往返控制梯形图程序如图 9-29 所示。

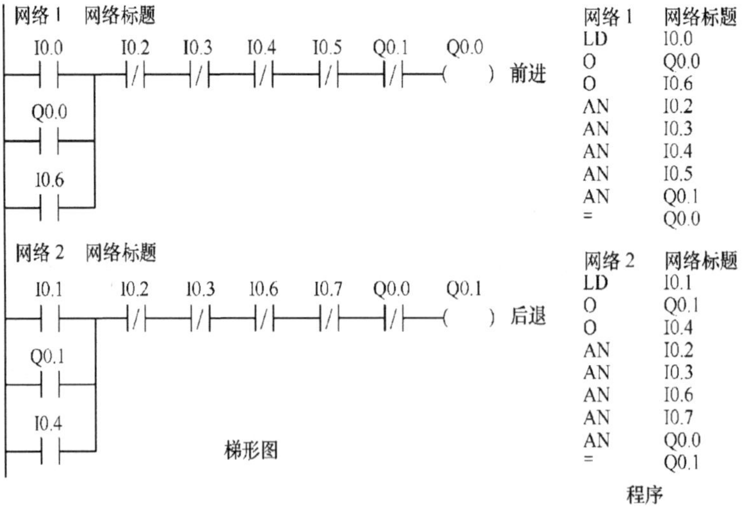

图 9-29　小车自动往返控制梯形图程序

技术交流

S7-200 SMART 系列 PLC 简介

S7-200 SMART PLC is released only for India and China. You can not find any manual,application,FAQ on our support site.

SIMATIC S7-200 SMART PLC is designed to suit the needs of developing markets that have higher pressures of price and demands on performance. Providing an excellent performance-to-price ratio, SIMATIC S7-200 SMART PLC when combined with other SMART drive products from Siemens helps in building extremely cost effective efficient automation solutions.

Basics about this S7-200 SMART PLC:

(1) For programming of this PLC you need Microwin SMART software. Its similar like Microwin. If you have project backup of S7-200 PLC then same you can open in Microwin SMART by changing only extension as. SMART and download in S7-200 SMART PLC.

(2) S7-200 SMART PLC having CPU range starting from ST/SR20,ST/SR30,ST/SR40 and ST/SR60

Its depend upon the I/O handling capacity and memory of PLC(SR means relay output and ST means Standard output).

Features:

(1) On board ethernet(RJ45) port for communication with PC. No need any more MPI/PPI cable for downloading or uploading program.

(2) With same ethernet port you can communicate with HMI, SCADA(PC access OPC),PLC's(S7-200/S7-1200/S7-300/S7-400/S7-1500) via GET PUT(No Profinet/TCP communication).

(3) High speed counter and pulse output.

(4) SMS functionality via Modem.

(5) On board RS485 board for Serial,USS,Free port communication,Modbus RTU.

(6) Signal board of RS232/RS485.

(7) Motion functionality: cost effective solution for Motion-Micro Automation application with V20/V90 drive.

(8) PID control via Wizard.

S7-200 SMART产品样本

巩固练习

1. S7-200 SMART 系列 PLC 输入/输出地址是如何编号的？

2. 设计如图 9-30 所示时序图的梯形图程序。

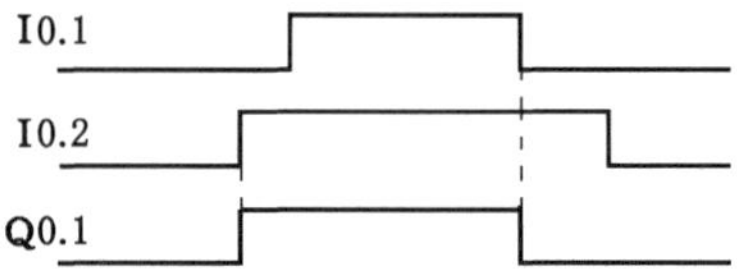

图 9-30　时序图

3. 一个四组抢答器，任一组抢先按下按键后，显示器能及时显示该组的编号，并使蜂鸣器发出响声，同时锁住抢答器，使其他组按键无效。按下复位按钮，可重新抢答。试根据上述要求设计 PLC 控制程序。

4. 设计三地控制电动机 M 启停的梯形图程序：

① 使用六个按钮 SB1、SB2、SB3、SB4、SB5 和 SB6 实现三地控制功能；

② 使用三个控制开关 K1、K2、K3 实现三地控制功能。

5. 设计多台电动机运行控制的梯形图程序。控制要求：某机械设备有 3 台电动机，按下启动按钮，第 1 台电动机 M1 启动；运行 4 s 后，第 2 台电动机 M2 启动；M2 运行 15 s 后，第 3 台电动机 M3 启动。按下停止按钮，3 台电动机全部停止。在启动过程中，指示灯闪烁；在运行过程中，指示灯常亮。

项目十　基于 PLC 的带式输送机控制系统编程与调试

学习目标

1. 展示工业现场的多媒体资料，让学习者熟悉其岗位角色，培养职业情感。

2. 了解 PLC 内部辅助寄存器、特殊标志寄存器的资源分配。

3. 掌握 PLC 定时器/计数器指令、比较指令的功能及应用。

4. 掌握 PLC 梯形图程序调试的步骤和方法，具备基本项目的安装和调试能力。

5. 培养学习者认真细致的工作习惯、潜心钻研的科学态度、分工协作的团队意识。

相关知识

一、内部辅助寄存器

S7-200 SMART 的标志存储器只有 32 字节，其编程地址范围为 M0.0～M31.7，共 256 个，它可以按字节、字、双字来存储数据。如果不够用，可以用变量存储器 V 来代替标志存储器 M。

标志存储器分普通型标志存储器和断电保持型标志存储器两种。普通型标志存储器一旦 PLC 掉电，其存储的数据就会丢失，而断电保持型标志存储器通过“系统块”设置断电保持范围，断电后存储的数据会永久保存。

内部辅助寄存器可以按位使用，用来存储中间操作状态或其他控制信息，也可按字节、字或双字来存取存储区的数据，编址范围是 M0.0～M31.7。

二、特殊标志寄存器

在 S7-200 SMART PLC 中有些辅助继电器具有特殊功能或存储系统的状态变量、有关的控制参数和信息，称之为特殊标志寄存器。常用特殊存储器位及含义见表 10-1。

表 10-1　常用特殊存储器位及含义

位号	含义	位号	含义
SM0.0	该位始终为 1	SM1.0	操作结果为 0 时置 1
SM0.1	首次扫描时为 1，以后为 0	SM1.1	结果溢出或非法数值时置 1
SM0.2	保持数据丢失时为 1	SM1.2	结果为负数时置 1
SM0.3	开机上电进行 RUN 时为 1，一个扫描周期	SM1.3	被 0 除时置 1
SM0.4	时钟脉冲：周期为 1 min，30 s 闭合/30 s 断开	SM1.4	超出表范围时置 1
SM0.5	时钟脉冲：周期为 1 s，0.5 s 闭合/0.5 s 断开	SM1.5	空表时置 1
SM0.6	时钟脉冲：闭合一个扫描周期，断开一个扫描周期	SM1.6	BCD 到二进制转换出错时置 1
SM0.7	开关放置在 RUN 位置时为 1	SM1.7	ASCⅡ到十六进制转换出错时置 1

特殊标志寄存器用于 CPU 与用户之间交换信息，其编址范围为 SM0.0～SM179.7 共 180 个字节，其中 SM0.0～SM29.7 的 30 个字节为只读型区域。

如特殊标志寄存器的只读字节 SMB0 为状态位，在每次循环扫描结束时，由 CPU 更新这些位。用户可利用这些位的信息启动程序内的功能，编写用户程序。

三、定时器与定时器指令

S7-200 SMART 系列 PLC 的软定时器有三种类型，分别是接通延时定时器 TON、断开延时定时器 TOF、保持接通延时定时器 TONR，其定时时间为时基与设定值的乘积。定时器的时基有 1 ms、10 ms、100 ms 三种，取决于定时器号，见表 10-2。定时器的设定值和当前值均为 16 位的有符号整数，允许的最大值为 32 767。

表 10-2　定时器的工作方式与类型

工作方式	时基/ms	最大定时范围/s	定时器号
TONR	1	32.767	T0、T64
	10	327.67	T1～T4、T65～T68
	100	3 276.7	T5～T31、T69～T95
TON/TOF	1	32.767	T32、T96
	10	327.67	T33～T36、T97～T100
	100	3 276.7	T37～T63、T101～T255

1. 接通延时定时器 TON

使能输入端 IN 接通时，定时器位为 OFF，当前值从 0 开始递增，当前值达到设定值 PT 时，定时器位为 ON，当前值仍连续计数至 32 767。使能输入端 IN 断开，定时器复位，当前值清零，定时器位为 OFF。如图 10-1 所示。

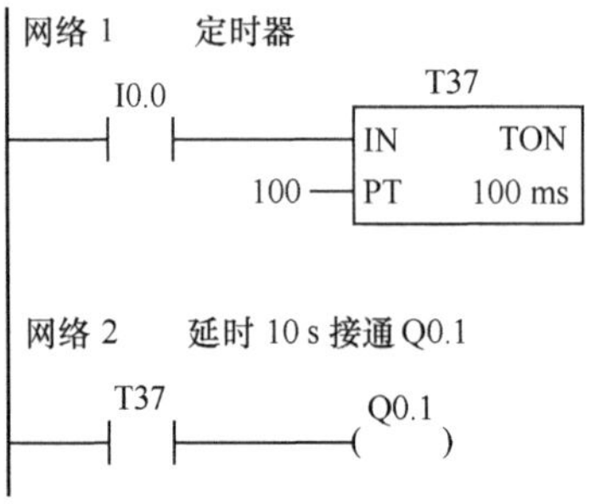

网络 1　定时器
LD　I0.0
TON　T37, 100

网络 2　延时 10 s 接通 Q0.1
LD　T37
=　Q0.1

图 10-1　接通延时定时器 TON

2. 断开延时定时器 TOF

使能输入端 IN 接通时，定时器位为 ON，当前值为 0。使能输入端 IN 断开时，启动定时器，当前值从 0 开始递增，当前值达到设定值 PT 时，定时器位为 OFF，并停止计时，当前值保持。如图 10-2 所示。

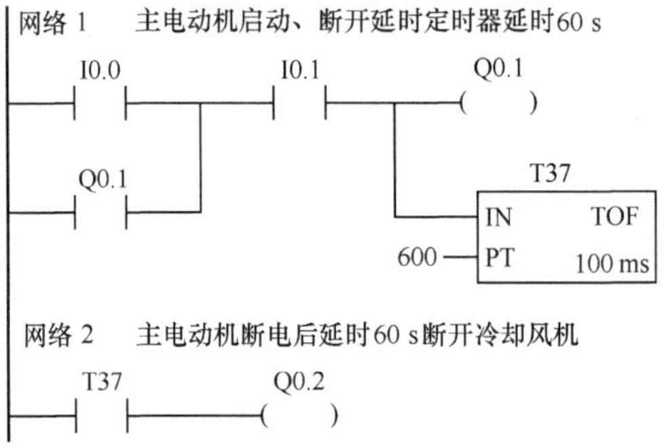

网络 1
LD　I0.0
O　Q0.1
A　I0.1
=　Q0.1
TOF　T37, 600

网络 2
LD　T37
=　Q0.2

图 10-2　断开延时定时器 TOF

3. 保持接通延时定时器 TONR

保持接通延时定时器具有记忆功能，它用于对许多时间间隔的累计定时。上电周期或首次扫描时，定时器位为 OFF，当前值保持为掉电前的值。当使能输入端 IN 接通时，当前值从上次的保持值开始递增，当累计当前值达到设定值 PT 时，定时器位为 ON，当前值仍连续计数至 32 767。需要注意的是，TONR 定时器只能用复位指令 R 对其进行复位操作。如图 10-3 所示。

图 10-4 所示为 3 台电动机顺序启动控制电路与程序。控制要求如下：按下启动按钮，第 1 台电动机 M1 启动；运行 4 s 后，第 2 台电动机 M2 启动；M2 运行 15 s 后，第 3 台电动机 M3 启动。按下停止按钮，3 台电动机全部停止。在启动过程中，指示灯闪烁；在运行过程中，指示灯常亮。电动机顺序启动控制 I/O 分配见表 10-3。

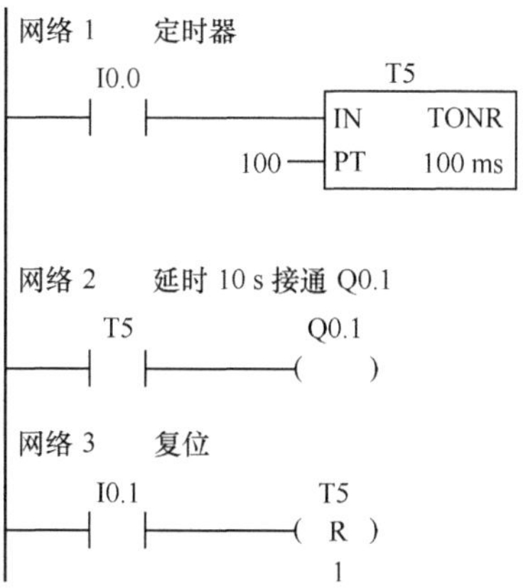


```
网络 1    定时器
LD        I0.0
TONR      T5, 100

网络 2    延时 10 s 接通 Q0.1
LD        T5
=         Q0.1

网络 3    复位
LD        I0.1
R         T5, 1
```

图 10-3　保持接通延时定时器 TONR

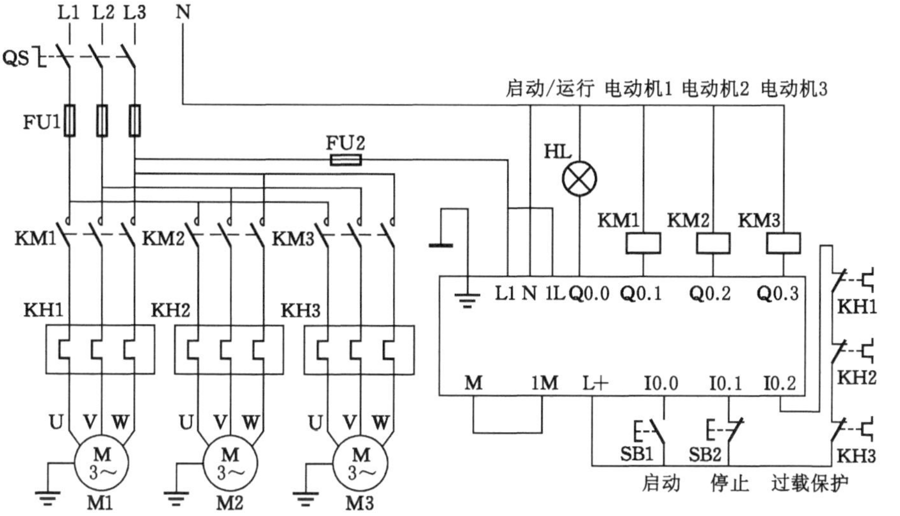

图 10-4　3 台电动机顺序启动控制电路

表 10-3　电动机顺序启动控制 I/O 分配表

输入			输出		
输入继电器	输入元件	作用	输出继电器	输出元件	控制对象
I0.0	SB1 常开触点	启动	Q0.0	指示灯	HL
I0.1	SB2 常闭触点	停止	Q0.1	接触器 KM1	M1
I0.2	KH1、KH2、KH3 常闭触点串联	过载保护	Q0.2	接触器 KM2	M2
			Q0.3	接触器 KM3	M3

3 台电动机顺序启动控制电路程序如图 10-5 所示，在程序网络 4 中，利用特殊存储器 SM0.5 产生的秒周期脉冲使指示灯在启动过程中闪烁。

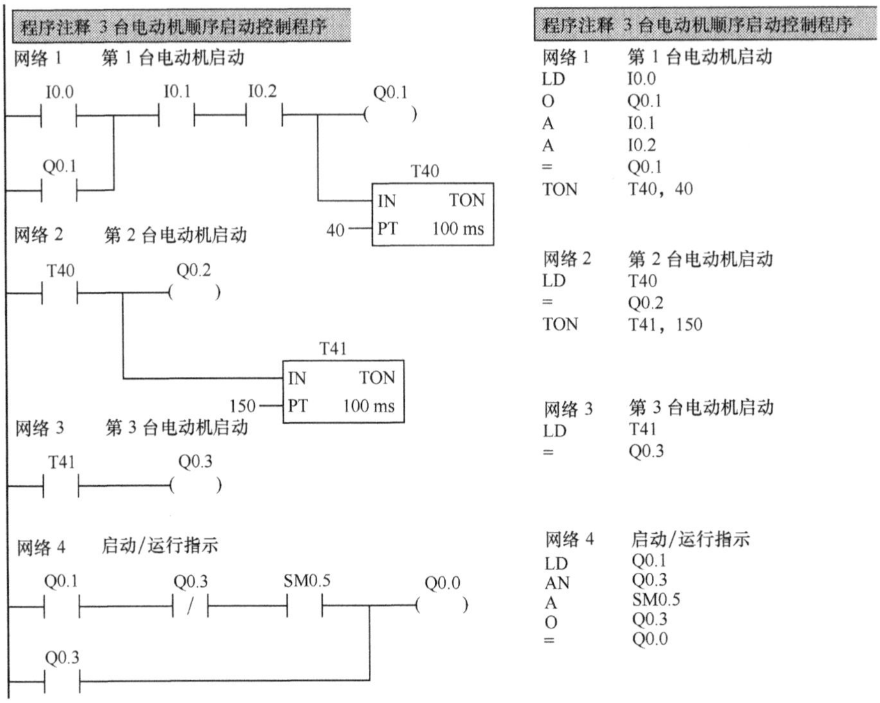

图 10-5　3 台电动机顺序启动控制程序

四、计数器与计数器指令

计数器利用输入脉冲上升沿累计脉冲个数。S7-200 SMART 系列 PLC 有三种计数器，分别为加计数器 CTU、减计数器 CTD 和加减计数器 CTUD。计数器的编址范围为 C0～C255。

1. 加计数器 CTU

首次扫描时，计数器位为 OFF，当前值为 0。在计数脉冲输入端 CU 的每个上升沿，计数器的当前值都加 1。当前值达到设定值 PV 时，计数器位为 ON，当前值可继续计数至 32 767 后停止。复位输入端 R 有效时，计数器自动复位，即计数器位为 OFF，当前值为 0。

如图 10-6 所示，设 I0. 0 连接加计数输入端，I0. 1 连接复位端，计数值为 5 时，输出端 Q0. 1 接通。

2. 减计数器 CTD

首次扫描时，计数器位为 OFF，当前值为设定值 PV。在计数脉冲输入端 CD 的每个上升沿，计数器的当前值都减 1。当前值减小到 0 时，计数器位为 ON，并停止计数。计数器的装载端 LD 有效时，计数器自动复位，即计数器位为 OFF，当前值为设定值 PV。

如图 10-7 所示，I0. 0 接加计数端，I0. 1 接减计数端，I0. 2 接复位端。在当前值大于或等于 4 时，C10 常开触点闭合，Q0. 1 通电；在当前值小于 4 或 I0. 2 接通时，计数器 C10 被复位，其常开触点分断，Q0. 1 断电。

3. 加减计数器 CTUD

加减计数器有两个脉冲输入端，其中 CU 为加 1 计数脉冲输入端，CD 为减 1 计数脉冲

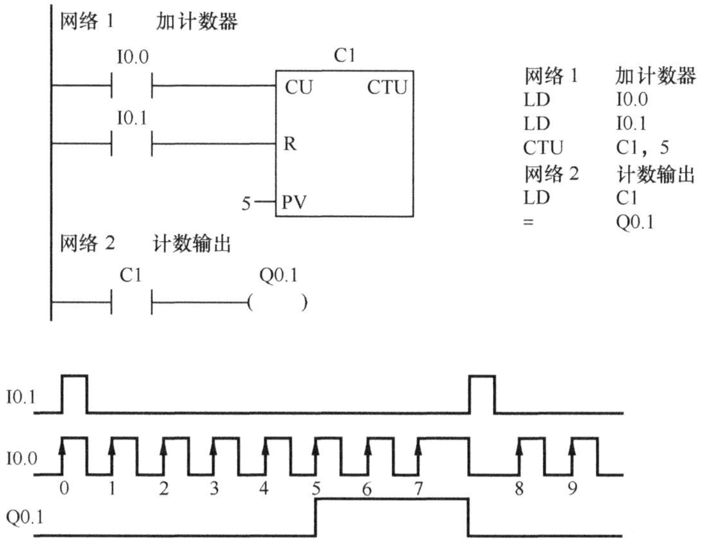

图 10-6　加计数器的应用举例时序图

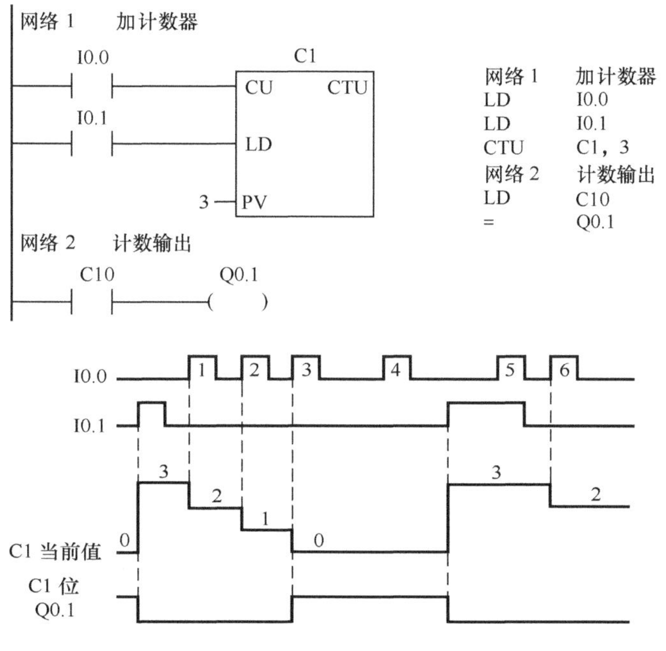

图 10-7　减计数器的应用举例时序图

输入端。如图 10-8 所示，首次扫描时，计数器位为 OFF，当前值为 0。当前值随着 CU/CD 计数脉冲的到来进行加 1/减 1 计数，当前值达到设定值 PV 时，计数器位为 ON。复位输入端 R 有效时，计数器自动复位，即计数器位为 OFF，当前值为 0。

需要注意的是，当计数器当前值达到最大值(32 767)后，下一个 CU 输入脉冲的上升沿将使当前值跳变为最小值(－32 768)；当计数器当前值达到最小值(－32 768)后，下一个 CD 输入脉冲的上升沿将使当前值跳变为最大值(32 767)。

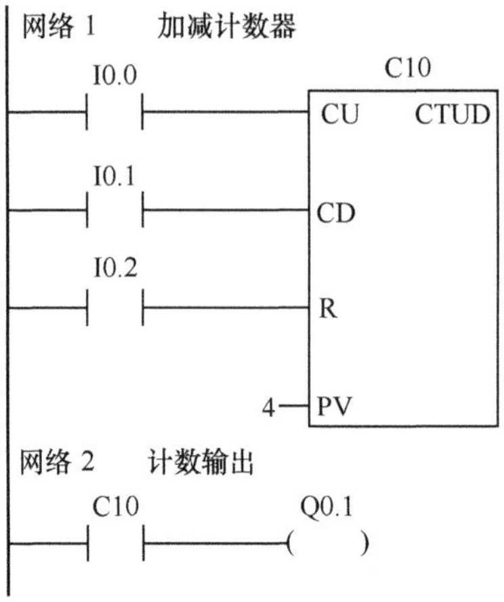


```
网络 1    加减计数器
LD        I0.0
LD        I0.1
LD        I0.2
CTUD      C10, 4

网络 2    计数输出
LD        C10
=         Q0.1
```

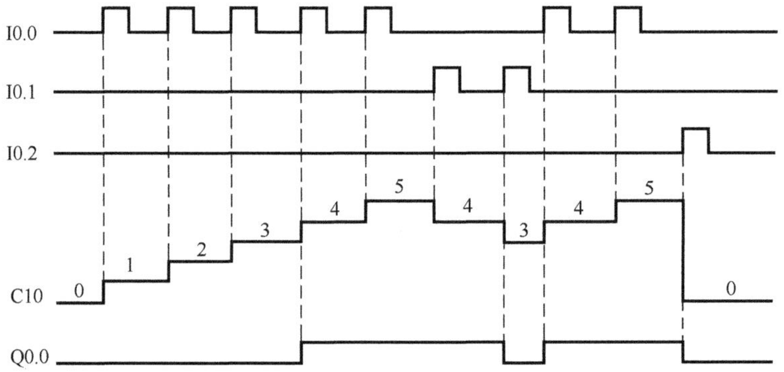

图 10-8　加减计数器的应用举例时序图

五、比较指令

比较指令是将两个操作数按指定条件进行比较,条件成立则触点闭合。在实际控制系统中,比较指令一般用于上下限控制或数值条件的判断。比较指令的类型有:字节比较、整数比较、双整数比较、实数比较四种,见表 10-4。比较指令的运算符包括=、>、≥、<、≤、<>六种。

表 10-4　比较指令的操作数

输入	数据类别	操作数
IN1、IN2	BYTE(字节)	IB、QB、VB、MB、SMB、SB、LB、AC、常数
	INT(整数)	IW、QW、VW、MW、SMW、SW、T、C、LW、AC、AIW、常数
	DINT(双整数)	ID、QD、VD、MD、SMD、SD、LD、AC、HC、常数
	REAL(实数)	ID、QD、VD、MD、SMD、SD、LD、AC、常数

需要注意的是,字节比较用于比较两个字节型整数值 IN1 和 IN2 的大小,是无符号的;而整数比较、双整数比较和实数比较都是有符号的。

如图 10-9 所示,应用比较指令产生断电 6 s、通电 4 s 的脉冲输出信号。

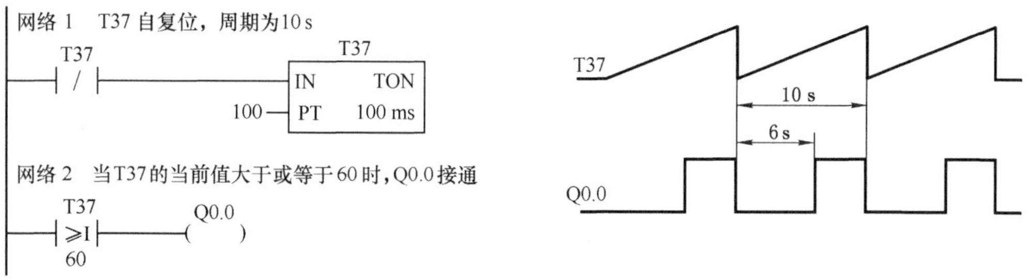

(a) 程序　　(b) 时序图

图 10-9　比较指令应用举例时序图

项目导入

如图 10-10 所示，某带式输送系统由 3 个皮带机组成，其中 1# 皮带机由电动机 M1 带动，2# 皮带机由电动机 M2 带动，3# 皮带机由电动机 M3 带动。按下启动按钮，3# 皮带机先运行，50 s 后 2# 皮带机运行，再过 50 s 后 1# 皮带机运行。按下停止按钮，1# 皮带机先停止运行，30 s 后 2# 皮带机停止运行，再过 30 s 后 3# 皮带机停止运行。试设计 PLC 控制系统。

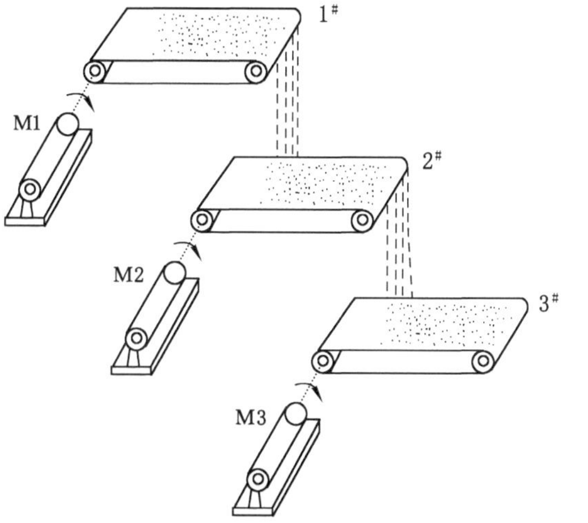

图 10-10　带式输送系统示意图

项目分析

1. 确定 I/O 设备

根据带式输送机的控制要求可以看出，控制系统的输入设备有 2 个，分别为启动按钮和停止按钮；输出设备有 3 个，分别为控制电动机 M1、M2、M3 运行的交流接触器 KM1、KM2、KM3。

2. I/O 分配

由于本控制系统有 2 个输入设备和 3 个输出设备，因此，PLC 至少需要 2 个输入点和 3 个输出点。具体 I/O 分配见表 10-5。

表 10-5　带式输送机控制 I/O 分配表

输入		输出	
输入寄存器	输入设备	输出寄存器	输出设备
I0.0	启动按钮 SB1	Q0.1	KM3
I0.1	停止按钮 SB2	Q0.2	KM2
		Q0.3	KM1

3. 控制程序

根据带式输送机的控制要求编写梯形图程序,如图 10-11 所示。

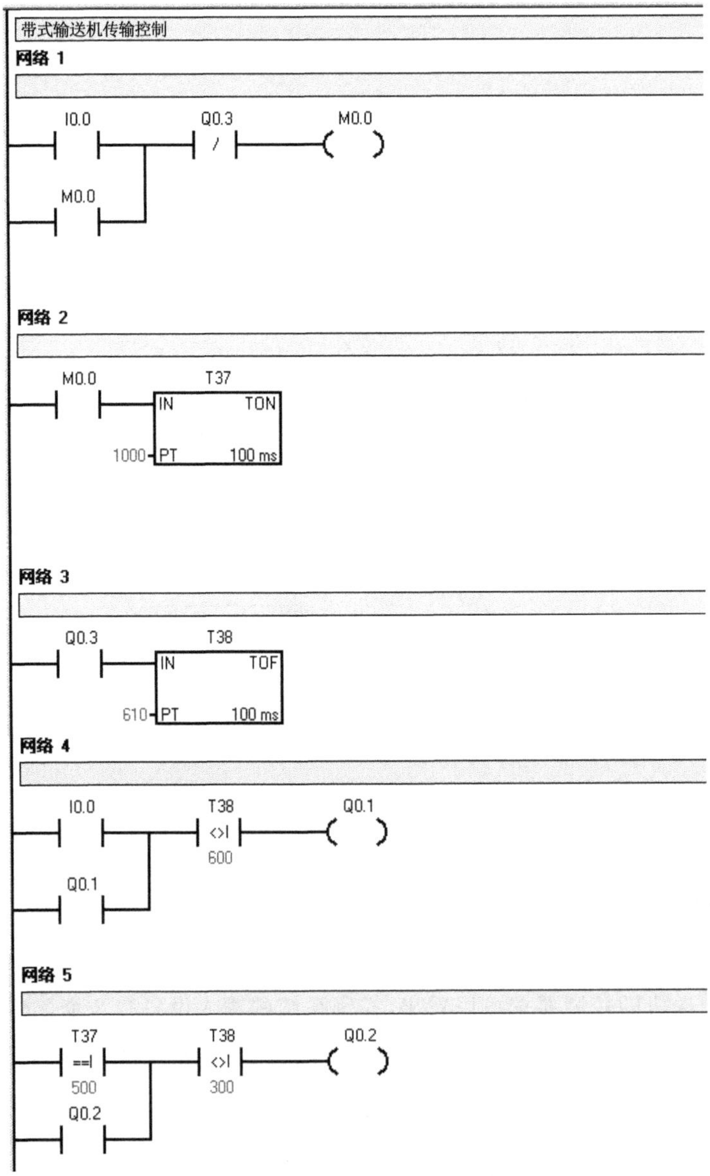

图 10-11　带式输送机控制梯形图程序

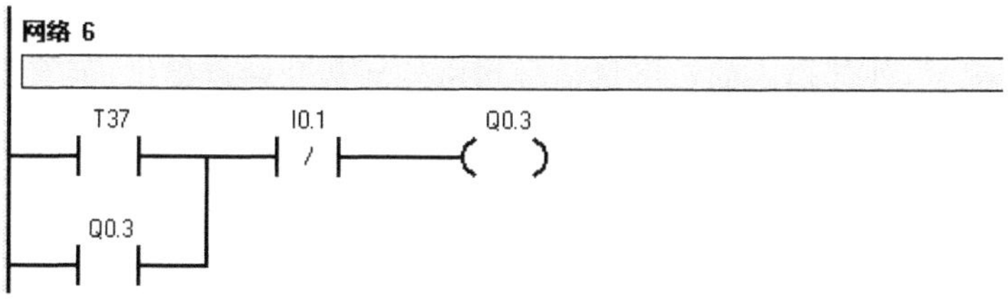

图 10-11(续)

4. 绘制 PLC 外部接线图

根据带式输送机控制 I/O 的分配情况,绘制如图 10-12 所示的 PLC 外部接线图。

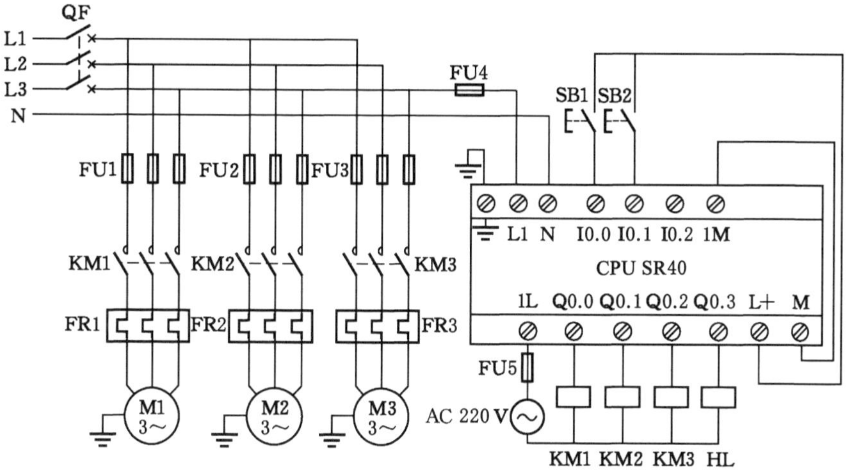

图 10-12 带式输送机控制外部接线图

项目实施

一、工具及器材

工具及器材见表 10-6。

表 10-6 工具及器材

序号	名称及说明	数量	备注
1	PLC 主机模块(S7-CPU SR40)	1	
2	计算机(编程/监控)	1	
3	以太网电缆	1	
4	带三相插头的电源线	1	
5	带式输送机传输设备(套)	1	
6	单按钮	2	
7	连接导线	若干	
8	万用表、螺丝刀(十字口和一字口)、剥线钳、尖嘴钳、斜口钳等	1	

二、操作注意事项

(1) 通常情况下，外部输入的数字量信号均由外部常开触点提供，但有些输入信号只能由外部常闭触点提供，如热继电器 FR，在编程时要注意正确选择其常开、常闭状态。

(2) 程序编辑过程中，可能会出现指令显示不整齐的现象，无须特别处理，只要执行一次“编译”命令即可自动排列整齐。

三、操作步骤

(1) 根据带式输送机控制外部接线图完成 PLC 主机模块与 I/O 设备(启动按钮、停止按钮和电动机 M1、M2、M3)之间的信号线、电源线连接。

(2) 接通电源，使工作方式拨动开关处于“TERM”位置，然后启动编程软件，输入如图 10-11 所示的控制梯形图程序。

(3) 使 PLC 处于“STOP”状态，编译成功后，将程序下载到 PLC 主机。

(4) 将 CPU 置为“RUN”状态，运行梯形图程序。改变各输入设备的状态，观察输出设备的运行情况。

四、项目完成情况评价

项目完成情况评价见表 10-7。

表 10-7　项目完成情况评价(评分细则见附录)

内容	职业素质	专业知识	岗位技能	实操安全	答辩及作业	项目完成结果
占比	20%	20%	20%	10%	10%	20%
同学 1	□优□良 □中□差	□优□良 □中□差	□优□良 □中□差	□优□良 □中□差	□优□良 □中□差	□优□良 □中□差
同学 2	□优□良 □中□差	□优□良 □中□差	□优□良 □中□差	□优□良 □中□差	□优□良 □中□差	□优□良 □中□差
同学 3	□优□良 □中□差	□优□良 □中□差	□优□良 □中□差	□优□良 □中□差	□优□良 □中□差	□优□良 □中□差
教师	□优□良 □中□差	□优□良 □中□差	□优□良 □中□差	□优□良 □中□差	□优□良 □中□差	□优□良 □中□差
总结及自评						
小组同学 签名：		教师 签名：		综合评价：		

知识拓展

一、PLC 的编程语言和程序结构

1. PLC 的编程语言

PLC 为用户提供了完整的编程语言，以适应编写用户程序的需要。PLC 提供的编程语言通常有梯形图、指令表、功能图和功能块图四种。

(1) 梯形图(LAD)：LAD 编程语言是在继电-接触器控制系统原理图的基础上演变而来的，简单明了，易于理解，被称为 PLC 的第一编程语言。在梯形图中，触点代表逻辑“输入”条件，如开关、按钮、内部条件等；线圈通常代表逻辑“输出”结果，如灯、接触器、电磁阀等。对 S7-200 SMART 系列 PLC 来说，还有一种输出“盒”，它代表附加的指令，如定时器、

计数器、功能指令等。

(2) 指令表(STL):STL 编程语言类似于计算机中的助记符语言,它是 PLC 最基础的编程语言。所谓 STL,是用一个或几个容易记忆的字符来代表 PLC 的某种操作功能。指令表编程适合于熟悉 PLC 和有经验的程序员使用。

(3) 功能图(SFC):使用 SFC 可以对具有并发、选择等复杂结构的系统进行编程。

(4) 功能块图(FBD):S7-200 SMART 系列 PLC 专门提供了 FBD 编程语言,利用 FBD 可以查看到类似普通逻辑门图形的逻辑盒指令。FBD 编程语言有利于程序流的跟踪,但在目前使用较少。

2. 梯形图编程的基本规则

(1) 梯形图按“自上而下、从左到右”的顺序编制。与每个输出线圈相连的全部支路形成一个逻辑行,即一层阶梯。它们构成一组逻辑关系,控制一个动作。

(2) 在每一个逻辑行上,当几条支路串联时,串联触点多的应安排在上面;几条支路并联时,并联触点多的应安排在左面。

(3) 梯形图中的触点应画在水平支路上,不应画在垂直支路上。

(4) 在梯形图中,如果两个逻辑行之间互有牵连,逻辑关系又不清晰,应将梯形图进行变换,以便于编程。

(5) 在梯形图中任一支路上的串联触点、并联触点及内部并联线圈的个数一般不受限制。

3. PLC 的程序结构

控制一个任务或过程是通过在 RUN 方式下,使主机循环扫描并连续执行用户程序来实现的,用户程序决定了一个控制系统的功能。

广义的 PLC 程序由用户程序、数据块和参数块三部分构成。

(1) 用户程序:用户程序是必选项,它在存储器空间中也称为组织块,位于最高层次,可以管理其他块。一个完整的用户程序应当包括一个主程序、若干子程序和若干中断程序三大部分。

(2) 数据块:数据块为可选部分,它主要存放控制程序运行所需要的数据。

(3) 参数块:参数块也是可选部分,它存放的是 CPU 组态数据,若在编程软件或其他编程工具上未进行 CPU 的组态,则系统以默认值进行自动配置。

二、电动机 Y-△形降压启动控制

试设计一个 Y-△形降压启动控制系统,当按下启动按钮 SB1 时,接触器 KM1 和 KM3 得电,电动机接成 Y 形启动,6 s 后 KM1 和 KM2 得电,电动机接成△形运行。当按下停止按钮 SB2 时,电动机停止。

1. I/O 分配

Y-△形降压启动控制 I/O 分配见表 10-8。

表 10-8 Y-△形降压启动控制 I/O 分配表

输入		输出	
输入寄存器	输入设备	输出寄存器	输出设备
I0.0	启动按钮 SB1	Q0.0	接触器 KM1
I0.1	停止按钮 SB2	Q0.1	接触器 KM2
I0.2	过载 FR	Q0.2	接触器 KM3

2. 控制电路

Y-△形降压启动控制电路图如图 10-13 所示。

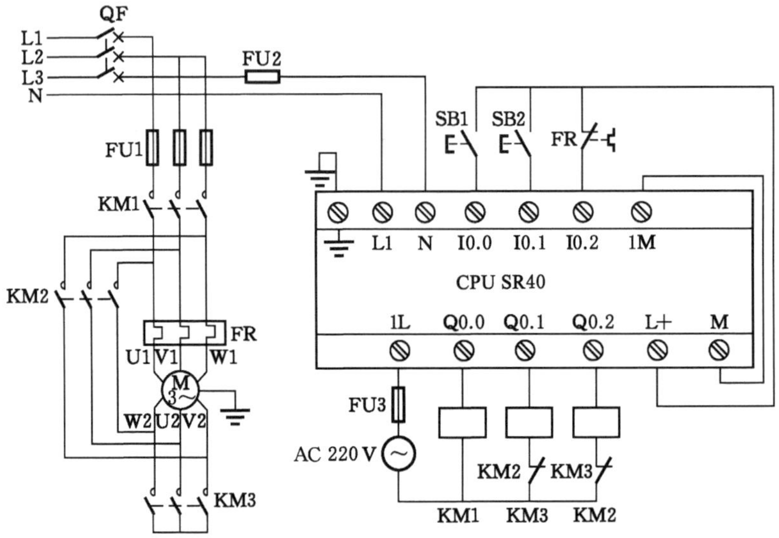

图 10-13　Y-△形降压启动控制电路图

3. 控制程序

Y-△形降压启动控制程序如图 10-14 所示。

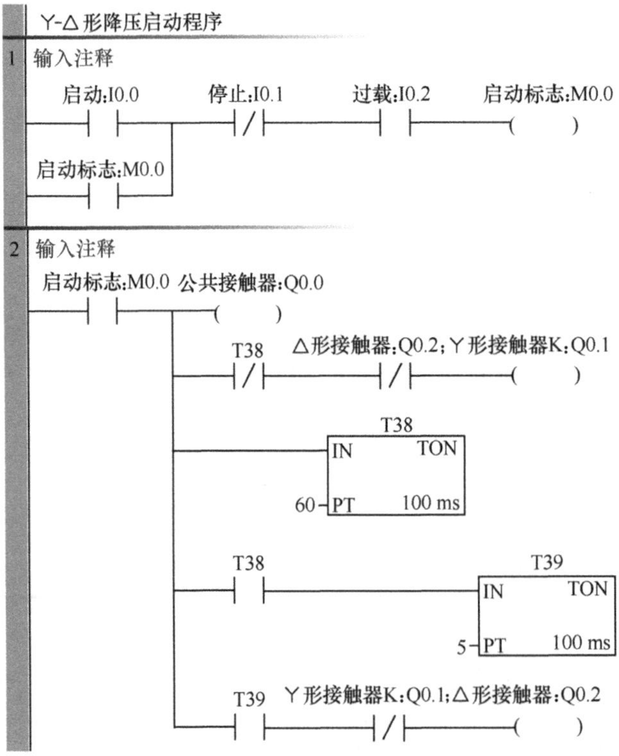

电动机Y-△形降压启动控制的编程与调试微课讲解

图 10-14　Y-△形降压启动控制程序

三、3台电动机的顺序启动

某设备有3台电动机，控制要求：按下启动按钮，第1台电动机M1启动；M1运行5 s后，第2台电动机M2启动；M2运行10 s后，第3台电动机M3启动；按下停止按钮，3台电动机全部停止。在启动过程中，指示灯闪烁；在运行过程中，指示灯常亮。

1. I/O分配

电动机的顺序启动控制I/O分配见表10-9。

表10-9　电动机的顺序启动控制I/O分配表

输入		输出	
输入寄存器	输入设备	输出寄存器	输出设备
I0.0	启动按钮SB1	Q0.1	接触器KM1
I0.1	停止按钮SB2	Q0.2	接触器KM2
I0.2	过载FR	Q0.3	接触器KM3

2. 控制电路

3台电动机的顺序启动控制电路图如图10-15所示。

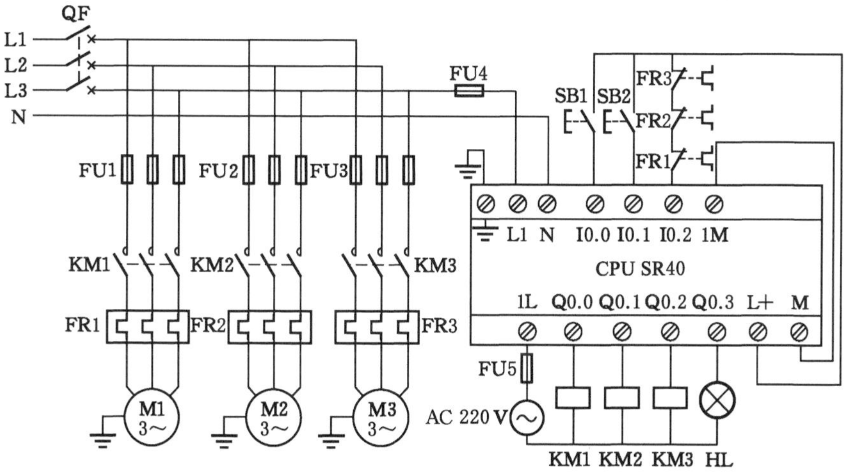

图10-15　3台电动机的顺序启动控制电路图

3. 控制程序

3台电动机的顺序启动控制程序如图10-16所示。

四、输送带计数控制

如图10-17所示，输送带最多输送20个工件，连接I0.0端子的光电传感器对工件进行计数。当计件数量小于15时，指示灯常亮；当计件数量等于或大于15时，指示灯闪烁；当计件数量为20时，10 s后传送带停止，同时指示灯熄灭。

1. I/O分配

输送带计数控制I/O分配见表10-10。

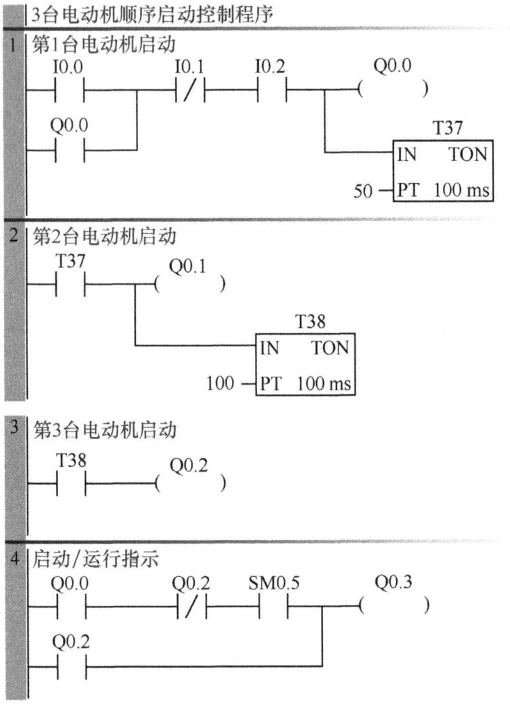

图 10-16　3 台电动机的顺序启动控制程序

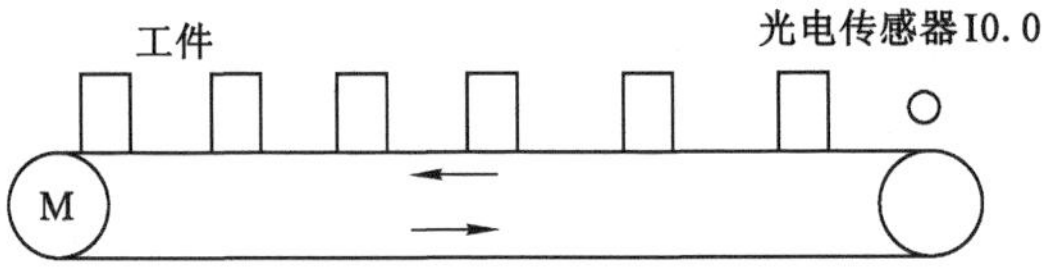

图 10-17　输送带计数示意图

表 10-10　输送带计数控制 I/O 分配表

输入		输出	
输入寄存器	输入设备	输出寄存器	输出设备
I0.0	光电传感器	Q0.1	传送带 KM
I0.1	启动按钮 SB1	Q0.2	指示灯 HL
I0.2	停止按钮 SB2		
I0.3	过载 FR		

2. 控制电路

输送带计数控制电路图如图 10-18 所示。

3. 控制程序

输送带计数控制程序如图 10-19 所示。

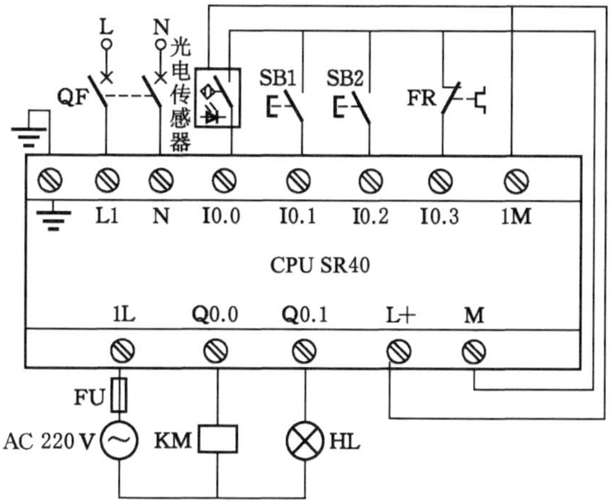

图 10-18 输送带计数控制电路图

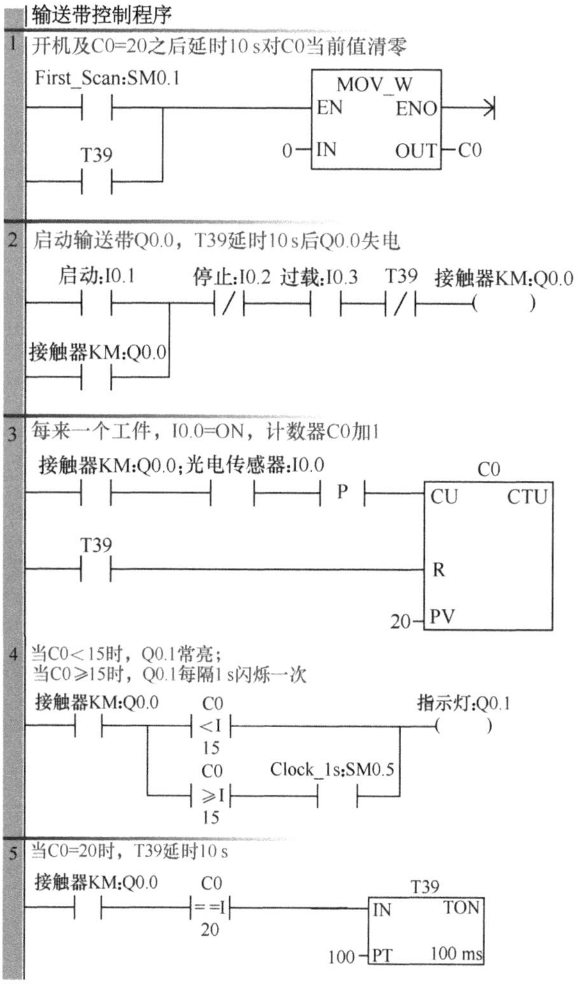

计数控制程序编程与调试微课讲解

图 10-19 输送带计数控制程序

五、十字路口交通信号灯的 PLC 控制

用 PLC 实现交通信号灯(图 10-20)的控制,要求:按下启动按钮后,东西方向绿灯亮 25 s、闪动 3 s,黄灯亮 3 s,红灯亮 31 s;南北方向红灯亮 31 s,绿灯亮 25 s、闪动 3 s,黄灯亮 3 s,如此循环。无论何时按下停止按钮,交通信号灯均全部熄灭,并要求 PLC 断电重启后自动进入 RUN 模式。

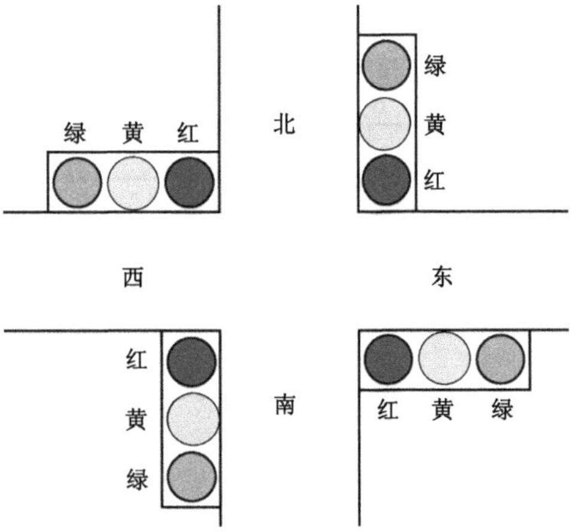

图 10-20 交通信号灯示意图

1. I/O 分配

交通灯控制 I/O 分配见表 10-11。

表 10-11 交通灯控制 I/O 分配表

输入		输出	
输入寄存器	输入设备	输出寄存器	输出设备
I0.0	开始按钮 SB1	Q0.0	东西方向绿灯
I0.1	停止按钮 SB2	Q0.1	东西方向黄灯
		Q0.2	东西方向红灯
		Q0.3	南北方向绿灯
		Q0.4	南北方向黄灯
		Q0.5	南北方向红灯

2. 控制电路

交通信号灯控制电路图如图 11-21 所示。

3. 控制程序

交通信号灯控制程序如图 10-22 所示。

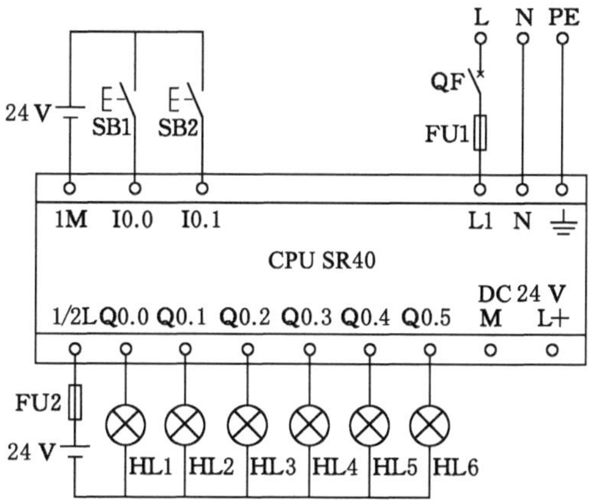

图 10-21　交通信号灯控制电路图

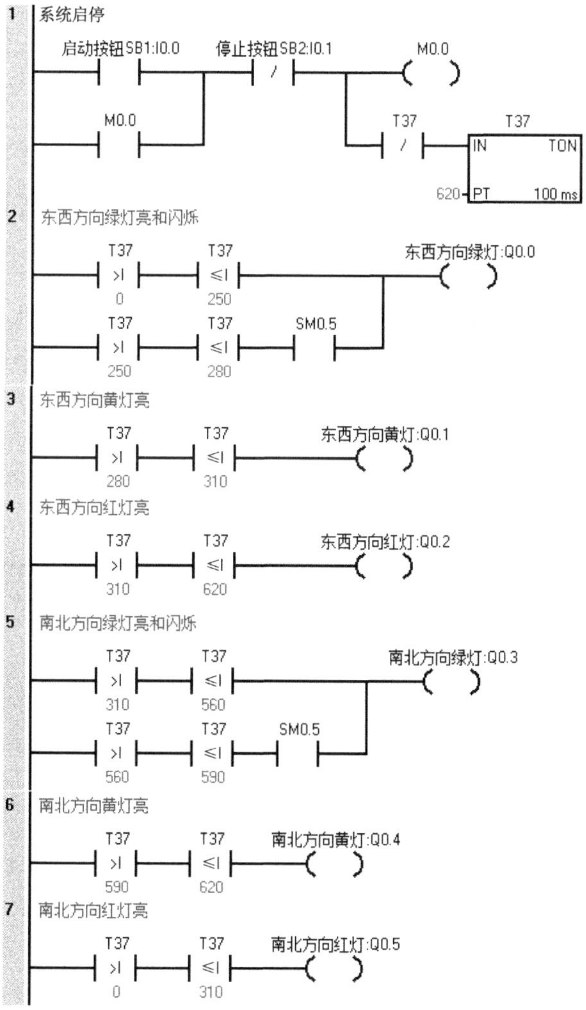

图 10-22　交通信号灯控制程序

技术交流

梯形图逻辑编辑器

The STEP 7-Micro/WIN SMART Ladder Logic(LAD) editor allows you to build programs that resemble an electrical wiring diagram. Ladder programming is the method of choice for many PLC programmers and maintenance personnel; it is an excellent language for beginning programmers. The ladder programs allow the CPU to emulate the flow of electric current from a power source through a series of logical input conditions that in turn enable logical output conditions. The logic is separated into networks. The program is executed as dictated by the program, one network at a time, from left to right and then top to bottom. Once the CPU has reached the end of the program, it starts over again at the top of the program.

The various instructions are represented by graphic symbols and include three basic forms.

Contacts	Represent logic input conditions analogous to switches, buttons, internal conditions and so on
Coils	Usually represent logic output results analogous to lamps, motor starters, interposing relays, internal output conditions and other outputs
Boxes	Represent additional instructions such as timers, counters, or math instructions

The networks that you can build in ladder logic range from the simple to the very complex. You can create networks with midline outputs; you can even connect multiple box instructions in series. Box instructions that can be connected in series are labeled with an Enable Output(ENO) line. If a box has power flow at the EN input and executes without error, the ENO output passes power flow to the next element. ENO can be used as an enable bit that indicates the successful completion of an instruction. The ENO bit is used with the top of stack to affect power flow for execution of subsequent instructions.

巩固练习

1. 某仓库可放置货物 1 000 箱，当货物少于 100 箱时，指示灯 HL1 亮；当货物多于 900 箱时，指示灯 HL2 亮；当货物满 1 000 箱时，报警铃声响，停止货物进仓。

2. 试用一个定时器和一个计数器组合设计一个长时间延时控制程序。要求：打开开关 K 后，经过 7 h 20′30″设备启动运行；断开开关 K，设备停止运行。

3. 单按钮控制某台设备的启动/停止：按一下该按钮，此设备启动运行，再按一下该按钮，此设备停止运行……即奇数次按下按钮输入的是启动信号，偶数次按下按钮输入的是停止信号。试编写控制梯形图程序。

4. 试用定时器指令编程，产生周期为 10 s、占空比为 1∶5 的连续脉冲信号从 Q0.0 输出。

5. 某密码锁有 8 个按键 SB1～SB8，其中 SB7 为开锁的启动按键；SB8 为停止开锁的按键;SB6 为复位按键,按下 SB6,可重新进行开锁;SB1、SB2、SB5 为可按键,SB1 设定的按压次数为 3 次,SB2 设定的按压次数为 2 次,SB5 设定的按压次数为 4 次,5 s 后密码锁自动打开;SB3 和 SB4 为不可按键,一按就报警。除启动按键外,不考虑顺序。试编写控制梯形图程序。

项目十一　基于 PLC 的运料小车往返控制系统编程与调试

学习目标

1. 展示工业现场的自动化生产场景,培养学习者的岗位认同。
2. 熟悉 S7-200 SMART 系列 PLC 变量存储器的编址规则。
3. 掌握 S7-200 SMART 系列 PLC 数据传送、数据移位指令的功能及应用。
4. 掌握 S7-200 SMART 系列 PLC 顺序控制指令、程序控制指令的编程方式。
5. 培养学习者领会工业编程的思维方式,具备典型项目的设计与调试能力。

相关知识

一、输入/输出继电器的表示格式

输入/输出继电器的表示格式见表 11-1、表 11-2。

表 11-1　输入继电器的表示格式

位	I0.0～I0.7 … I15.0～I15.7	128 点
字节	IB0,IB1,…,IB15	16 个
字	IW0,IW2,…,IW14	8 个
双字	ID0、ID4、ID8、ID12	4 个

表 11-2　输出继电器的表示格式

位	Q0.0～Q0.7 … Q15.0～Q15.7	128 点
字节	QB0,QB1,…,QB15	16 个
字	QW0,QW2,…,QW14	8 个
双字	QD0,QD4,QD8,QD12	4 个

(1) 位

位表示格式为:I[字节地址].[位地址]。例如,I1.0 表示输入继电器第 1 个字节的第 0 位。

(2) 字节

字节表示格式为:IB[起始字节地址]。例如,IB0 表示输入继电器第 0 个字节,共 8 位,如图 11-1 所示。

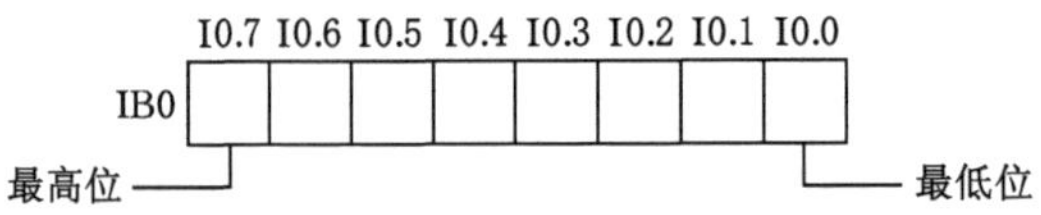

图 11-1　字节表示格式

(3) 字

字表示格式为:IW[起始字节地址]。例如,IW0 中 IB0 是高 8 位,IB1 是低 8 位,如图 11-2 所示。

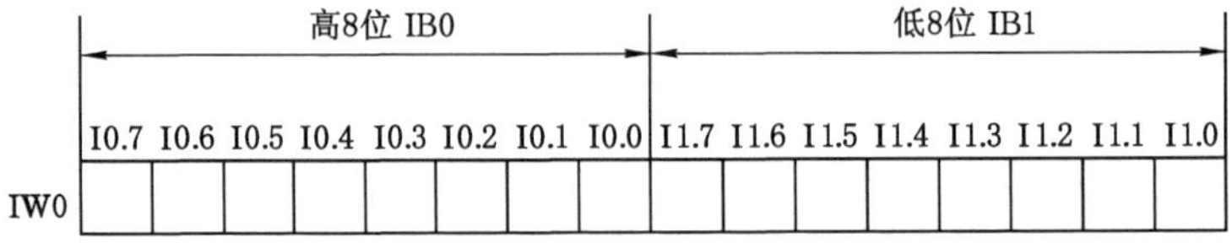

图 11-2　字表示格式

(4) 双字

双字表示格式为:ID[起始字节地址]。例如,ID0 中 IB0 是最高 8 位,IB1 是高 8 位,IB2 是低 8 位,IB3 是最低 8 位,如图 11-3 所示。

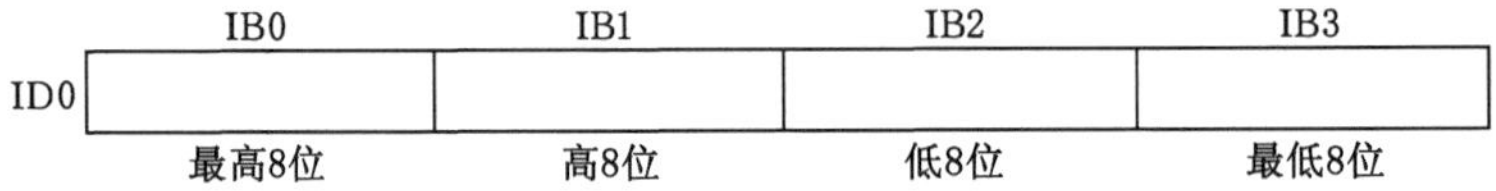

图 11-3　双字表示格式

二、数据传送指令

数据传送指令的格式与功能说明见表 11-3。

表 11-3　数据传送指令的格式与功能说明

指令名称	IN/OUT 数据类型	LAD	STL	功能	操作数
字节块传送	BYTE	BLKMOV_B EN ENO IN OUT N	BMB IN、OUT、N	字节块传送、字块传送、双字块传送指令将已分配数据值块从源存储单元(起始地址 IN 和连续地址)传送到新存储单元(起始地址 OUT 和连续地址)。参数 N 分配要传送的字节、字或双字数。存储在源单元的数据值块不变。 I 的取值范围是 1～255	IN:IB、QB、VB、MB、SMB、SB、LB; OUT:IB、QB、VB、MB、SMB、SB、LB
字块传送	WORD、INT	BLKMOV_W EN ENO IN OUT N	BMW IN、OUT、N		IN: IW、QW、VW、MW、SMW、SW、T、C、LW、AIW; OUT: IW、QW、VW、MW、SMW、SW、T、C、LW、AQW
双字块传送	DWORD、DINT	BLKMOV_D EN ENO IN OUT N	BMD IN、OUT、N		IN:ID、QD、VD、MD、SMD、SD、LD; OUT: ID、QD、VD、MD、SMD、SD、LD

表 11-3(续)

指令名称	IN/OUT 数据类型	LAD	STL	功能	操作数
EN	BOOL	当使能端 EN 有效时，将从输入 IN 开始的 *N* 个字节、字、双字传送到 OUT 的起始地址中，在传送过程中数据内容保持不变			I、Q、M、T、C、SM、V、S、L
N	BYTE	指定源数据个数			IB、QB、VB、MB、SMB、SB、LB、AC、常数

(1) 单个数据传送指令：一次完成一个字节、字、双字的传送。

① 字节传送指令：MOV_B。

② 字传送指令：MOV_W。

③ 双字传送指令：MOV_DW。

(2) 数据块传送：一次可完成 *N* 个数据的成组传送。

① 字节的数据块传送指令：BLKMOV_B。

② 字的数据块传送指令：BLKMOV_W。

③ 双字的数据块传送指令：BLKMOV_D。

(3) 字节交换指令 SWAP：用来实现字的高、低字节内容的交换。字节交换指令的格式与功能说明见表 11-4。

表 11-4　字节交换指令的格式与功能说明

指令名称	IN/OUT 数据类型	LAD	STL	功能	操作数
字节交换	WORD	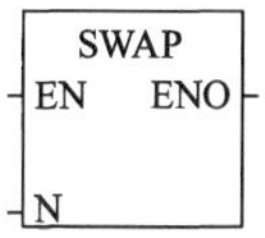	SWAP IN	字节交换指令用于交换字 IN 的最高有效字节和最低有效字节	IN：IW、QW、VW、MW、SMW、SW、T、C、LW、AC
EN	BOOL	允许输入			I、Q、M、SM、V、S、L

三、移位指令

移位指令的格式与功能说明见表 11-5。

移位指令使用说明如下：

(1) 移位指令可以以字节、字和双字作为移位长度进行移位。

(2) 只要满足移位指令的使能端条件，IN 中的数据就会左移或右移 *N* 位，并将结果保存在 OUT 中。

(3) 因为满足移位指令使能端的执行条件时，每一个扫描周期都会执行移位指令。所以在实际应用中，常采用上升沿或下降沿脉冲，保证使能端的条件满足时，只移位一次。

(4) 移位指令对移出位自动补零。如果移动位数 *N* 大于或等于允许的最大值(字节操作为 8、字操作为 16、双字操作为 32)，则实际移动的位数为最大允许值。

(5) 如果移位位数 *N* 大于 0，则最后移出位的数值将保存在溢出位 SM1.1 中；如果移位结果为 0，则零标志位 SM1.0 将被置 1。

表 11-5　移位指令的格式与功能说明

指令名称	LAD	STL	功能	操作数
字节左移	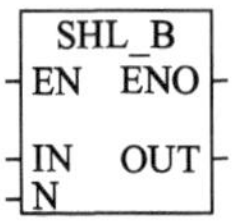	SLB OUT、N	当使能端 EN 有效时，移位指令将 IN 中的数据向左或向右移动 *N* 位后，把结果保存到 OUT 指定的存储单元中	IN(数据类型 BYTE)：IB、QB、VB、MB、SMB、SB、LB、AC、常数； OUT(数据类型 BYTE)：IB、QB、VB、MB、SMB、SB、LB、AC； N(数据类型 BYTE)：IB、QB、VB、MB、SMB、SB、LB、AC、常数
字节右移	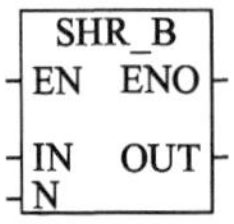	SRB OUT、N		
字左移	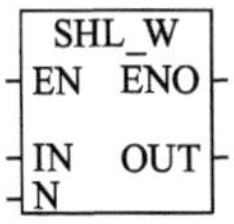	SLW OUT、N		IN(数据类型 WORD)：IW、QW、VW、MW、SMW、SW、T、C、LW、AC、AIW、常数； OUT(数据类型 WORD)：IW、QW、VW、MW、SMW、SW、T、C、LW、AC； N(数据类型 BYTE)：IB、QB、VB、MB、SMB、SB、LB、AC、常数
字右移	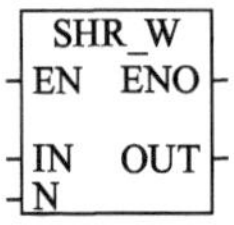	SRW OUT、N		
双字左移		SLD OUT、N		IN(数据类型 DWORD)：ID、QD、VD、MD、SMD、SD、LD、AC、HC、常数； OUT(数据类型 DWORD)：ID、QD、VD、MD、SMD、SD、LD、AC； N(数据类型 BYTE)：IB、QB、VB、MB、SMB、SB、LB、AC、常数
双字右移	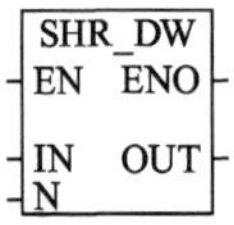	SRD OUT、N		

该指令有 3 个数据输入端。当使能端 EN 有效时，数据位 DATA 在每一个程序扫描周期均移入寄存器的最低位(*N* 为正时)或最高位(*N* 为负时)，寄存器的其他位则依次左移(*N* 为正时)或右移(*N* 为负时)一位。

N 指定移位寄存器的长度，最大长度为 64 位。S-BIT 为移位寄存器的最低位端。DATA 为数值输入端，用边沿跳变来控制使能端的状态。

四、循环移位指令

循环左、右移位指令：循环移位指令将移位数据存储单元的首尾相连，同时又与溢出标志位 SM1.1 连接。

循环移位指令的格式与功能说明见表 11-6。

(1) 循环移位指令可以以字节、字和双字作为移位长度进行循环移位。

(2) 只要满足循环移位指令的使能端条件，IN 中的数据就会循环左移或循环右移 *N* 位，并将结果保存在 OUT 中。循环移位是环形的，即被移出的位将返回到另一端空出来的位置。移出的最后移位数值存放在溢出位 SM1.1。

表 11-6 循环移位指令的格式与功能说明

指令名称	LAD	STL	功能	操作数
循环字节左移	ROL_B EN ENO IN OUT N	RLB OUT、N	当使能端 EN 有效时，移位指令将 IN 中的数据向左或向右移动 *N* 位后，把结果保存到 OUT 指定的存储单元中。循环移位操作为循环操作	IN(数据类型 BYTE)：IB、QB、VB、MB、SMB、SB、LB、AC、常数； OUT(数据类型 BYTE)：IB、QB、VB、MB、SMB、SB、LB、AC； N(数据类型 BYTE)：IB、QB、VB、MB、SMB、SB、LB、AC、常数
循环字节右移	ROR_B EN ENO IN OUT N	RRB OUT、N		
循环字左移	ROL_W EN ENO IN OUT N	RLW OUT、N		IN(数据类型 WORD)：IW、QW、VW、MW、SMW、SW、T、C、LW、AC、AIW、常数； OUT(数据类型 WORD)：IW、QW、VW、MW、SMW、SW、T、C、LW、AC； N(数据类型 BYTE)：IB、QB、VB、MB、SMB、SB、LB、AC、常数
循环字右移	ROR_W EN ENO IN OUT N	RRW OUT、N		
循环双字左移	ROL_DW EN ENO IN OUT N	RLD OUT、N		IN(数据类型 DWORD)：ID、QD、VD、MD、SMD、SD、LD、AC、HC、常数； OUT(数据类型 DWORD)：ID、QD、VD、MD、SMD、SD、LD、AC； N(数据类型 BYTE)：IB、QB、VB、MB、SMB、SB、LB、AC、常数
循环双字右移	ROR_DW EN ENO IN OUT N	RRD OUT、N		

(3) 如果满足循环移位指令使能端的执行条件，每一个扫描周期都会执行循环移位指令。在实际应用中，常采用上升沿或下降沿脉冲，保证使能端的条件满足时，只循环移位一次。

(4) 如果循环移位位数 *N* 大于或等于操作的最大值(字节操作为 8、字操作为 16、双字操作为 32)，执行循环移位之前先对 *N* 进行求模运算以获得有效循环移位位数。

(5) 如果循环移位位数不是 8 的整倍数(对于字节操作)、16 的整倍数(对于字操作)或 32 的整倍数(对于双字操作)，则将循环移出的最后一位的值复制到溢出存储器位 SM1.1。如果要循环移位的值为零，则零存储器位 SM1.0 将置位。

(6) 字节操作是无符号操作。对于字操作和双字操作，使用有符号数据类型时，也会对符号位进行循环移位。

五、跳转指令

跳转指令的格式与功能说明见表 11-7。

表 11-7 跳转指令的格式与功能说明

指令名称	LAD	STL	功能	操作数
跳转	*N* —(JMP)	JMP *N*	跳转指令 JMP 对程序中的标号 *N* 执行分支操作	*N*=0～255
跳转地址标号	*N* LBL	LBL *N*	跳转地址标号指令 LBL 用于标记跳转目的地 *N* 的位置	

跳转指令 JMP 和跳转地址标号指令(LBL)配合实现程序的跳转。当跳转指令的使能输入有效时,程序跳转到指定标号 *N* 处执行(在同一程序内)。跳转地址标号指令标记跳转目的地的位置,跳转标号 *N*=0～255;使能输入无效时,程序顺序执行。

程序的循环结构用于描述一段程序的重复循环执行,由循环指令 FOR 和 NEXT 指令构成程序的循环体,FOR 指令标记循环的开始,NEXT 指令标记循环的结束。FOR 和 NEXT 必须配对使用。当使能输入 EN 有效时,循环体开始执行,执行到 NEXT 指令时返回。每执行一次循环体,当前计数器 INDX 加 1,直到达到终值 FINAL 时循环结束。INIT 为循环次数初始值。

跳转指令使用说明如下:

(1) 跳转指令和跳转地址标号指令必须成对出现,且允许多条跳转指令使用同一标号,但不允许一个跳转指令对应两个标号,即在同一程序中不允许存在两个相同的标号。

(2) 跳转指令只能在同一程序块中使用,如主程子、同一子程序或同一中断程序,不能在不同的程序块中相互跳转。

六、子程序调用及子程序返回指令

子程序调用及子程序返回指令格式与功能说明见表 11-8。

表 11-8 子程序调用及子程序返回指令格式与功能说明

指令名称	LAD	STL	功能	操作数
子程序调用	SBR_*N* —EN	CALL SBR_*N*	当使能输入端 EN 有效时,将程序执行转移至编号为 SBR_*N* 的子程序。子程序的编号 *N* 从 0 开始,随着子程序数量的增加自动生成	*N*=0～127
子程序返回	——(RET)	CRET	子程序返回	无

通常将具有特定功能,并多次使用的程序段作为子程序。子程序有子程序调用和子程序返回两大类指令。子程序调用指令用在主程序或其他调用子程序的程序中。子程序返回指令又分条件返回和无条件返回指令两类。子程序的无条件返回指令无须用户输入,梯形图指令系统能够自动生成。

子程序调用指令(CALL SBR-*N*)编写在主程序中,子程序返回指令(CRET)编写在子程序中。子程序标号 *N* 的范围是 0～63。子程序可以不带参数调用,也可以带参数调用。带参数调用的子程序必须事先在局部变量表里对参数进行定义,最多可以传递 16 个参数,参数的变量名最多为 23 个字符。

七、顺序控制指令

1. 顺序控制功能图

程序控制指令示例微课讲解

顺序控制功能图(SFC)又称状态转移图，它是描述控制系统的控制过程、功能和特性的一种图形，是按照顺序控制的思想，根据控制过程输出量的状态变化情况，将一个工作周期划分为若干顺序相连的步。在任何一步内，各输出量状态保持不变，但相邻两步输出量的状态是不同的。因此，可以将程序的执行分成若干程序步，通常用顺序控制状态寄存器的位代表程序的状态步 M，主要用于设计具有明显阶段性工作顺序的系统。一个控制过程可以分为若干工序(或阶段)，将这些工序称为状态。状态与状态之间由转换条件分隔，相邻的状态具有不同的动作形式。转换条件可以是外部输入信号，如按钮、开关等，也可以是程序运行过程中产生的信号，如定时器、计数器常开触点的接通等。转换条件还可以是若干信号逻辑运算的组合。

2. 顺序控制状态寄存器

顺序控制状态寄存器又称状态元件，主要用于组织设备的顺序操作或进入等效程序段工步。顺序控制状态寄存器的地址编号范围为 S0.0～S31.7，既可以按位寻址，也可以按字节、字或双字寻址。

3. 顺序控制指令

顺序控制指令有三条：装载顺序控制继电器 LSCR 指令，用来表示一个 SCR(即顺序功能图中的步)的开始；顺序控制继电器转换 SCRT 指令，用来表示 SCR 段之间的转换，即活动状态的转换；顺序控制继电器结束 SCRE 指令，用来表示 SCR 段的结束。

从 LSCR 指令开始到 SCRE 指令结束的所有指令组成一个顺序控制程序段。LSCR 指令标记一个程序段的开始，当该段的状态位为 ON 时，表示允许该程序段工作；当 SCRT 指令的输入端有效时，一方面置位下一个程序段的状态位，另一方面又同时使该程序段的状态位复位。程序段必须用 SCRE 指令结束。

例如，根据舞台灯光效果的要求控制红、绿、黄三色灯。要求：红灯先亮，2 s 后绿灯亮，再过 2 s 后黄灯亮。待红、绿、黄灯全亮 3 min 后，全部熄灭，试用 SCR 指令设计其控制程序。舞台灯光控制 I/O 分配见表 11-9，三色灯控制电路如图 11-4 所示。

表 11-9　舞台灯光控制 I/O 分配表

输入		输出	
输入寄存器	输入设备	输出寄存器	输出信号
I 0.1	启动按钮 SB1	Q 0.0	红灯
		Q 0.1	绿灯
		Q 0.2	黄灯

三色灯顺序控制程序如图 11-5 所示。

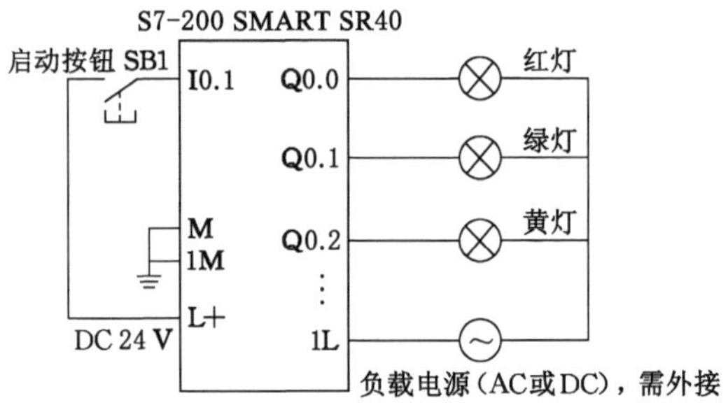

图 11-4　三色灯顺序控制电路图

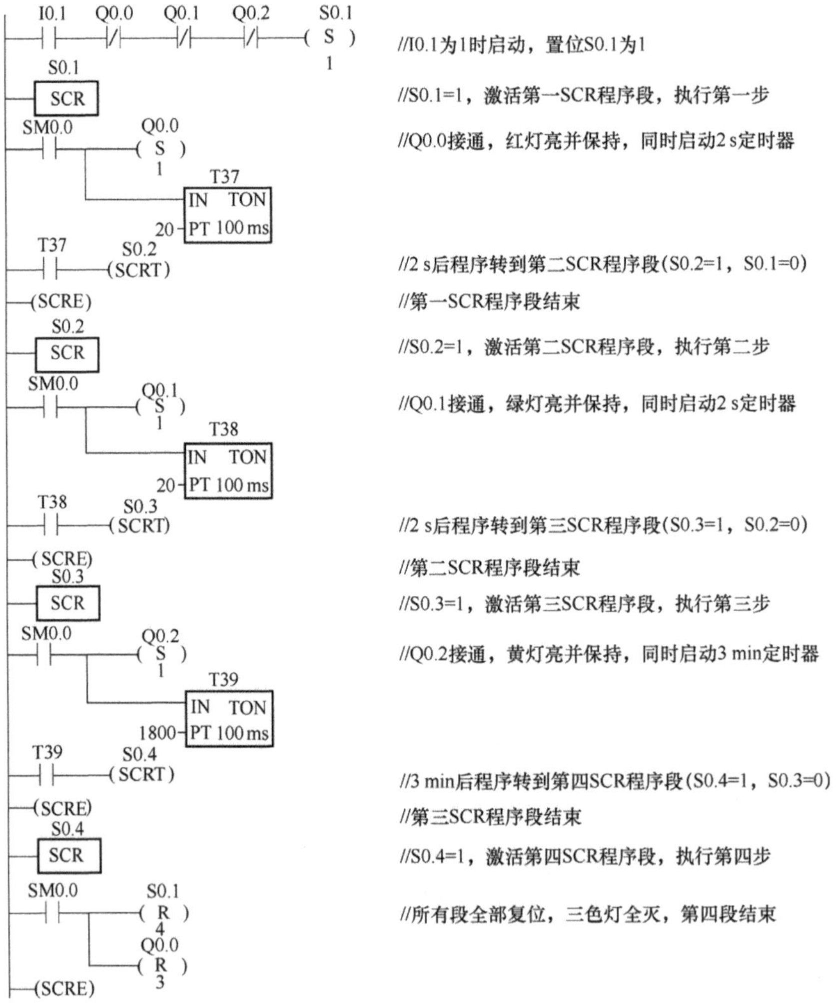

图 11-5　三色灯顺序控制程序

项目导入

如图 11-6 所示，运料小车可以在甲地和乙地之间往返运行。要求设计 PLC 控制程序，使小车实现以下三种运行方式：手动运行、自动单周期运行和自动循环运行。

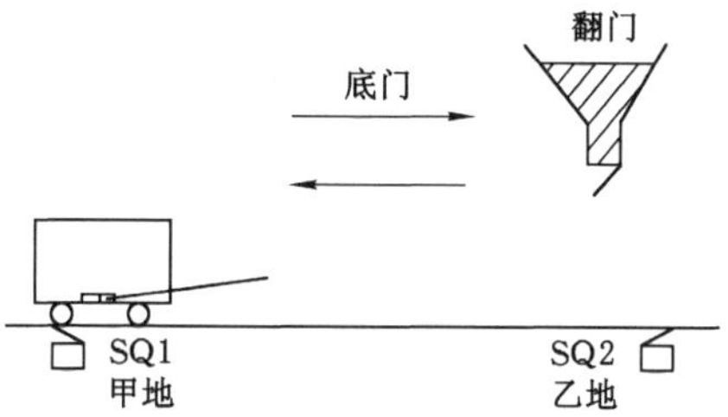

运料小车控制系统
编程与调试微课讲解

图 11-6 运料小车运行示意图

项目分析

1. I/O 分配

运料小车运行控制 I/O 分配见表 11-10。

表 11-10 运料小车运行控制 I/O 分配表

输入		输出	
输入寄存器	输入设备	输出寄存器	输出信号
I0.0	SB0	Q0.0	小车前行
I0.1	SQ2	Q0.1	翻门打开
I0.2	SQ1	Q0.2	小车后行
I0.3	手动选择开关	Q0.3	底门打开
I0.4	自动单周期选择开关		
I0.5	自动循环选择开关		
I0.6	SB1		
I0.7	SB2		
I1.0	SB3		
I1.1	SB4		

2. 控制要求

(1) 手动运行：手动选择开关处于 ON 状态，按下按钮 SB1 且底门关闭时，小车向前运行直到压下乙地行程开关 SQ2；按下按钮 SB3，漏斗翻门打开，物料装入小车，10 s 后翻门自动关闭；按下按钮 SB2，小车向后运行直到压下甲地行程开关 SQ1；按下按钮 SB4，小车底门打开，将物料卸下，5 s 后小车底门自动关闭。

(2) 自动单周期运行：自动单周期选择开关处于 ON 状态，若小车已位于甲地且小车底门已关闭，按下启动按钮 SB0，小车向前运行至乙地，压下行程开关 SQ2 后，翻门自动打开，10 s 后翻门关闭，小车开始向后运行，到达甲地压下行程开关 SQ1 后，底门自动打开，5 s 后关闭。完成一次循环，小车将停留在甲地等待下一次启动。

(3) 自动循环运行：自动循环选择开关处于 ON 状态，若小车已位于甲地且小车底门已关闭，按下启动按钮 SB0，小车将从甲地到乙地自动往复循环运行。

3. 控制程序

运料小车运行控制梯形图程序如图 11-7 所示。

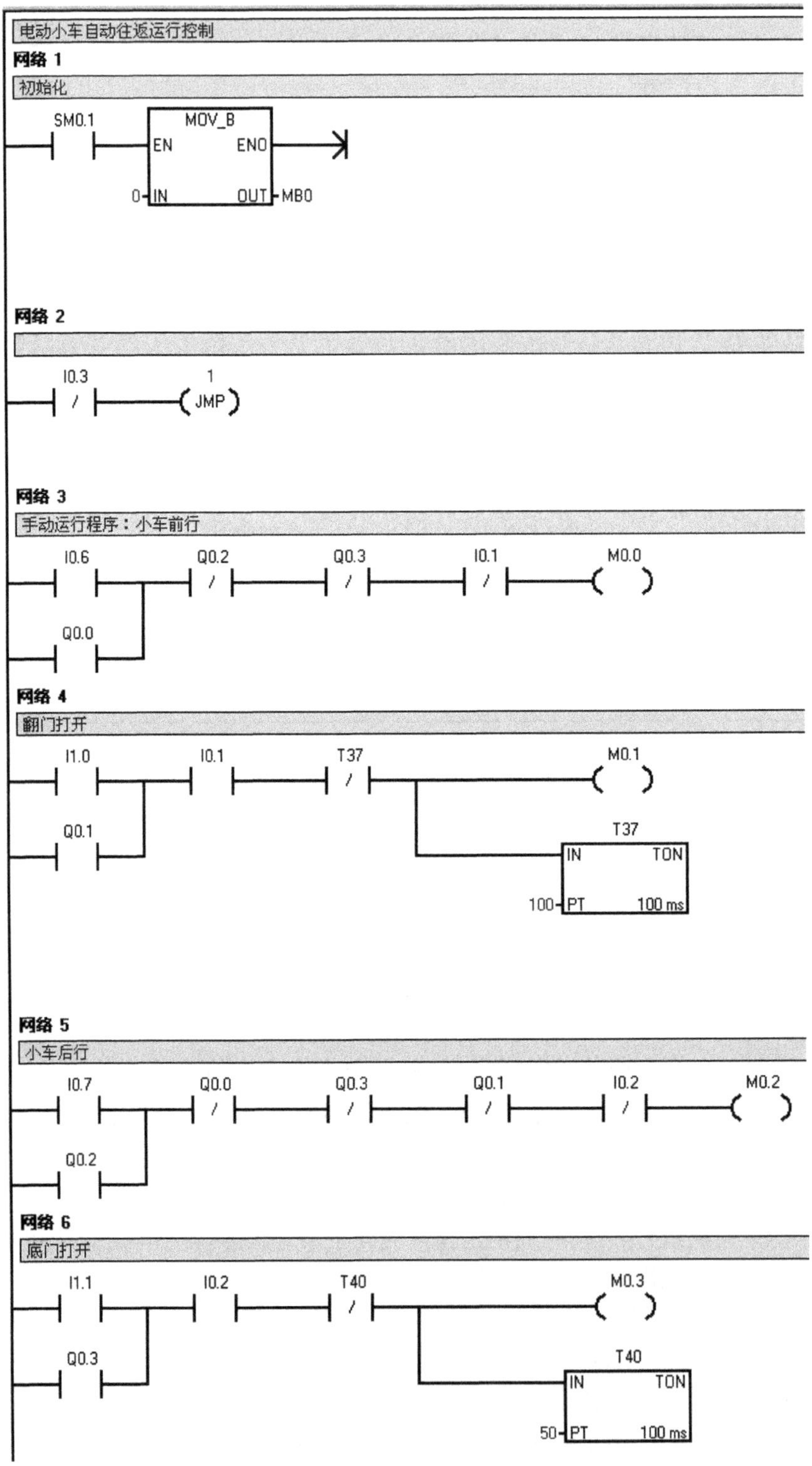

图 11-7　运料小车运行控制梯形图程序

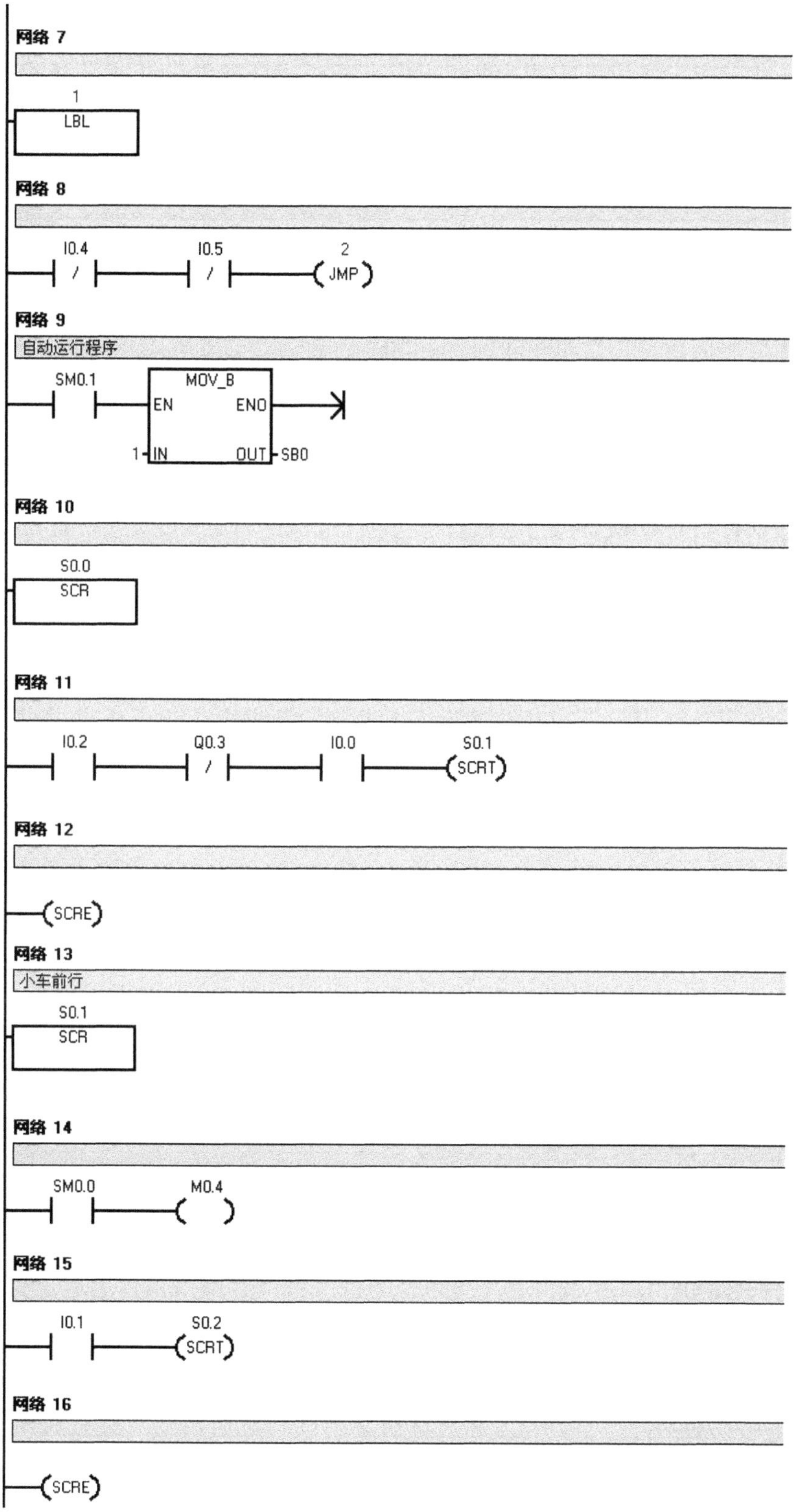
网络 7
1
LBL
网络 8
I0.4
I0.5
2
JMP
网络 9
自动运行程序
SM0.1
MOV_B
EN
ENO
1
IN
OUT
SB0
网络 10
S0.0
SCR
网络 11
I0.2
Q0.3
I0.0
S0.1
SCRT
网络 12
SCRE
网络 13
小车前行
S0.1
SCR
网络 14
SM0.0
M0.4
网络 15
I0.1
S0.2
SCRT
网络 16
SCRE

图 11-7(续)

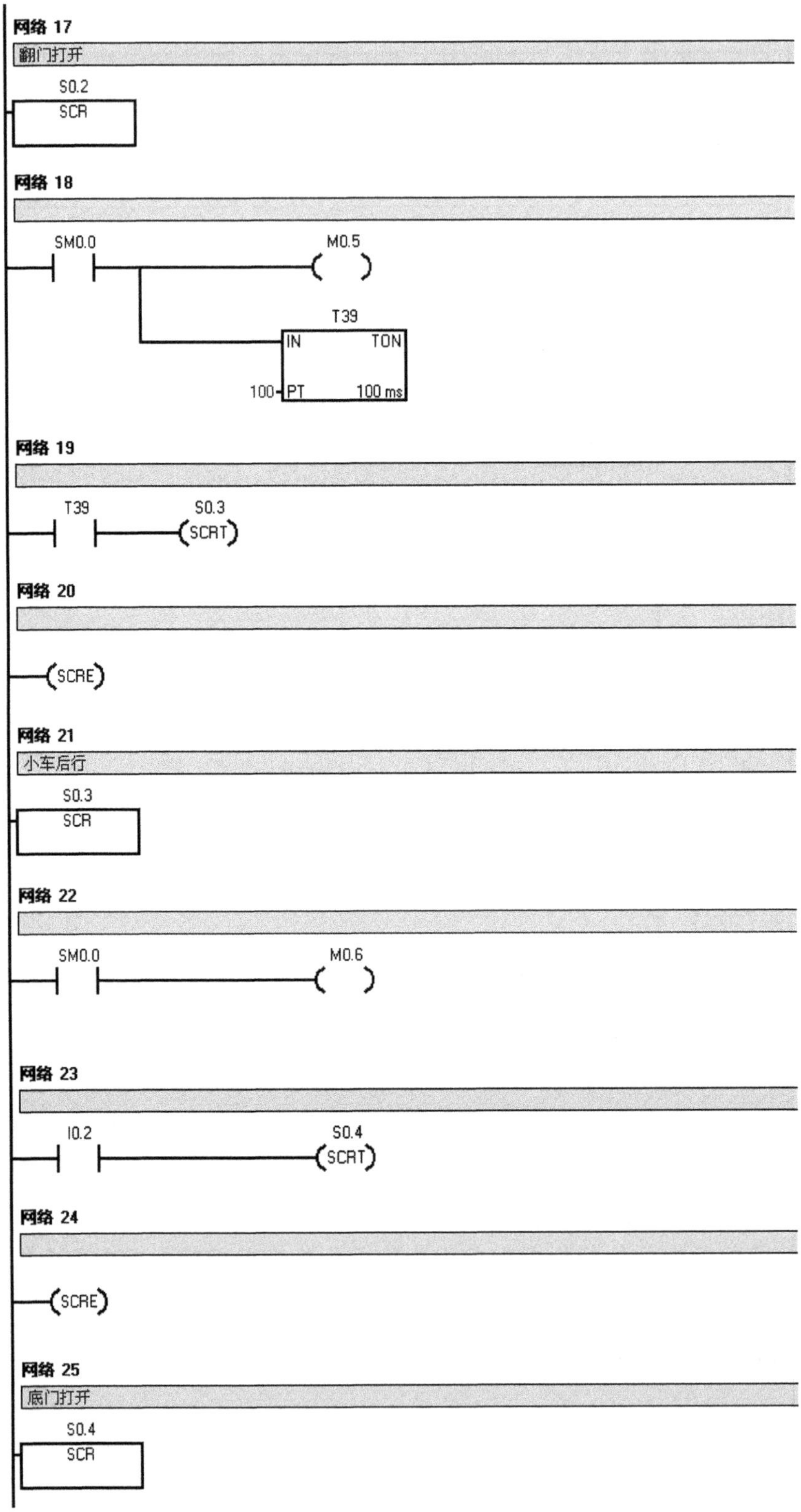
网络 17
翻门打开
S0.2
SCR
网络 18
SM0.0
M0.5
T39
IN
TON
100
PT
100 ms
网络 19
T39
S0.3
SCRT
网络 20
SCRE
网络 21
小车后行
S0.3
SCR
网络 22
SM0.0
M0.6
网络 23
I0.2
S0.4
SCRT
网络 24
SCRE
网络 25
底门打开
S0.4
SCR

图 11-7(续)

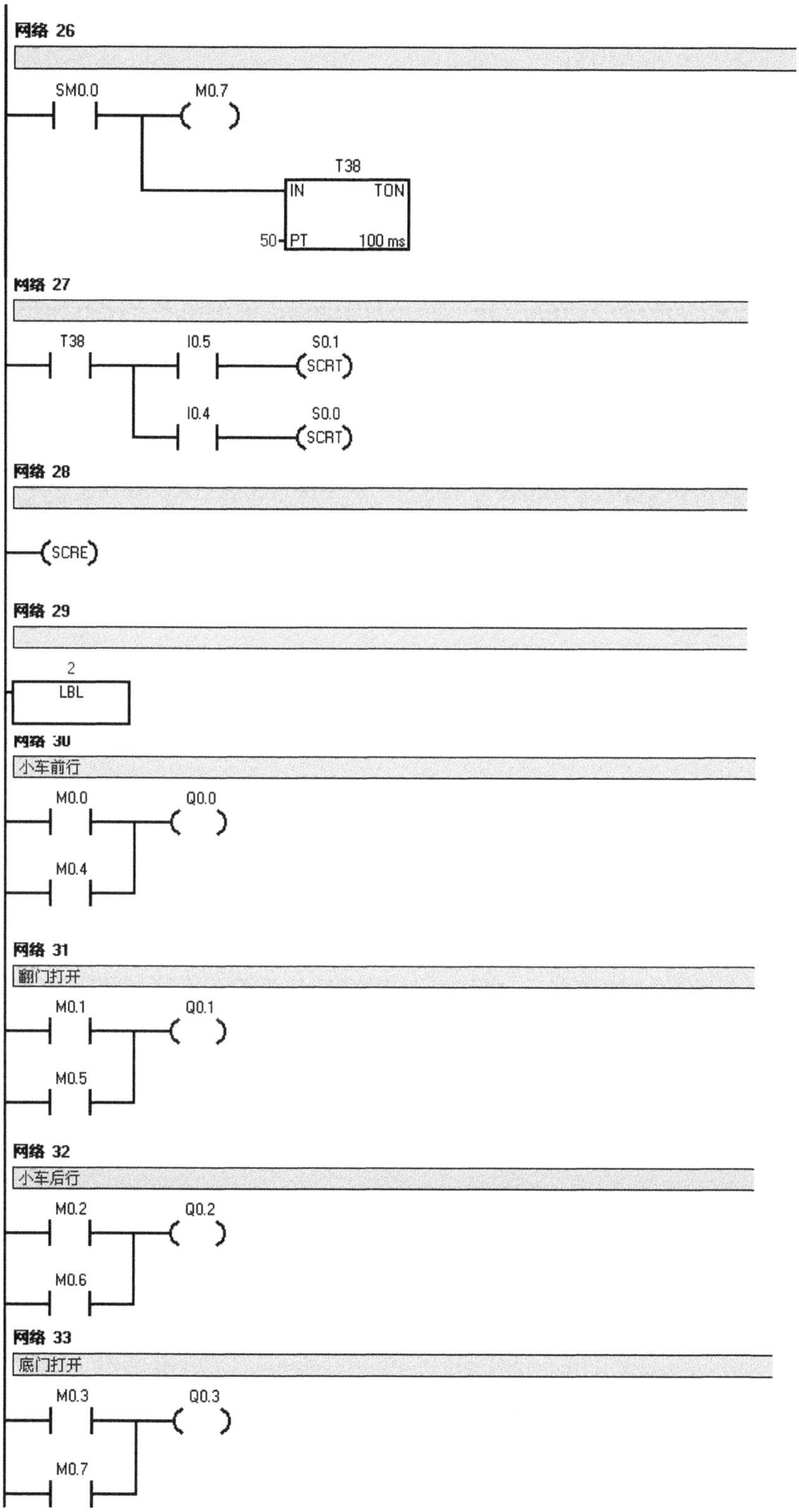
网络 26
SM0.0
M0.7
T38
IN
TON
50
PT
100 ms
网络 27
T38
I0.5
S0.1
SCRT
I0.4
S0.0
SCRT
网络 28
SCRE
网络 29
2
LBL
网络 30
小车前行
M0.0
Q0.0
M0.4
网络 31
翻门打开
M0.1
Q0.1
M0.5
网络 32
小车后行
M0.2
Q0.2
M0.6
网络 33
底门打开
M0.3
Q0.3
M0.7

图 11-7(续)

项目实施

一、工具及器材

工具及器材见表 11-11。

表 11-11　工具及器材

序号	名称及说明	数量	备注
1	PLC 主机模块(S7-CPU SR40)	1	
2	计算机(编程/监控)	1	
3	以太网电缆	1	
4	带三相插头的电源线	1	
5	运料小车控制模块	1	
6	按钮、转换开关	8	
7	连接导线	若干	
8	万用表、螺丝刀(十字口和一字口)、剥线钳、尖嘴钳、斜口钳等	1	

二、操作注意事项

(1) 不能在不同的程序中使用相同的 S 位。

(2) 不能在 SCR 段之间使用 JMP 及 LBL 指令,即不允许以跳转的方法跳入或跳出 SCR 段。

(3) 不能在 SCR 段中使用 FOR、NEXT 和 END 指令。

三、操作步骤

(1) 完成 PLC 主机模块与输入设备及输出设备之间的信号线、电源线连接。

(2) 接通电源,使工作方式拨动开关处于"TERM"位置,然后启动编程软件,输入如图 11-7 所示的控制梯形图程序。

(3) 使 PLC 处于"STOP"状态,编译成功后,将程序下载到 PLC 主机。

(4) 将 CPU 置为"RUN"状态,运行梯形图程序。改变各输入设备的状态,观察运行状况。

四、项目完成情况评价

项目完成情况评价见表 11-12。

表 12-12　项目完成情况评价(评分细则见附录)

内容	职业素质	专业知识	岗位技能	实操安全	答辩及作业	项目完成结果
占比	20%	20%	20%	10%	10%	20%
同学 1	□优□良 □中□差	□优□良 □中□差	□优□良 □中□差	□优□良 □中□差	□优□良 □中□差	□优□良 □中□差
同学 2	□优□良 □中□差	□优□良 □中□差	□优□良 □中□差	□优□良 □中□差	□优□良 □中□差	□优□良 □中□差
同学 3	□优□良 □中□差	□优□良 □中□差	□优□良 □中□差	□优□良 □中□差	□优□良 □中□差	□优□良 □中□差

表 11-12(续)

内容	职业素质	专业知识	岗位技能	实操安全	答辩及作业	项目完成结果
教师	□优□良 □中□差	□优□良 □中□差	□优□良 □中□差	□优□良 □中□差	□优□良 □中□差	□优□良 □中□差
总结及自评						
小组同学 签名：		教师 签名：			综合评价：	

知识拓展

一、单流程控制实现电动机 Y-△形降压启动控制电路与程序

1. I/O 分配

电动机 Y-△形降压启动控制 I/O 分配见表 11-13。

表 11-13　电动机 Y-△形降压启动控制 I/O 分配表

输入			输出		
输入继电器	输入元件	作用	输出继电器	输出元件	作用
I0.0	SB1 常开触点	启动	Q0.1	接触器 KM1	电源接触器
I0.1	SB2、KH 常闭触点串联	停止与过载保护	Q0.2	接触器 KM2	Y 形启动
			Q0.3	接触器 KM3	△形运行

2. 控制要求

按下启动按钮 SB1，电动机 Y 形连接启动，延时 6 s 后自动转为△形连接运行。按下停止按钮 SB2，电动机停止工作。电动机 Y-△形降压启动控制工序如图 11-8 所示。电动机 Y-△形降压启动顺序控制功能如图 11-9 所示。

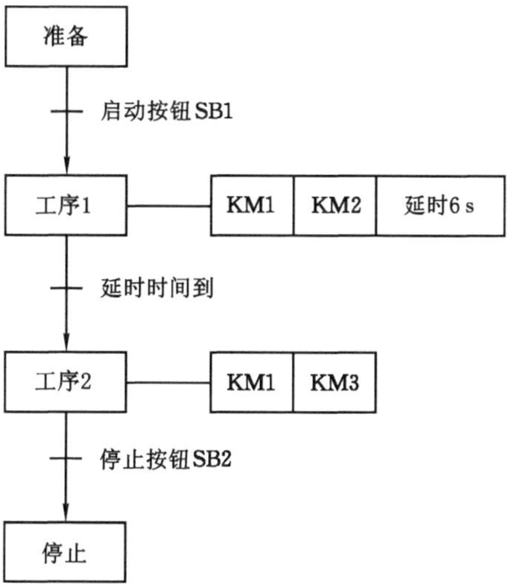

图 11-8　电动机 Y-△形降压启动控制工序图

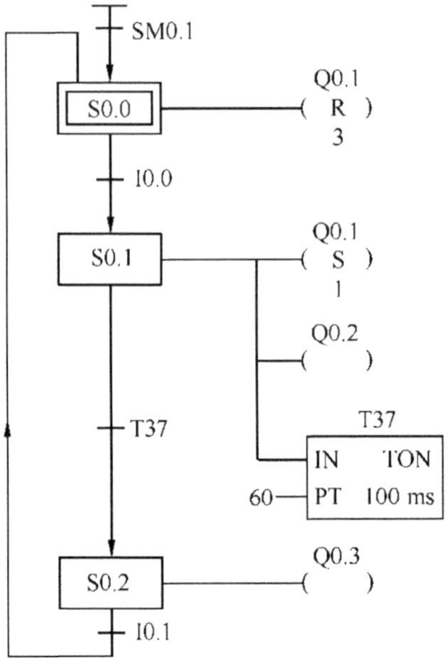

图 11-9　电动机 Y-△形降压启动顺序控制功能图

3. 控制程序

电动机 Y-△形降压启动顺序控制程序如图 11-10 所示。

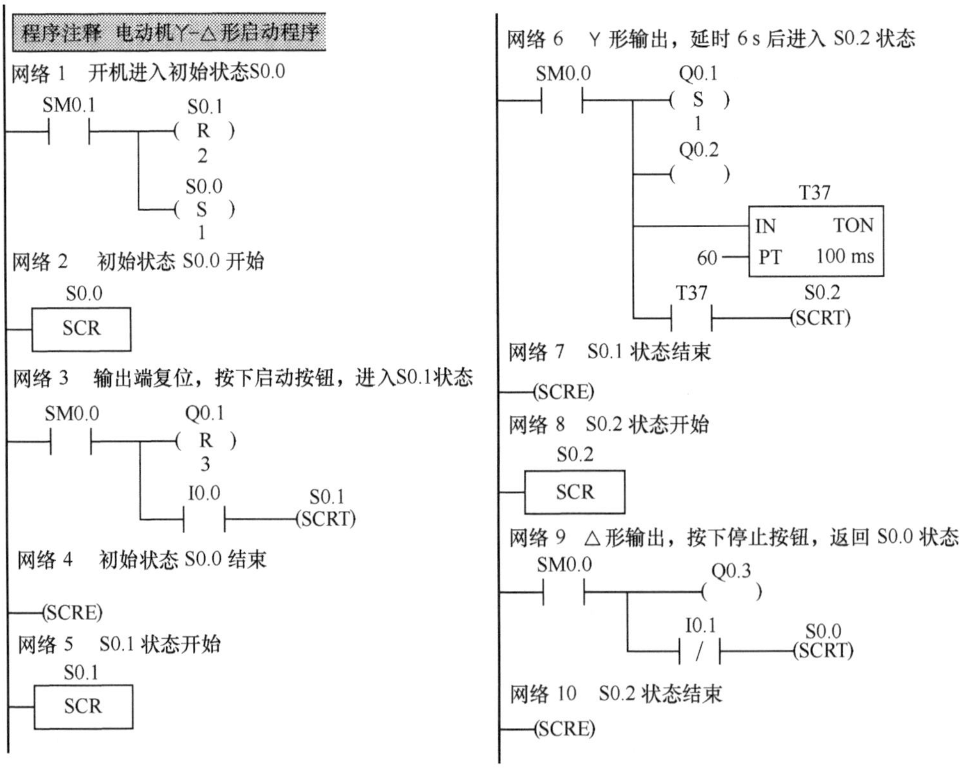

图 11-10　电动机 Y-△形降压启动顺序控制程序

二、并行流程与选择流程控制实现电动机三速控制电路与程序

1. I/O 分配

电动机三速控制 I/O 分配见表 11-14。

表 11-14 电动机三速控制 I/O 分配表

输入			输出		
输入继电器	输入元件	作用	输出继电器	输出元件	控制对象
I0.0	SB1 常开触点	启动	Q0.0	继电器 KA1	变频器低速控制端
I0.1	SB2、KH 常闭触点串联	停止和过载保护	Q0.1	继电器 KA2	变频器中速控制端
			Q0.2	继电器 KA3	变频器高速控制端

2. 控制要求

电动机三速控制的要求如下：

(1) 按下启动按钮时，电动机逐级升速，即从低速状态→中速状态→高速状态。

(2) 在高速状态下按下启动按钮时，电动机降速，即从高速状态→中速状态。

(3) 在任何状态下按下停止按钮时，电动机停止工作。

电动机的转速受变频器控制，其低速、中速和高速对应的工作频率分别是 30 Hz、40 Hz 和 50 Hz，需要事先在变频器上设定。控制电路如图 11-11 所示。

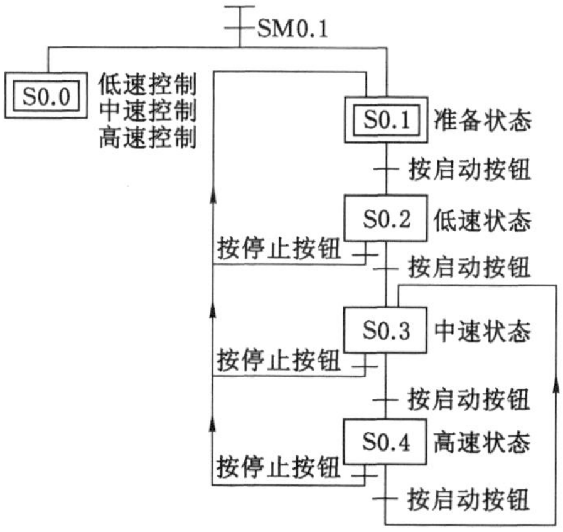

图 11-11 电动机三速顺序控制功能图

3. 控制程序

电动机三速控制程序如图 11-12 所示。

三、液体混合装置的 PLC 控制

液体混合装置如图 11-13 所示。

1. I/O 分配

液体混合控制 I/O 分配见表 11-15。

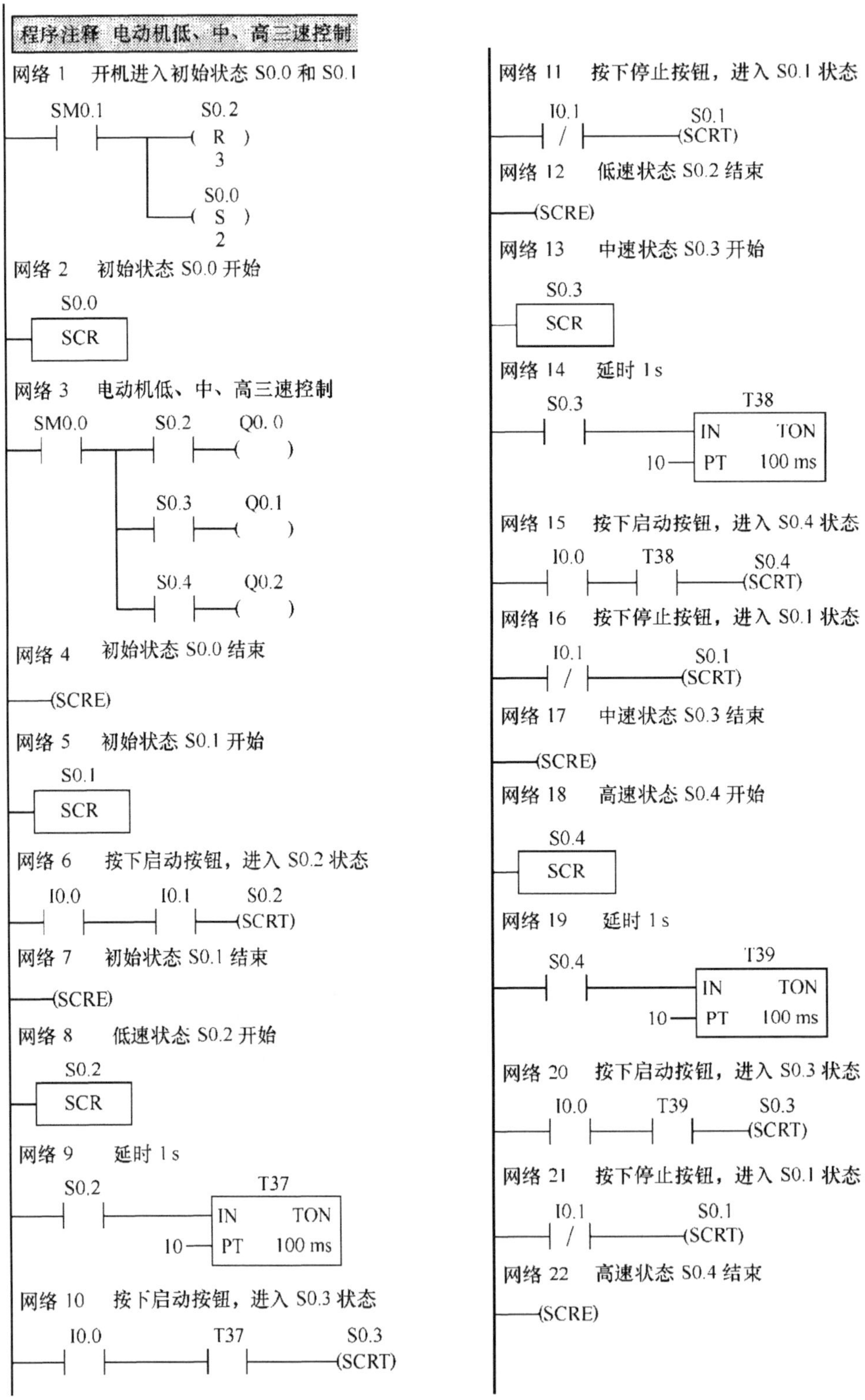

图 11-12 电动机三速控制程序

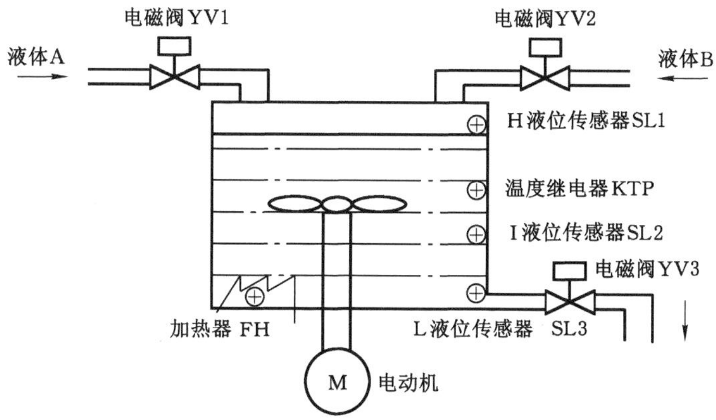

图 11-13　液体混合装置示意图

表 11-15　液体混合控制 I/O 分配表

输入			输出		
名称	符号	地址编号	名称	符号	地址编号
启动按钮	SB1	I0.0	电机接触器	KM1	Q0.0
停止按钮	SB2	I0.1	A 液体电磁阀	YV1	Q0.1
H 处液位传感器	SL1	I0.2	B 液体电磁阀	YV2	Q0.2
I 处液位传感器	SL2	I0.3	C 液体电磁阀	YV3	Q0.3
L 处液位传感器	SL3	I0.4	加热器接触器	KM2	Q0.4
温度继电器开关	KTP	I0.5			

2. 控制要求

(1) 系统从初始状态(容器放空)开始工作,按启动按钮 SB1 后,电磁阀 YV1 通电打开,液体 A 流入容器中。

(2) 当液位高度到达 I 处时,液位传感器 SL2 接通,YV1 阀断电关闭,同时 YV2 通电打开,液体 B 流入容器。

(3) 当液位高度到达 H 处时,液位传感器 SL1 接通,YV2 阀断电关闭,停止液体流入。

(4) 加热器 FH 开始工作,对液体进行加热,当液体到达指定温度时,温度继电器 KTP 动作,停止加热,同时启动搅拌电动机 M 开始搅拌。

(5) 2 min 后,电动机 M 停止搅拌,电磁阀 YV3 通电打开,将加热并混合好的液体放出到下一道工序。

(6) 当液位高度下降到低于 L 时,再延时 10 s,YV3 阀断电关闭。

此时容器内液体已放空,电磁阀 YV1 通电打开,液体 A 流入容器,自动开始下一周期循环。

(7) 按下停止按钮 SB2 时,要求不要立即停止工作,而是将停机信号记忆下来,直到完成一个工作循环后才停止工作,返到初始状态上。

3. 控制程序

液体混合装置的 PLC 顺序控制程序如图 11-14 所示。

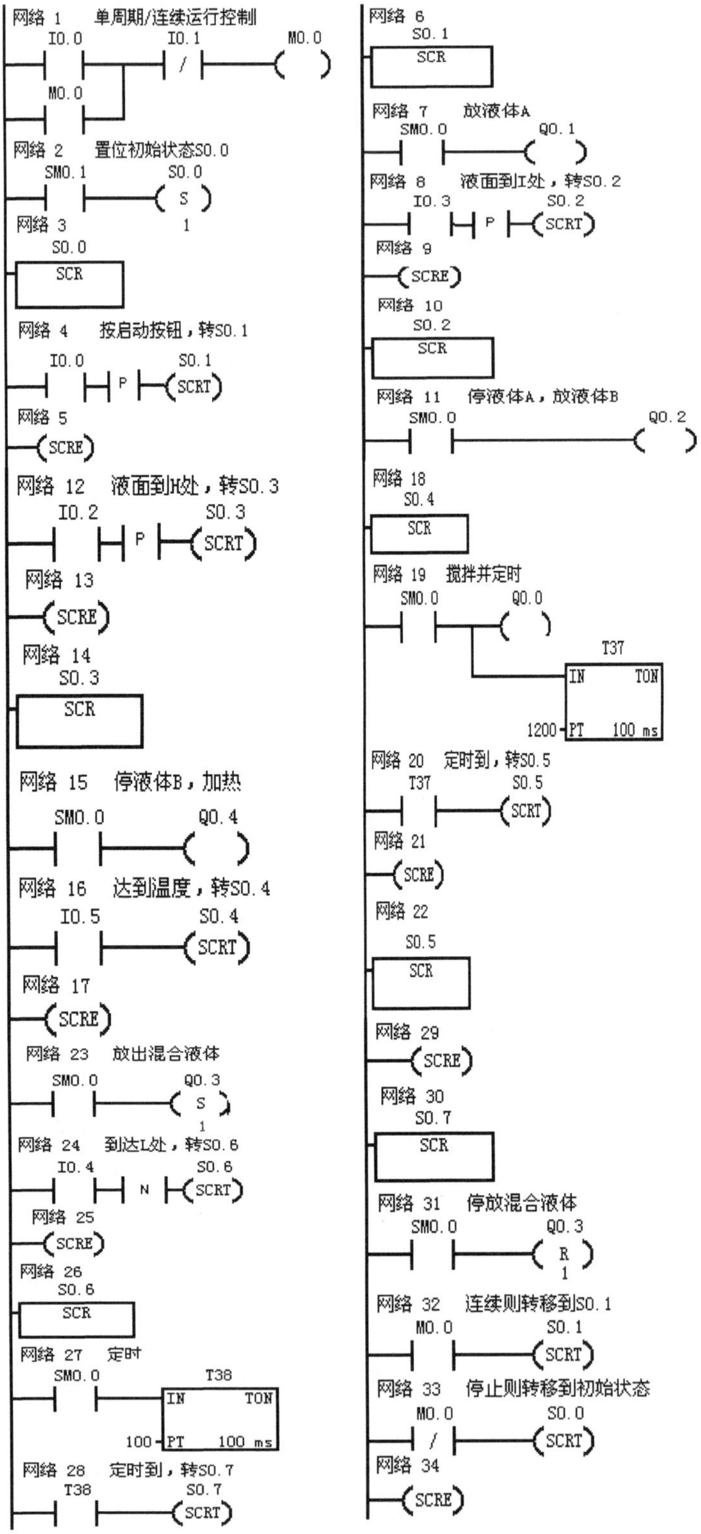

图 11-14　液体混合装置的 PLC 顺序控制程序

技术交流

PLC 程序的基本组成

A program block is composed of executable code and comments. The executable code consists of a main program and any subroutines or interrupt routines. The code is compiled and downloaded to the S7-200 SMART; the program comments are not. You can use the organizational elements(main program, subroutines, and interrupt routines) to structure your control program.

● Main Program

The main body of the program contains the instructions that control your application. The S7-200 SMART executes these instructions sequentially, once per scan cycle. The main program is also referred to as OB1.

● Subroutines

These optional elements of your program are executed only when called: by the main program, by an interrupt routine, or by another subroutine. Subroutines are useful in cases where you want to execute a function repeatedly. Rather than rewriting the logic for each place in the main program where you want the function to occur, you can write the logic once in a subroutine and call the subroutine as many times as needed during the main program. Subroutines provide several benefits:

Using subroutines reduces the overall size of your program.

Using subroutines decreases your scan time because you have moved the code out of the main program. The S7-200 SMART evaluates the code in the main program every scan cycle, whether the code is executed or not, but the S7-200 SMART evaluates the code in the subroutine only when you call the subroutine, and does not evaluate the code during the scans in which the subroutine is not called.

Using subroutines creates code that is portable. You can isolate the code for a function in a subroutine, and then copy that subroutine into other programs with little or no rework.

● Interrupt Routines

These optional elements of your program react to specific interrupt events. You design an interrupt routine to handle a pre-defined interrupt event. Whenever the specified event occurs, the S7-200 SMART executes the interrupt routine.

The interrupt routines are not called by your main program. You associate an interrupt routine with an interrupt event, and the S7-200 SMART executes the instructions in the interrupt routine only on each occurrence of the interrupt event.

巩固练习

1. 请设计如下程序：按下启动按钮，L1、L2、L3 依次点亮，全亮后，L1、L2、L3 依次熄灭，全灭后再依次点亮……时间间隔为 1 s。按下暂停按钮，各灯状态保持不变，再按下启动按钮，各灯继续工作。按下停止按钮，灯全部熄灭，再按启动按钮，各灯重新开始工作。

2. 请设计如下程序：某系统有4台设备，分别由电动机M1、M2、M3、M4拖动。要求系统启动时按“M1→M4”的顺序启动；停止时按“M4→M1”的顺序停止，间隔时间为10 s。

3. 请利用子程序编写梯形图控制程序，实现以下功能：当I0.0为ON时，若I0.7=ON，则有一个亮灯自左向右（Q0.0～Q0.7）以1 s的间隔移动，当移动到最右侧后，再重复上述动作，如此循环，I0.7=OFF停止；当I0.1为ON时，若I0.7=ON，则有一个亮灯自左向右（Q0.0～Q0.7）以1 s的间隔移动，当移动到最右侧后，再自右向左返回最左侧，如此循环，I0.7=OFF停止。

4. 请设计如下程序：某生产车间有一自动运输小车，小车有5个停车位置，每个位置上有一要车按钮，当按下某一位置的要车按钮后，小车自动运行到该位置停车。

5. 试设计PLC控制的两级加热器自动恒温程序，实现以下功能：某恒温设备有加热器两个，启动时两个加热器同时工作，保温时仅一个加热器工作。具体工作过程为：当启动按钮SB2动作时则接通工作电源，系统接通电源时由于温控开关T处闭合状态，首先使加热器风扇工作，同时接通两个加热器E1及E2，加热指示灯HL亮。当温度达到给定值时温控开关T断开，风扇停止，加热器E1及E2均断电，加热指示灯HL灭。当温度降低到给定值以下时，温控开关又闭合，风扇再次工作。但由于此时的低温与给定值相差很小，因此以后的加温过程只需要其中一个加热器工作即可。

项目十二　基于PLC的停车场数码显示系统编程与调试

学习目标

1. 展示PLC的应用场景，培养学习者钻研新技术、学习新知识、紧跟技术潮流的意识。
2. 掌握S7-200 SMART系列PLC累加器、数据转换、算术运算、编码等指令的功能及应用。
3. 掌握PLC中断工作模式的相关知识。
4. 分组实操PLC控制系统，积累安装、调试经验。
5. 培养学习者认真细致的工作习惯，提高应对异常情况、诊断及排除故障的能力。

相关知识

一、累加器（AC）

累加器是用来暂存数据的寄存器。它可以用来存放运算数据、中间数据和结果数据，也可以用来向子程序传递参数，或从子程序返回参数。S7-200 SMART系列PLC提供了4个32位累加器，分别为AC0、AC1、AC2、AC3。

累加器可进行读、写两种操作，在使用时只出现地址编号，其数据长度取决于进出累加器的数据类型。

二、算术运算指令

1. 加/减运算指令

加/减运算指令是对符号数的加/减运算操作。减运算指令中从IN1输入的是被减数，从 IN2 输入的是减数。

加法指令的指令格式见表 12-1，使用说明如下：

(1) 加法运算指令将影响特殊存储器 SM 中的 SM1.0(零)、SM1.1(溢出)、SM1.2(负数)。

(2) 执行加法运算时，源操作数和目标操作数的数值都不能超过其运算范围，整数加法的运算范围为－32 768～32 767；双整数的运算范围为－2 147 483 648～2 147 483 647。若运算结果超出允许的范围，则溢出标志位 SM1.1 置 1。

表 12-1　加法指令的指令格式

指令名称	LAD	STL	功能	操作数
整数加法指令	ADD_I EN　ENO IN1　OUT IN2	+I IN1,OUT	整数加法指令将两个16位整数相加，产生一个16位的和	IN1、IN2（字）：IW、QW、VW、MW、SMW、SW、T、C、LW、AC、AIW、常数； OUT（字）：IW、QW、VW、MW、SMW、SW、LW、T、C、AC
双整数加法指令	ADD_DI EN　ENO IN1　OUT IN2	+D IN1,OUT	双整数加法指令将两个32位整数相加，产生一个32位的和	IN1、IN2（双字）：ID、QD、VD、MD、SMD、SD、LD、AC、HC、常数； OUT(双字)：ID、QD、VD、MD、SMD、SD、LD、AC
实数加法指令	ADD_R EN　ENO IN1　OUT IN2	+R IN1,OUT	实数加法指令将两个32位实数相加，产生一个32位实数的和	IN1、IN2（双字）：ID、QD、VD、MD、SMD、SD、SD、LD、AC、常数； OUT(双字)：ID、QD、VD、MD、SMD、SD、LD、AC

加法运算指令及状态监控举例如图 12-1 所示。

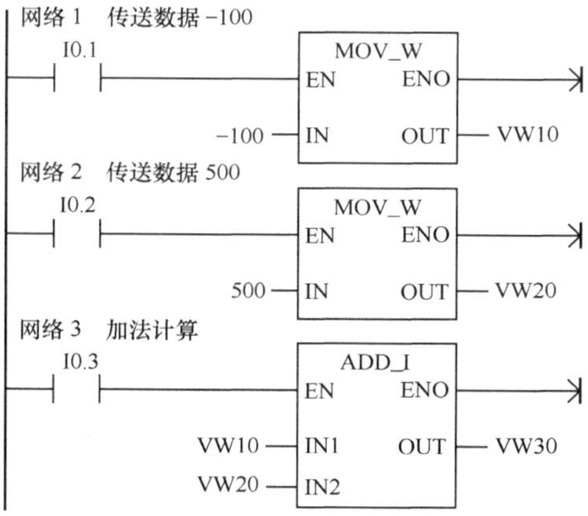


```
网络 1    传送数据 -100
LD        I0.1
MOVW      -100, VW10
网络 2    传送数据 500
LD        I0.2
MOVW      500, VW20
网络 3    加法计算
LD        I0.3
MOVW      VW10, VW30
+I        VW20, VW30
```

	地址	格式	当前值
1	VW10	有符号	-100
2	VW20	有符号	+500
3	VW30	有符号	+400
4		有符号	
5		有符号	

图 12-1　加法运算指令及状态监控举例

减法指令的指令格式见表 12-2，使用说明如下：

(1) 减法运算指令将影响特殊存储器 SM 中的 SM1.0(零)、SM1.1(溢出)、SM1.2(负数)。

(2) 执行减法运算时，源操作数和目标操作数的数值都不能超过其运算范围，整数减法的运算范围为−32 768～32 767；双整数的运算范围为−2 147 483 648～2 147 483 647。若运算结果超出允许的范围，则溢出标志位 SM1.1 置 1。

表 12-2　减法指令的指令格式

指令名称	LAD	STL	功能	操作数
整数减法指令	SUB_I EN ENO IN1 OUT IN2	−I IN1，OUT	整数减法指令将两个 16 位整数相减，产生一个 16 位的差	IN1、IN2（字）：IW、QW、VW、MW、SMW、SW、T、C、LW、AC、AIW、常数； OUT（字）：IW、QW、VW、MW、SMW、SW、LW、T、C、AC
双整数减法指令	SUB_DI EN ENO IN1 OUT IN2	−D IN1，OUT	双整数减法指令将两个 32 位整数相减，产生一个 32 位的差	IN1、IN2（双字）：ID、QD、VD、MD、SMD、SD、LD、AC、HC、常数； OUT(双字)：ID、QD、VD、MD、SMD、SD、LD、AC
实数减法指令	ADD_R EN ENO IN1 OUT IN2	−R IN1，OUT	实数减法指令将两个 32 位实数相减，产生一个 32 位实数的差	IN1、IN2（双字）：ID、QD、VD、MD、SMD、SD、SD、LD、AC、常数； OUT(双字)：ID、QD、VD、MD、SMD、SD、LD、AC

减法运算指令及状态监控举例如图 12-2 所示。

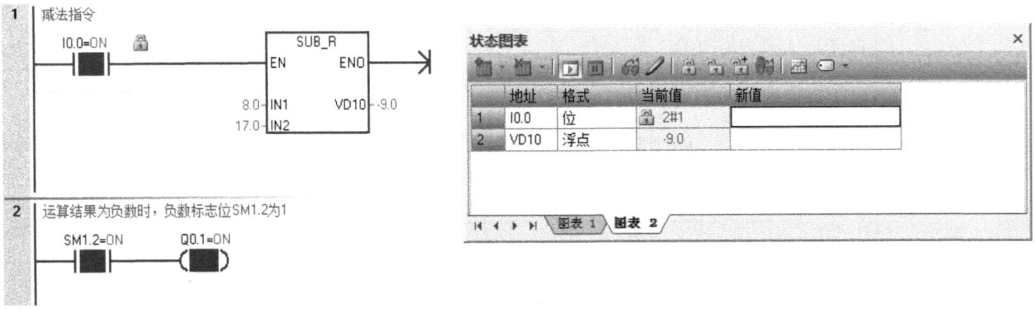

图 12-2　减法运算指令及状态监控举例

2. 加 1/减 1 计数指令

(1) 字节加 1 指令 INC-B。

(2) 字加 1 指令 INC-W。

(3) 双字节加 1 指令 INC-DW。

(4) 字节减 1 指令 DEC-B。

(5) 字减 1 指令 DEC-W。

(6) 双字减 1 指令 DEC-DW。

加 1/减 1 指令举例如图 12-3 所示。

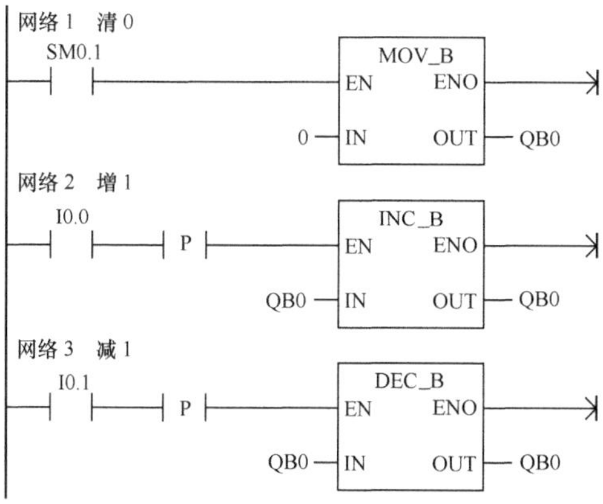


```
网络1   清0
LD      SM0.1
MOVB    0, QB0
网络2   增1
LD      I0.0
EU
INCB    QB0
网络3   减1
LD      I0.1
EU
DECB    QB0
```

图 12-3 加 1/减 1 指令举例

3. 乘/除运算指令

乘法指令的指令格式见表 12-3,使用说明如下:

(1) 整数乘法指令 MUL_I、双整数乘法指令 MUL_DI 以及实数乘法指令 MUL_R 的源操作数 IN1 和 IN2 以及目标操作数 OUT 的数据类型不变。产生双整数的整数乘法指令 MUL 的源操作数和目标操作数的数据类型不同,它是两个 16 位整数相乘,产生一个 32 位的结果。

(2) 乘法指令将影响特殊存储器 SM1.0(零)、SM1.1(溢出)、SM1.2(负数)。若在乘法运算中溢出标志位 SM1.1 为 1,则运算结果不写到输出,且其他状态位均清零。

(3) 整数数据作乘 2 运算,其二进制数据左移 1 位;作乘 4 运算,左移 2 位;作乘 8 运算,左移 3 位。

表 12-3 乘法指令的指令格式

指令名称	LAD	STL	功能	操作数
整数乘法指令	MUL_I EN ENO IN1 OUT IN2	*I IN1,OUT	整数乘法指令将两个 16 位整数相乘,产生一个 16 位的积	IN1、IN2(字):IW、QW、VW、MW、SMW、SW、T、C、LW、AC、AIW、常数; OUT(字):IW、QW、VW、MW、SMW、SW、LW、T、C、AC
双整数乘法指令	MUL_DI EN ENO IN1 OUT IN2	*D IN1,OUT	双整数乘法指令将两个 32 位整数相乘,产生一个 32 位的积	IN1、IN2(双字):ID、QD、VD、MD、SMD、SD、LD、AC、HC、常数; OUT(双字):ID、QD、VD、MD、SMD、SD、LD、AC
实数乘法指令	MUL_R EN ENO IN1 OUT IN2	*R IN1,OUT	实数乘法指令将两个 32 位实数相乘,产生一个 32 位实数的积	IN1、IN2(双字):ID、QD、VD、MD、SMD、SD、SD、LD、AC、常数; OUT(双字):ID、QD、VD、MD、SMD、SD、LD、AC
产生双整数的整数乘法指令	MUL EN ENO IN1 OUT IN2	MUL IN1,OUT	两个整数的整数乘法指令将两个 16 位整数相乘,产生一个 32 位的积	IN1、IN2(字):IW、QW、VW、MW、SMW、SW、T、C、LW、AC、AIW、常数; OUT(双字):ID、QD、VD、MD、SMD、SD、LD、AC

乘法指令举例如图 12-4 所示。

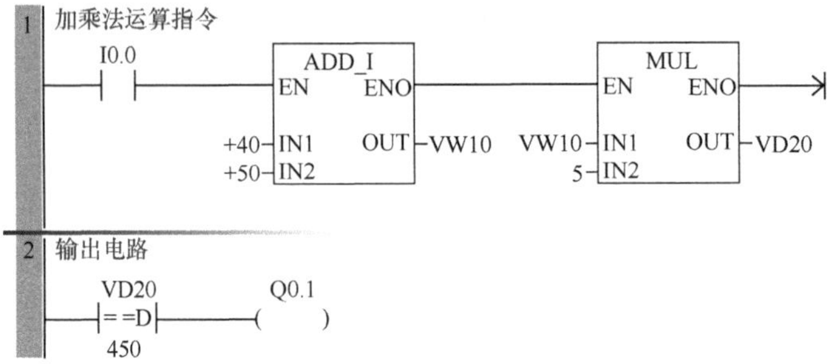

图 12-4　乘法指令举例

除法指令的指令格式见表 12-4，使用说明如下：

(1) DIV_I、DIV_DI 以及 DIV_R 的源操作数 IN1 和 IN2 以及目标操作数 OUT 的数据类型不变。带余数的整数除法指令 DIV 的源操作数和目标操作数的数据类型不同，它是两个 16 位整数相除，产生一个 32 位的结果。该结果中的最高有效字是余数，最低有效字是商。

(2) 除法指令将影响特殊存储器 SM1.0(零)、SM1.1(溢出)、SM1.2(负数)、SM1.3(除数为零)。

(3) 整数数据作除以 2 运算，其二进制数据右移 1 位；作除以 4 运算，右移 2 位；作除以 8 运算，右移 3 位；…。

表 12-4　除法指令的指令格式

指令名称	LAD	STL	功能	操作数
整数除法指令	DIV_I EN ENO IN1 OUT IN2	/I IN1,OUT	整数除法指令将两个 16 位整数相除，产生一个 16 位的商，不保留余数	IN1、IN2(字)：IW、QW、VW、MW、SMW、SW、T、C、LW、AC、AIW、常数； OUT(字)：IW、QW、VW、MW、SMW、SW、LW、T、C、AC
双整数除法指令	DIV_DI EN ENO IN1 OUT IN2	/D IN1,OUT	双整数除法指令将两个 32 位整数相除，产生一个 32 位的商，不保留余数	IN1、IN2(双字)：ID、QD、VD、MD、SMD、SD、LD、AC、HC、常数； OUT(双字)：ID、QD、VD、MD、SMD、SD、LD、AC
实数除法指令	DIV_R EN ENO IN1 OUT IN2	/R IN1,OUT	实数除法指令将两个 32 位实数相除，产生一个 32 位实数的商	IN1、IN2(双字)：ID、QD、VD、MD、SMD、SD、SD、LD、AC、常数； OUT(双字)：ID、QD、VD、MD、SMD、SD、LD、AC
带余数的整数除法指令	DIV EN ENO IN1 OUT IN2	DIV IN1,OUT	带余数的整数除法指令将两个 16 位整数相除，产生一个 32 位结果，该结果包括一个 16 位的余数(最高有效字)和一个 16 位的商(最低有效字)	IN1、IN2(字)：IW、QW、VW、MW、SMW、SW、T、C、LW、AC、AIW、常数； OUT(双字)：ID、QD、VD、MD、SMD、SD、LD、AC

除法指令举例如图 12-5 所示。

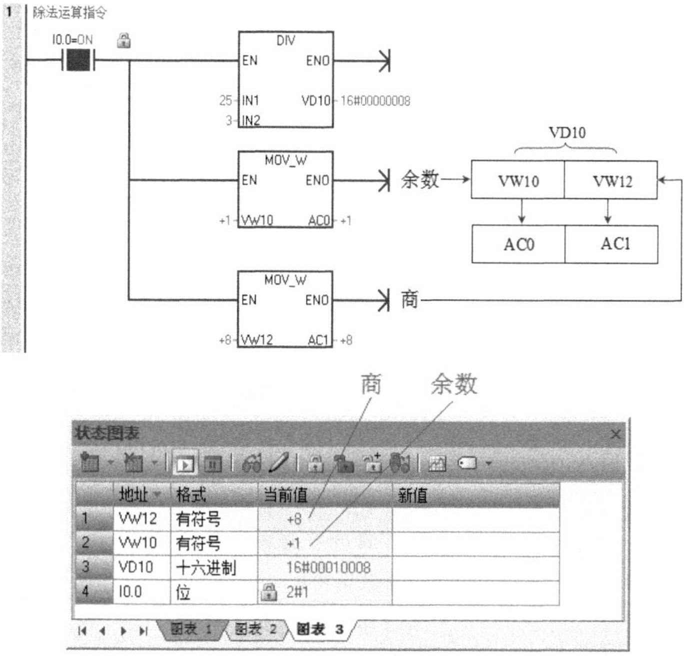

图 12-5　除法指令举例

4. 递增/递减指令

递增/递减指令的指令格式见表 12-5，使用说明如下：

(1) 字节递增/递减指令是无符号循环数。最大值 255 加 1 结果为 0，即执行加 1 指令后，数据分别为 0→1→2→…→254→255→0；最小值 0 减 1 结果为 255，即执行减 1 指令后，数据分别为 0→255→254→…→1→0。

(2) 字递增/递减指令是有符号循环数。＋32 767 加 1 结果为－32 768，－32 768 减 1 结果为＋32 767。

(3) 双字递增/递减指令是有符号循环数。2 147 483 647 加 1 结果为－2 147 483 648，－2 147 483 648 减 1 结果为 2 147 483 647。

(4) 递增/递减指令的运算结果影响特殊存储器 SM1.0(零)、SM1.1(溢出)、SM1.2(负数)标志位。

表 12-5　递增/递减指令的指令格式

指令名称	LAD	STL	功能	操作数
字节递增指令	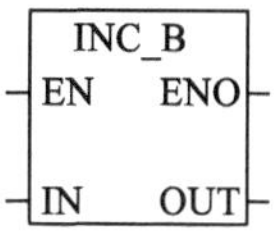	INCB OUT	字节递增指令将一个字节的无符号 IN 增加 1，并将结果存储到 OUT 指定的目标操作数中	IN(字节)：IB、QB、VB、MB、SMB、SB、LB、AC、常数； OUT(字节)：IB、QB、VB、MB、SMB、SB、LB、AC

表 12-5(续)

指令名称	LAD	STL	功能	操作数
字递增指令	INC_W EN ENO IN OUT	INCW OUT	字递增指令将一个字节的有符号数 IN 增加 1，并将结果存储到 OUT 指定的目标操作数中	IN(字)：IW、QW、VW、MW、SMW、SW、T、C、LW、AC、AIW、常数； OUT（字）：IW、QW、VW、MW、SMW、SW、T、C、LW、AC
双字递增指令	INC_DW EN ENO IN OUT	INCD OUT	双字递增指令将一个双字节的有符号数 IN 增加 1，并将结果存储到 OUT 指定的目标操作数中	IN(双字)：ID、QD、VD、MD、SMD、SD、SD、LD、AC、HC、常数； OUT(双字)：ID、QD、VD、MD、SMD、SD、LD、AC
字节递减指令	DEC_B EN ENO IN OUT	DECB OUT	字节递减指令将一个字节的无符号 IN 减少 1，并将结果存储到 OUT 指字的目标操作数中	IN(字节)：IB、QB、VB、MB、SMB、SB、LB、AC、常数； OUT(字节)：IB、QB、VB、MB、SMB、SB、LB、AC
字递减指令	DEC_W EN ENO IN OUT	DECW OUT	字递减指令将一个字节的有符号数 IN 减少 1，并将结果存储到 OUT 指定的目标操作数中	IN(字)：IW、QW、VW、MW、SMW、SW、T、C、LW、AC、AIW、常数； OUT（字）：IW、QW、VW、MW、SMW、SW、T、C、LW、AC
双字递减指令	DEC_DW EN ENO IN OUT	DECD OUT	双字递减指令将一个双字节的有符号数 IN 减少 1，并将结果存储到 OUT 指定的目标操作数中	IN(双字)：ID、QD、VD、MD、SMD、SD、SD、LD、AC、HC、常数； OUT(双字)：ID、QD、VD、MD、SMD、SD、LD、AC

递增/递减指令举例如图 12-6 所示。

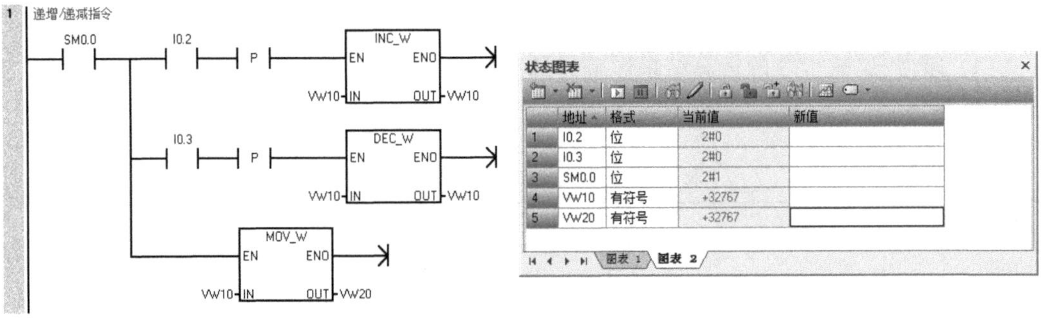

图 12-6　递增/递减指令举例

5. 数学函数变换指令

(1) 平方根指令 SQRT。

（2）自然对数指令 LN。

（3）指数指令 EXP。

（4）正弦指令 SIN。

（5）余弦指令 COS。

（6）正切指令 TAN。

三、逻辑运算指令

（1）逻辑与指令（WAND）：WAND-B、WAND-W、WAND-DW。

（2）逻辑或指令（WOR）：WOR-B、WOR-W、WOR-DW。

（3）逻辑异或指令（WXOR）：WXOR-B、WXOR-W、WXOR-DW。

（4）取反指令（INV）：INV-B、INV-W、INV-DW。

逻辑与指令（WAND）的举例如图 12-7 所示。

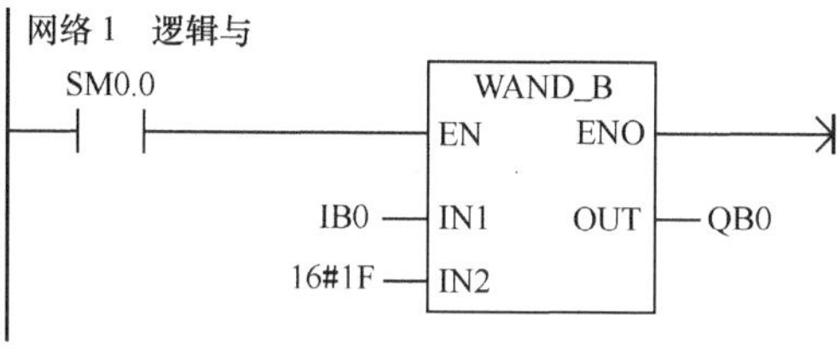


```
网络 1   逻辑与
LD       SM0.0
MOVB     IB0, QB0
ANDB     16#1F, QB0
```

图 12-7　逻辑与指令举例

要求用输入继电器 I0.0～I0.4 的位状态去控制输出继电器 Q0.0～Q0.4，可用输入字节 IB0 去控制输出字节 QB0。对字节多余的控制位 I0.5、I0.6 和 I0.7，可与 0 相“与”进行屏蔽。

四、数据转换指令

数据转换指令是指对操作数的类型进行转换，包括数据的类型转换、码的类型转换以及数据和码之间的类型转换。

可编程序控制器中的主要数据类型包括字节、整数、双整数和实数，主要的码制有 BCD 码、十进制数据和 ASCⅡ码字符串等。不同性质的指令对操作数的类型要求不同，因此在指令使用之前需要将操作数转化为相应的类型，转换指令就可以完成这样的任务。

1．字节与整数之间的转换

字节与整数转换指令的格式与功能说明见表 12-6。

表 12-6　字节与整数转换指令的格式与功能说明

指令名称	LAD	STL	功能	操作数
字节转换指令	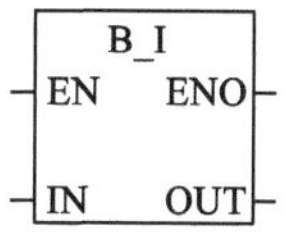	BTI IN,OUT	将字节值 IN 转换为整数值，并将结果存入目标地址 OUT 中。字节是无符号的，因此没有符号扩展位	IN（字节）：IB、QB、VB、MB、SMB、SB、LB、AC、常数； OUT（字）：IW、QW、VW、MW、SMW、SW、T、C、LW、AIW、AC、常数

表 12-6(续)

指令名称	LAD	STL	功能	操作数
整数转换为字节	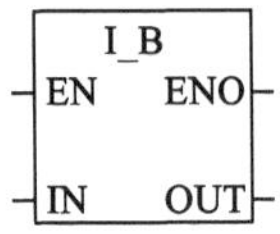	ITB IN,OUT	将字值 IN 转换为字节值,并将结果存入目标地址 OUT 中。注意:该指令只能转换 0～255 的值,转换其他值将导致溢出,且输出不会改变	IN(字):IW、QW、VW、MW、SMW、SW、T、C、LW、AC、AIW、常数;OUT(字节):IB、QB、VB、MB、SMB、SB、LB、AC

字节与整数之间的转换指令举例如图 12-8 所示。

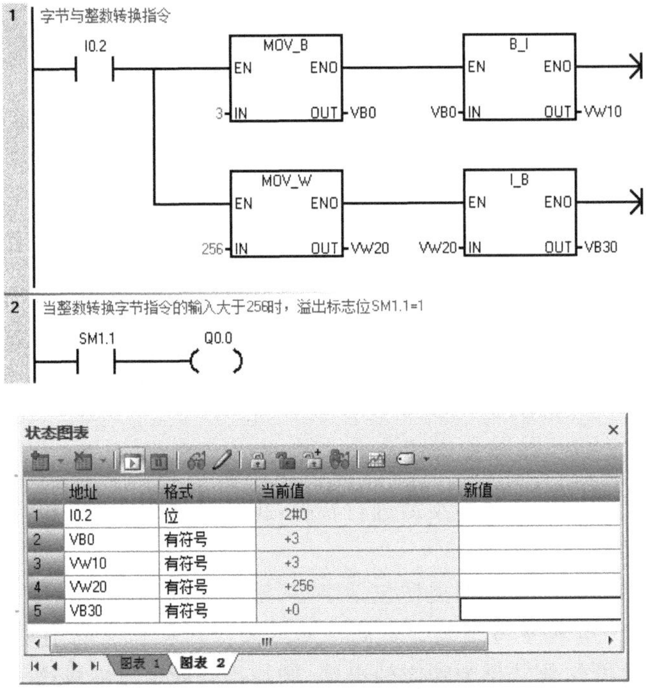

图 12-8　字节与整数之间的转换指令举例

2. 整数与双整数之间的转换

整数与双整数转换指令的格式与功能说明见表 12-7。

表 12-7　整数与双整数转换指令的格式与功能说明

指令名称	LAD	STL	功能	操作数
整数转换双整数	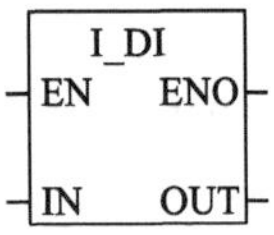	ITD IN,OUT	将字节值 IN 转换为双精度整数值,并将结果存入目标地址 OUT 中。符号位扩展到高字节中	IN(字):IW、QW、VW、MW、SMW、SW、T、C、LW、AIW、AC、常数;OUT(双字):ID、QD、VD、MD、SMD、SD、LD、AC

表 12-7(续)

指令名称	LAD	STL	功能	操作数
双整数转换整数	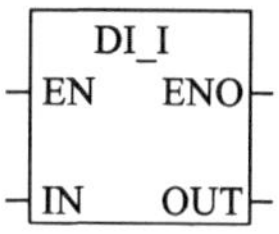	DTI IN,OUT	将双精度整数值 IN 转换为整数值,并将结果存入目标地址 OUT 中。如果转换的值过大,以致无法在输出中表示,则溢出标志位 SM1.1 置位,并且输出不受影响	IN(字):ID、QD、VD、MD、SMD、SD、LD、HC、AC、常数; OUT(字节):IW、QW、VW、MW、SMW、SW、T、C、LW、AC

整数与双整数之间的转换指令举例如图 12-9 所示。

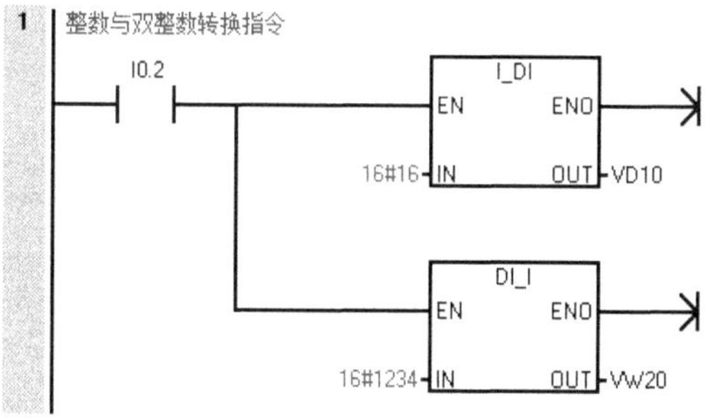

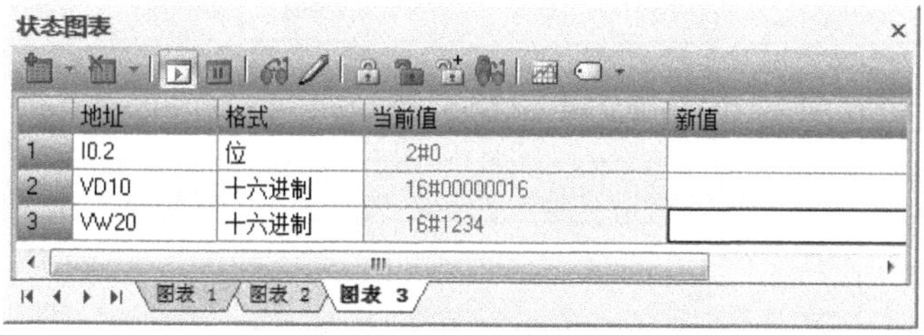

	地址	格式	当前值	新值
1	I0.2	位	2#0	
2	VD10	十六进制	16#00000016	
3	VW20	十六进制	16#1234	

图 12-9　整数与双整数之间的转换指令举例

3. 双整数与实数之间的转换

双整数与实数转换指令的格式与功能说明见表 12-8。

表 12-8　双整数与实数转换指令的格式与功能说明

指令名称	LAD	STL	功能	操作数
双整数转换实数	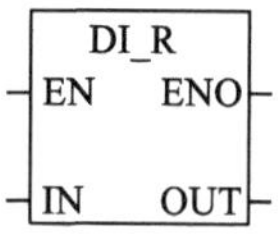	DTR IN,OUT	将 32 位有符号整数 IN 转换为 32 位实数,并将结果存入目标地址 OUT 中	IN(双字):ID、QD、VD、MD、SMD、SD、LD、HC、AC、常数; OUT(实数):ID、QD、VD、MD、SMD、SD、LD、HC、AC

表 12-8(续)

指令名称	LAD	STL	功能	操作数
实数四舍五入取整	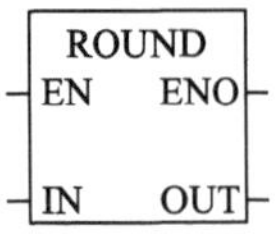	ROUND IN,OUT	按小数部分四舍五入的原则,将 32 位实数值 IN 转换为双整数值,并将取整后的结果存入目标地址 OUT 中	IN(实数):ID、QD、VD、MD、SMD、SD、LD、HC、AC、常数; OUT(双字):ID、QD、VD、MD、SMD、SD、LD、HC、AC
实数截断取整	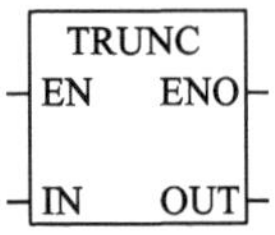	TRUNC IN,OUT	按将小数部分直接舍去的原则,将 32 位实数值 IN 转换为双整数值,并将结果存入目标地址 OUT 中	IN(实数):ID、QD、VD、MD、SMD、SD、LD、HC、AC、常数; OUT(双字):ID、QD、VD、MD、SMD、SD、LD、HC、AC

4. 整数与 BCD 码之间的转换

十进制、十六进制、二进制与 8421BCD 码关系见表 12-9。

表 12-10　十进制、十六进制、二进制与 8421BCD 码关系

十进制数	十六进制数	二进制数	8421BCD 码
0	0	0000	0000
1	1	0001	0001
2	2	0010	0010
3	3	0011	0011
4	4	0100	0100
5	5	0101	0101
6	6	0110	0110
7	7	0111	0111
8	8	1000	1000
9	9	1001	1001
10	A	1010	0001 0000

整数与 BCD 码转换指令的格式与功能说明见表 12-10。

表 12-10　整数与 BCD 码转换指令的格式与功能说明

指令名称	LAD	STL	功能	操作数
BCD 码转换为整数	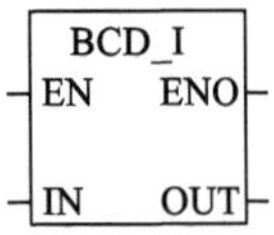	BCDI OUT	将 IN 中的 BCD 码转换为整数,并将结果存入目标地址 OUT 中。IN 的有效范围是 BCD 码 0～9 999	IN(字):IW、QW、VW、MW、SMW、SW、T、C、LW、AIW、AC、常数; OUT(字):IW、QW、VW、MW、SMW、SW、T、C、LW、AIW、AC

表 12-10(续)

指令名称	LAD	STL	功能	操作数
整数转换为 BCD 码	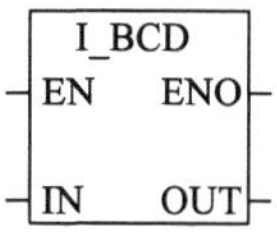	IBCD OUT	将输入整数 IN 转换为 BCD 码，并将结果存入目标地址 OUT 中。IN 的有效范围为 0～9 999 的整数	IN（字）：IW、QW、VW、MW、SMW、SW、T、C、LW、AIW、AC、常数；OUT（字）：IW、QW、VW、MW、SMW、SW、T、C、LW、AIW、AC

五、数据编码、译码、段码指令

SEG 指令的格式与功能说明见表 12-11。

表 12-11　SEG 指令的格式与功能说明

LAD	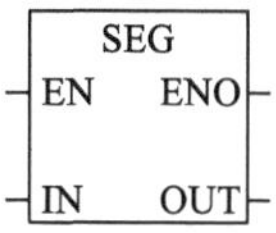
STL	SEG IN，OUT
功能	使能输入有效时，将输入字节 IN 中的低 4 位对应的十六进制数(0～F)转换成点亮 7 段数码管各段的代码，并将其输出到 OUT 指定的单元中
操作数	IN：IB、QB、VB、MB、SMB、SB、LB、AC、常数； OUT：IB、QB、VB、MB、SMB、SB、LB、AC

SEG 指令的译码范围为十六进制数字 0～9、A～F，对数字 0～9 和 A～F 的 7 段译码见表 12-12。

表 12-12　7 段译码指令转换表

IN	段显示	OUT －gfe　dcha		IN	段显示	OUT －gfe　dcha
0	0	0011　1111	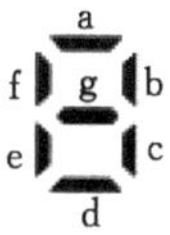	8	8	0111　1111
1	1	0000　0110		9	9	0110　0111
2	2	0101　1011		A	A	0111　0111
3	3	0100　1111		B	b	0111　1100
4	4	0110　0110		C	C	0011　1001
5	5	0110　1101		D	d	0101　1110
6	6	0111　1101		E	E	0111　1001
7	7	0000　0111		F	F	0111　0001

编码指令与解码指令的格式与功能说明见表 12-13。

表 12-13　编码指令与解码指令的格式与功能说明

指令名称	LAD	STL	功能	操作数
编码	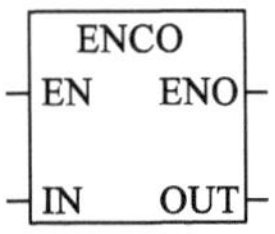	ENCO IN,OUT	编码指令将输入字 IN 中的最低有效位（有效位的值为 1）的位号写入输出字节 OUT 的最低 4 位中	IN（字）：IW、QW、VW、MW、SMW、SW、T、C、LW、AIW、AC、常数； OUT（字节）：IB、QB、VB、MB、SMB、SB、LB、AC
解码	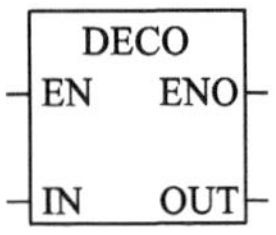	DECO IN,OUT	解码指令根据输入字节 IN 的最低 4 位表示的位号，将输出字 OUT 对应的位置为 1，输出字的其他位均为 0	IN（字节）：IB、QB、VB、MB、SMB、SB、LB、AC、常数； OUT（字）：IW、QW、VW、MW、SMW、SW、T、C、LW、AC、AQW

SEG 指令举例如图 12-10 所示。

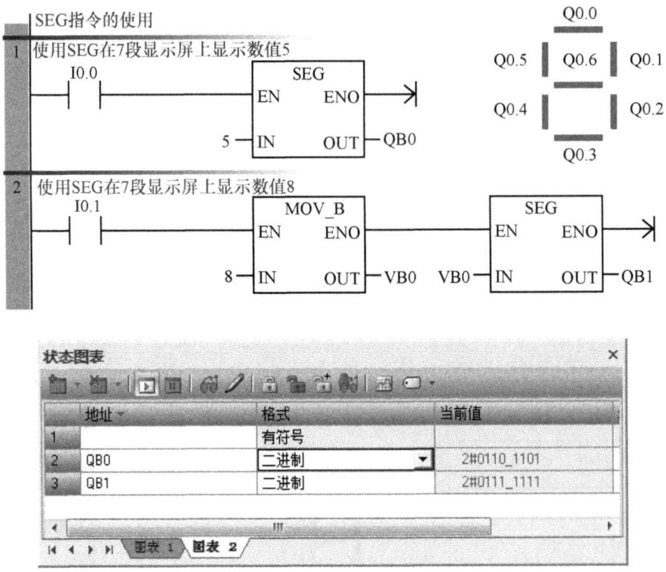

图 12-10　SEG 指令举例

编码与解码指令举例如图 12-11 所示。

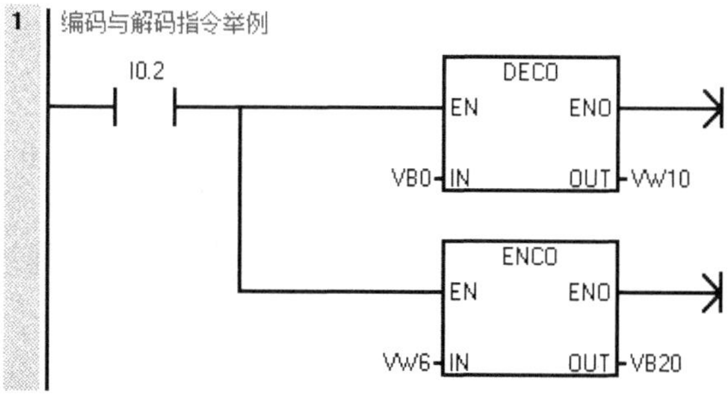

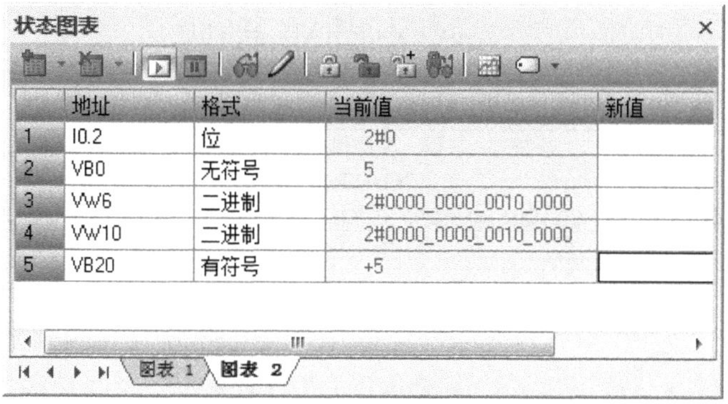
状态图表

	地址	格式	当前值	新值
1	I0.2	位	2#0	
2	VB0	无符号	5	
3	VW6	二进制	2#0000_0000_0010_0000	
4	VW10	二进制	2#0000_0000_0010_0000	
5	VB20	有符号	+5	

图表 1　图表 2

图 12-11　编码与解码指令举例

项目导入

如图 12-12 所示，某停车场最多可停 50 辆车，在入口处用两位数码管显示停车数量。用出入传感器检测进出车辆数，每进一辆车停车数量增 1，每出一辆车停车数量减 1。场内停车数量小于 45 时，入口处显示“有空位”绿灯，允许入场；大于等于 45 时，“有空位”绿灯闪烁，提醒待进车辆注意将满场；等于 50 时，显示“车位已满”，禁止车辆入场。

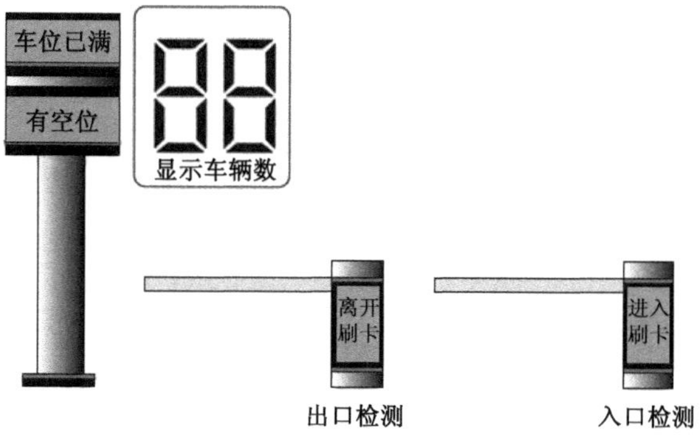

图 12-12　停车场数码显示控制示意图

项目分析

1. 确定 I/O 设备

通过对停车场数码显示控制要求的分析可知，控制系统的输入设备有 2 个，分别为入口车辆检测传感器 S1 和出口车辆检测传感器 S2；输出设备有 14 个，分别为绿灯 HL1、红灯 HL2、个位显示数码管 LED1(a 段、b 段、c 段、d 段、e 段、f 段、g 段)和十位显示数码管 LED2(a 段、b 段、c 段、d 段、e 段、f 段、g 段)，如图 12-13 所示。

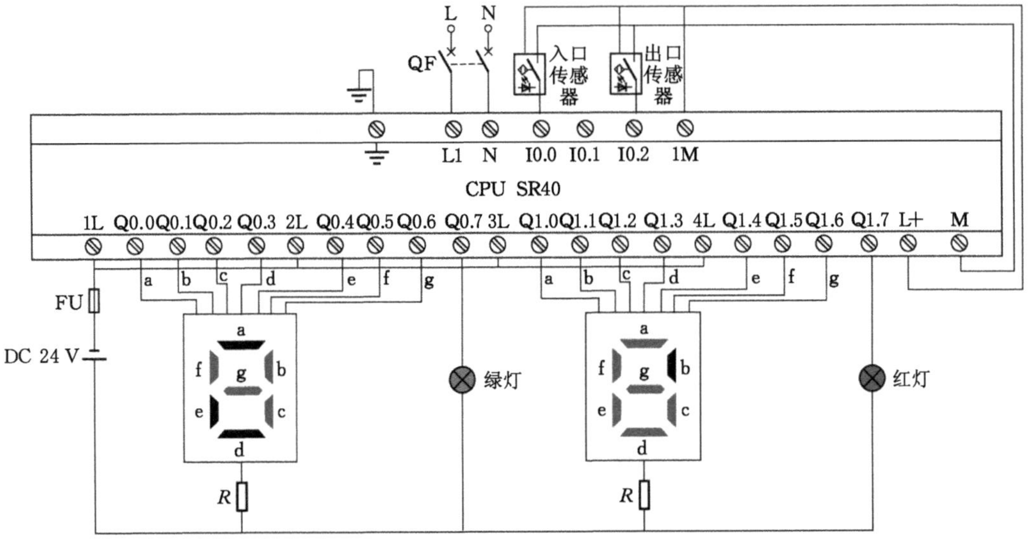

图 12-13　停车场数码显示控制电路图

2. I/O 分配

由于本控制系统有 2 个输入设备和 14 个输出设备，因此，需要 PLC 至少提供 2 个输入点和 14 个输出点，见表 12-14。

表 12-14　停车场数码显示控制 I/O 分配表

输入		输出	
输入寄存器	输入设备	输出寄存器	输出设备
I0.0	入口传感器	Q0.7	绿灯
I0.2	出口传感器	Q1.7	红灯
		Q0.0～Q0.6	显示车辆个位
		Q1.0～ Q1.6	显示车辆十位

3. 控制程序

控制程序如图 12-14 所示。

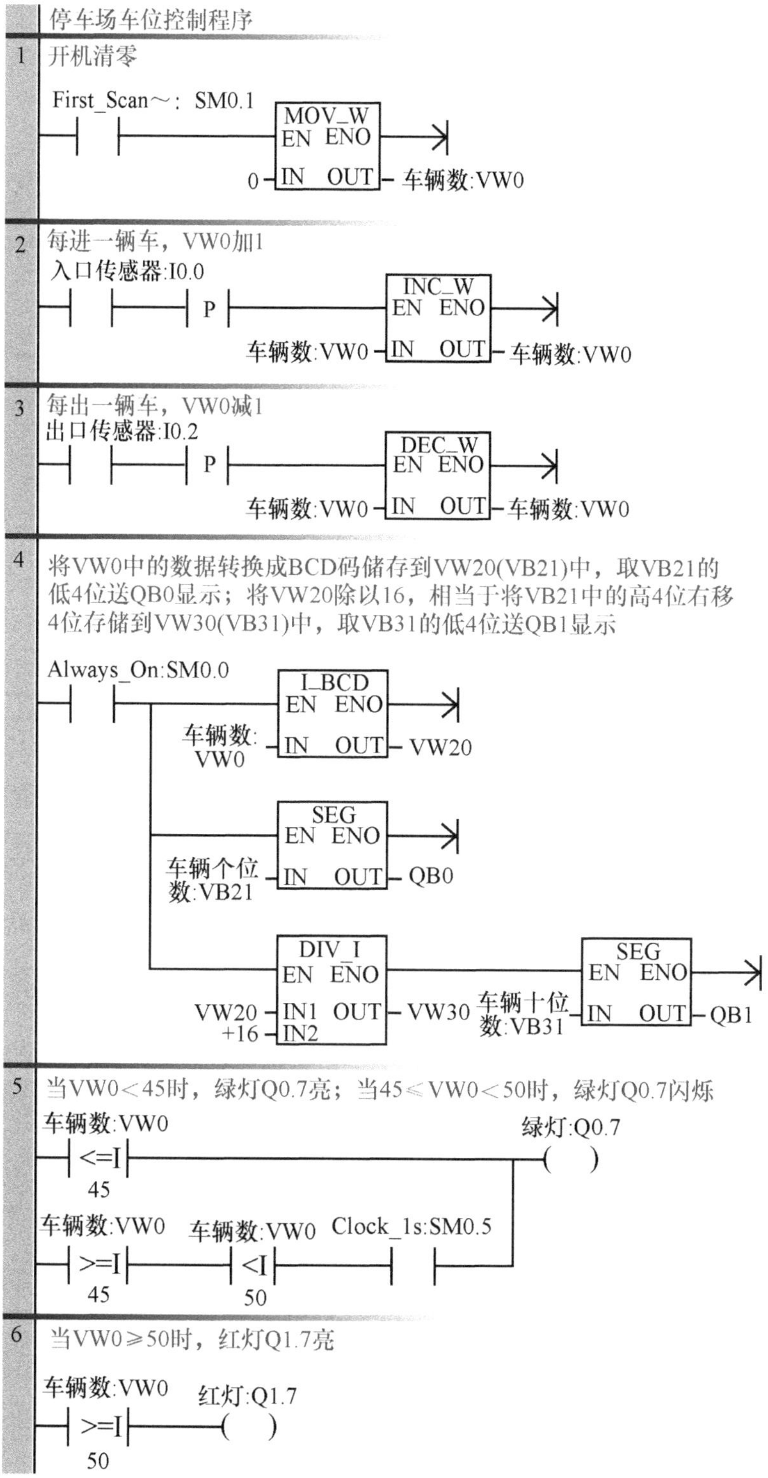

图 12-14 停车场数码显示控制程序

项目实施

一、工具及器材

工具及器材见表 12-15。

表 12-15　工具及器材

序号	名称及说明	数量	备注
1	PLC 主机模块(S7-CPU SR40)	1	
2	计算机(编程/监控)	1	
3	以太网电缆	1	
4	电源线	1	
5	红色指示灯	1	
6	绿色指示灯	1	
7	LED 数码管	1	
8	车辆检测传感器	2	
9	连接导线	若干	
10	万用表、螺丝刀(十字口和一字口)、剥线钳、尖嘴钳、斜口钳等	1	

二、操作步骤

(1) 根据如图 12-13 所示的停车场数码显示控制电路图,完成 PLC 主机模块与输入设备(车辆检测传感器 S1 和 S2)及输出设备(数码管 LED1、LED2,指示灯 HL1、HL2)之间的信号线、电源线连接。

(2) 接通电源,使工作方式拨动开关处于“TERM”位置,然后启动编程软件,输入如图 12-14 所示的控制梯形图程序。

(3) 使 PLC 处于“STOP”状态,编译成功后,将程序下载到 PLC 主机。

(4) 将 CPU 置为“RUN”状态,运行梯形图程序。改变各输入点的状态,观察数码管及指示灯的变化情况。

三、项目完成情况评价

项目完成情况评价见表 12-16。

表 12-16　项目完成情况评价(评分细则见附录)

内容	职业素质	专业知识	岗位技能	实操安全	答辩及作业	项目完成结果
占比	20%	20%	20%	10%	10%	20%
同学 1	□优□良 □中□差	□优□良 □中□差	□优□良 □中□差	□优□良 □中□差	□优□良 □中□差	□优□良 □中□差
同学 2	□优□良 □中□差	□优□良 □中□差	□优□良 □中□差	□优□良 □中□差	□优□良 □中□差	□优□良 □中□差
同学 3	□优□良 □中□差	□优□良 □中□差	□优□良 □中□差	□优□良 □中□差	□优□良 □中□差	□优□良 □中□差

表 10-7(续)

内容	职业素质	专业知识	岗位技能	实操安全	答辩及作业	项目完成结果
教师	□优□良 □中□差	□优□良 □中□差	□优□良 □中□差	□优□良 □中□差	□优□良 □中□差	□优□良 □中□差
总结及自评						

小组同学 签名：	教师 签名：	综合评价：

知识拓展

一、中断源

中断源是能够向 PLC 发出中断请求的中断事件。S7-200 SMART 系列 PLC 最多有 34 个中断源，每个中断源都分配有一个编号用于识别，称为中断事件号。这些中断源分为三大类：通信中断、I/O 中断和时基中断。

1. 通信中断

PLC 在自由通信模式下，通信口的状态可由程序来控制，用户可以通过编程来设置通信协议、波特率和奇偶检验。通信中断事件及其优先级见表 12-17。

表 12-17　通信中断事件及其优先级

中断事件号	中断事件名称	优先级
8	端口 0：接收字符	0
9	端口 0：发送完成	0
23	端口 0：接收信息完成	0

2. I/O 中断

I/O 中断包括外部输入中断、高速计数器中断和高速脉冲串输出中断。外部输入中断是指系统利用 I0.0～I0.3 的上升沿或下降沿产生中断。高速计数器中断可以响应当前值等于预置值、计数方向改变、计数器外部复位等事件所引起的中断。高速脉冲串输出中断是指完成给定脉冲数输出时所引起的中断。I/O 中断事件及其优先级见表 12-18。

表 12-18　I/O 中断事件及其优先级

中断事件号	中断事件名称	优先级
0	I0.0 上升沿	0
1	I0.0 下降沿	4
2	I0.1 上升沿	1
3	I0.1 下降沿	5
4	I0.2 上升沿	2
5	I0.2 下降沿	6

表 12-18(续)

中断事件号	中断事件名称	优先级
6	I0.3 上升沿	3
7	I0.3 下降沿	7
12	HSC0 当前值等于预置值	0
27	HSC0 输入方向改变	16
28	HSC0 外部复位	2
32	HSC3 当前值等于预置值	1
29	HSC4 当前值等于预置值	3
30	HSC4 输入方向改变	17
31	HSC4 外部复位	18
33	HSC5 当前值等于预置值	19
19	PLS0 脉冲数完成	14
20	PLS1 脉冲数完成	15

3. 时基中断

时基中断包括内部定时中断和外部定时器中断两种。内部定时中断包括定时中断 0 和定时中断 1。这两个定时中断按设定的时间周期不断循环工作,可以用来以固定的时间间隔作为采样周期,对模拟量输入进行采样,也可以用来执行一个 PID 调节指令。定时中断的时间间隔存储在时间间隔寄存器 SMB34(定时中断 0)和 SMB35(定时中断 1)中,它们在 1～255 ms 之间以 ms 为增量单位进行设定。

外部定时器中断就是利用定时器来对一个指定的时间段产生中断。这类中断只能使用 1 ms 延时定时器 T32 和 T96。时基中断事件及其优先级见表 12-19。

表 12-19　时基中断事件及其优先级

中断事件号	中断事件名称	优先级
10	定时中断 0(SMB34)	0
11	定时中断 1(SMB35)	1
21	定时器 T32 当前值等于预置值	2
22	定时器 T96 当前值等于预置值	3

二、中断优先级

在 PLC 应用系统中通常有多个中断源,当它们同时向 CPU 发出中断申请时,CPU 先响应优先级别高的中断,若优先级别相同,则 CPU 按“先来先服务”的原则处理。

在 S7-200 SMART 系列 PLC 中,每一类中断的不同中断事件也有不同的优先级,通信中断的优先级别最高,时基中断的优先级别最低。

三、中断指令

S7-200 SMART 系列 PLC 的中断指令包括全局开中断 ENI、全局关中断 DISI、中断连接指令 ATCH 和中断分离指令 DTCH。

(1) 全局开中断 ENI:使能输入有效时,允许所有的中断申请。

(2) 全局关中断 DISI:使能输入有效时,不允许任何一个中断事件向 CPU 发出中断申请。

(3) 中断连接指令 ATCH:使能输入 EN 有效时,把一个中断事件号 EVNT 与一个中断服务程序 INT 联系起来,并允许该中断事件。

(4) 中断分离指令 DTCH:使能输入 EN 有效时,切断一个中断事件号 EVNT 与所有中断服务程序的联系,并禁止该中断事件。

项目拓展

一、彩灯的循环点亮控制

试设计 4 盏流水灯每隔 1 s 顺序点亮,并不断循环的 PLC 控制系统。

1. I/O 分配

彩灯的循环点亮控制 I/O 分配见表 12-20。

表 12-20 彩灯的循环点亮控制 I/O 分配表

输入		输出	
输入寄存器	输入设备	输出寄存器	输出设备
I2.0	开始按钮 SB1	Q0.0	指示灯 HL1
I2.1	停止按钮 SB2	Q0.1	指示灯 HL2
		Q0.2	指示灯 HL3
		Q0.3	指示灯 HL4

2. 控制电路

彩灯的循环点亮控制电路图如图 12-15 所示。

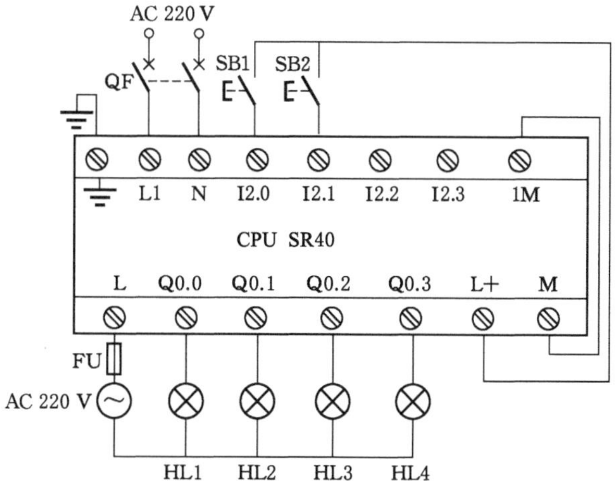

图 12-15 彩灯的循环点亮控制电路图

传送数据与输出位对照见表 12-21。

表 12-21　传送数据与输出位对照

传送数据	输出字节 QB0							
	Q0.7	Q0.6	Q0.5	Q0.4	Q0.3	Q0.2	Q0.1	Q0.0
16＃1	0	0	0	0	0	0	0	1
16＃2	0	0	0	0	0	0	1	0
16＃4	0	0	0	0	0	1	0	0
16＃8	0	0	0	0	1	0	0	0

3. 控制程序

彩灯的循环点亮控制程序如图 12-16 所示。

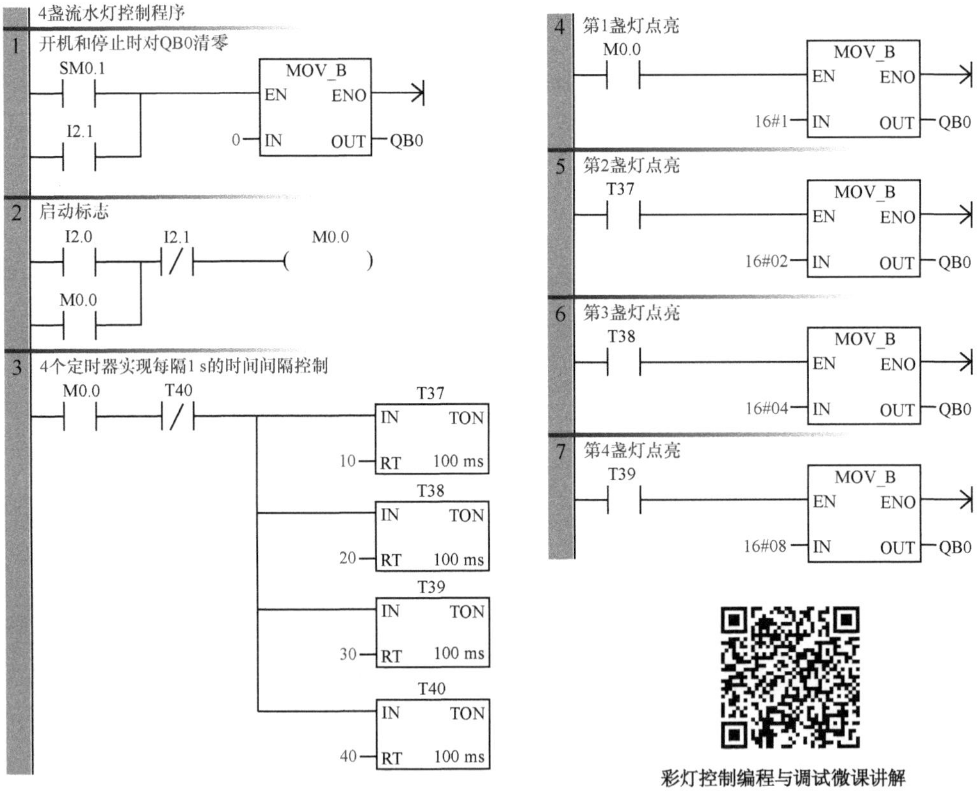

彩灯控制编程与调试微课讲解

图 12-16　彩灯的循环点亮控制程序

二、中断指令在彩灯循环点亮控制系统中的应用

1. I/O 分配

彩灯循环点亮控制 I/O 分配见表 12-22。

2. 控制要求

按下启动按钮 SB1，彩灯 L1～L8 循环点亮，间隔时间为 2 s；按下停止按钮 SB2，彩灯 L1～L8 全部熄灭。

表 12-22 彩灯循环点亮控制 I/O 分配表

输入		输出	
输入寄存器	输入设备	输出寄存器	输出设备
I0.0	SB1	Q0.0	L1
I0.1	SB2	Q0.1	L2
		Q0.2	L3
		Q0.3	L4
		Q0.4	L5
		Q0.5	L6
		Q0.6	L7
		Q0.7	L8

3. 控制程序

采用循环左移指令与内部定时中断 0 相配合完成彩灯的循环点亮控制。内部定时中断 0 的时间间隔存储在时间间隔寄存器 SMB34 中,其定时时间最长只能达到 255 ms,而彩灯循环点亮的间隔时间为 2 s。因此,在进行程序设计时,设置定时时间为 250 ms,同时引入变量寄存器 VB0 对中断次数进行计数,中断 8 次后彩灯向左移动 1 位。彩灯循环点亮控制主程序如图 12-17 所示,中断服务程序如图 12-18 所示。

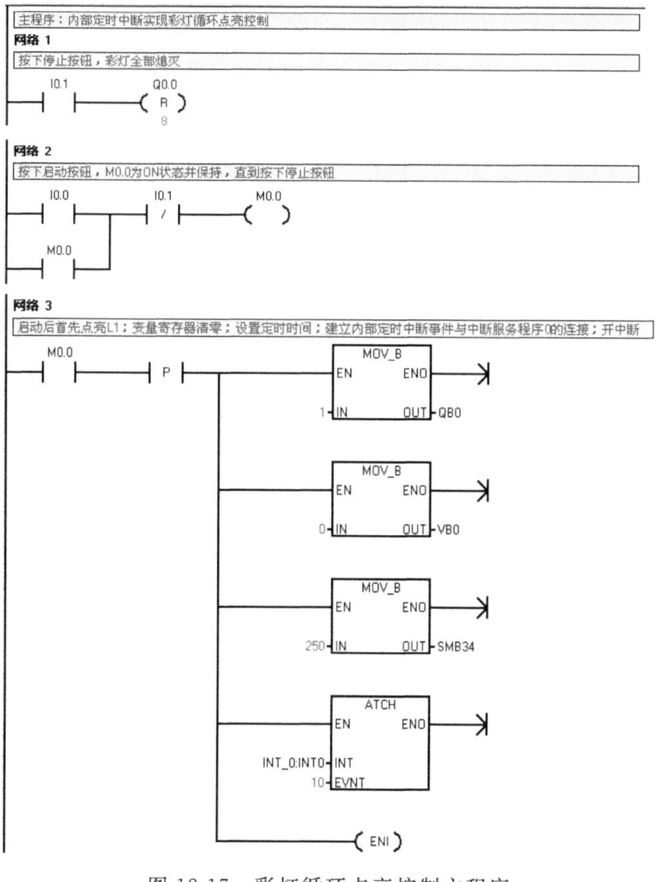

图 12-17 彩灯循环点亮控制主程序

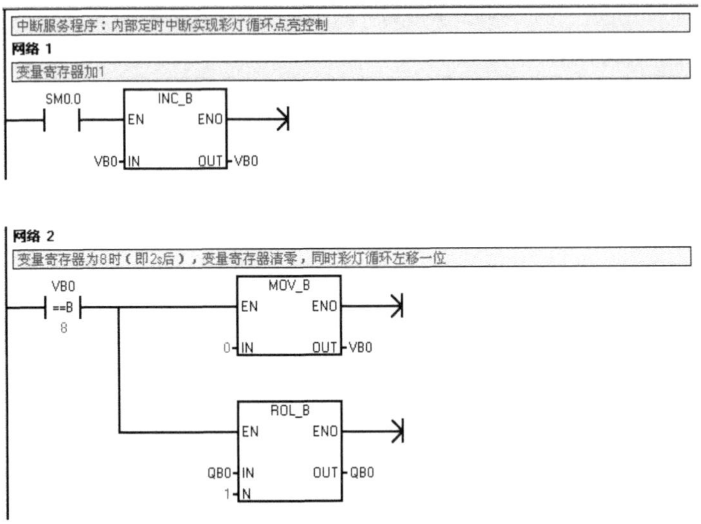

图 12-18　彩灯循环点亮控制中断服务程序

三、抢答器的控制

1. I/O 分配

抢答器控制 I/O 分配见表 12-23。

表 12-23　抢答器控制 I/O 分配表

输入		输出	
输入寄存器	输入设备	输出寄存器	输出设备
I0.0	SD 主持人开始	Q0.0～ Q0.6	L1
I0.1	SR 主持人复位	Q1.0、Q1.1、Q1.2、Q1.3	1～4 队显示
I0.2～I0.5	S1～S4 1～4 队抢答		

7 段数码显示对应关系见表 12-24。

表 12-24　7 段数码显示对应关系

显示数字	十六进制	g(Q0.6)	f(Q0.5)	e(Q0.4)	d(Q0.3)	c(Q0.2)	b(Q0.1)	a(Q0.0)
1	H06	0	0	0	0	1	1	0
2	H5B	1	0	1	1	0	1	1
3	H4F	1	0	0	1	1	1	1
4	H66	1	1	0	0	1	1	0

2. 控制要求

(1) 系统初始上电后，主持人在总控制台上按下“开始”按钮后，允许各队人员开始抢答，即各队抢答按钮有效。

(2) 在抢答过程中，1～4 队中的任何一队抢先按下各自的抢答按钮(S1、S2、S3、S4)后，该队指示灯(L1、L2、L3、L4)点亮，同时 LED 数码管显示当前的队号，并联锁其他参赛选手的电路，使其他队继续抢答无效。

主持人确认抢答状态，按“复位”按钮后，清除显示数码，系统又继续允许各队人员开始抢答，直至又有一队抢先按下自己的抢答按钮。抢答器的控制示意图如图 12-19 所示。

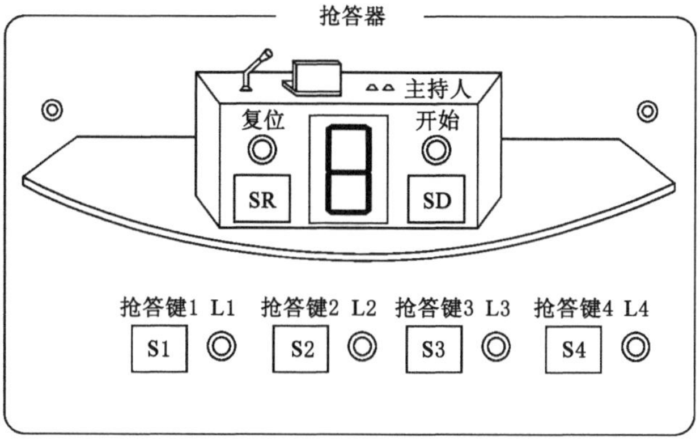

图 12-19　抢答器的控制示意图

3. 控制电路

抢答器的控制电路如图 12-20 所示。

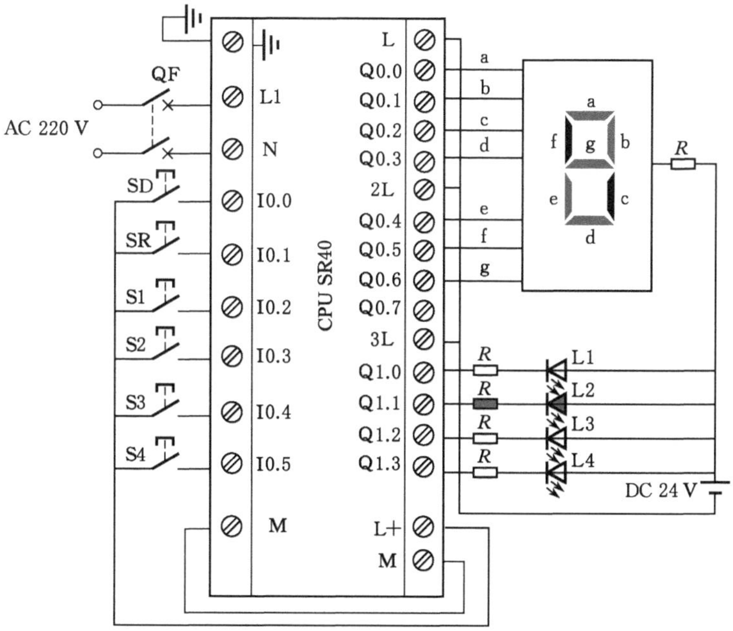

图 12-20　抢答器的控制电路图

4. 控制程序

抢答器的控制程序如图 12-21 所示。

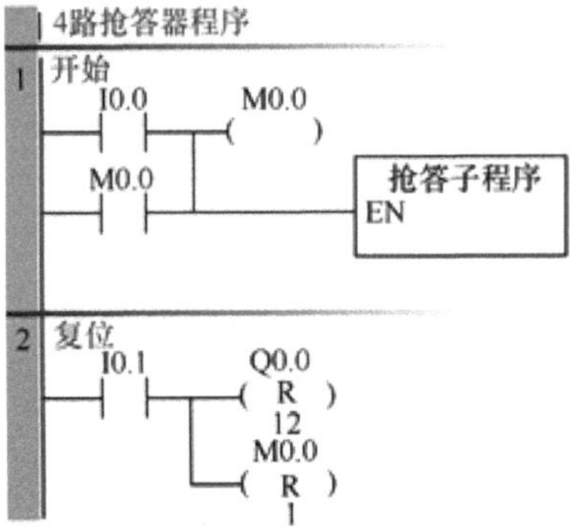

(a) 主程序

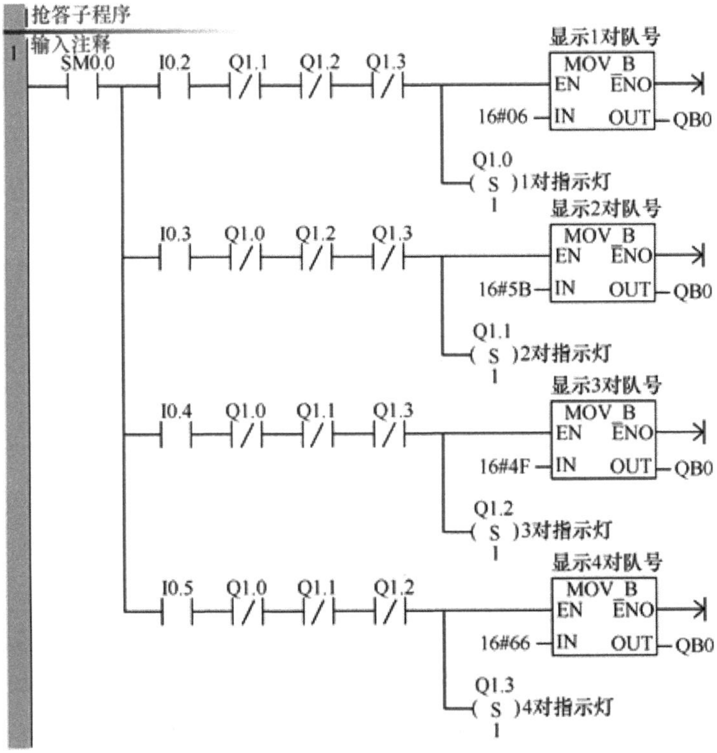

(b) 子程序

图 12-21 抢答器的控制

技术交流

S7-200 SMART 中的出错处理

The S7-200 SMART classifies errors as either fatal errors or non-fatal errors. You can view the error codes that were generated by an error by selecting the PLC>Information menu command.

● Non-fatal errors

Non-fatal errors are those indicating problems with the construction of the user program, with the execution of an instruction in the user program, and with expansion I/O modules.

● Program-compile errors

The S7-200 SMART compiles the program as it downloads. If the S7-200 SMART detects that the program violates a compilation rule, the download is aborted and an error code is generated. (A program that was already downloaded to the S7-200 SMART would still exist in the permanent memory and would not be lost.) After you correct your program, you can download it again. Refer to Appendix C for a list of compile rule violations.

● I/O errors

At startup, the S7-200 SMART reads the I/O configuration from each module. During normal operation, the S7-200 SMART periodically checks the status of each module and compares it against the configuration obtained during startup. If the S7-200 SMART detects a difference, the S7-200 SMART sets the configuration error bit in the module error register. The S7-200 SMART does not read input data from or write output data to that module until the module configuration again matches the one obtained at startup.

● Program execution errors

Your program can create error conditions while being executed. These errors can result from improper use of an instruction or from the processing of invalid data by an instruction.

The S7-200 SMART does not change to STOP mode when it detects a non-fatal error. It only logs the event in SM memory and continues with the execution of your program.

● Fatal Errors

Fatal errors cause the S7-200 SMART to stop the execution of your program. Depending upon the severity of the fatal error, it can render the S7-200 SMART incapable of performing any or all functions. The objective for handling fatal errors is to bring the S7-200 SMART to a safe state from which the S7-200 can respond to interrogations about the existing error conditions. When a fatal error is detected, the S7-200 SMART changes to STOP mode, turns on the SF/DIAG(Red) and the STOP LED, overrides the output table, and turns off the outputs. The S7-200 SMART remains in this condition until the fatal error condition is corrected.

Once you have made the changes to correct the fatal error condition, use one of the following.

Methods to restart the S7-200 SMART:

—Turn the power off and then on.

—Change the mode switch from RUN or TERM to STOP.

—Select the PLC＞Power-Up Reset menu command from STEP 7——Micro/WIN SMART to restart the S7-200 SMART. This forces the S7-200 SMART to restart and clear any fatal errors.

Restarting the S7-200 SMART clears the fatal error condition and performs power-up diagnostic testing to verify that the fatal error has been corrected. If another fatal error condition is found, the S7-200 SMART again sets the fault LED,indicating that an error still exists. Otherwise,the S7-200 SMART begins normal operation.

Some error conditions can render the S7-200 SMART incapable of communication. In these cases,you cannot view the error code from the S7-200 SMART. These types of errors indicate hardware failures that require the S7-200 SMART to be repaired;they cannot be fixed by changes to the program or clearing the memory of the S7-200 SMART.

巩固练习

1. 应用 7 段编码指令 SEG 设计一个用数码显示的 6 人智力竞赛抢答器。

2. 编写下列各数的 8421BCD 码：

   35　　　　2345　　　　987　　　　5679

3. 设(VW0)=3 498,将 VW0 中的数据编为 8421BCD 码后存储到 VW10 中,并将该数据的千位、百位、十位、个位的 7 段显示码分别存储到 VB20、VB21、VB22、VB23 中。

4. 程序如图 12-22 所示,已知 VW20 中内容为 1110 0010 1010 1101,分析程序执行后 VW20 中的内容如何变化。

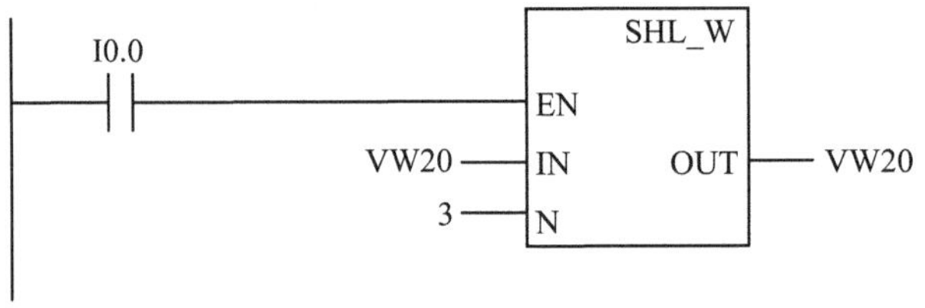

图 12-22　指令示例

5. 若 I0.1、I0.2、I0.3、I0.4 分别对应着 3、4、5、6 个数字。试用数据传送指令与段码指令配合或译码指令与段码指令配合将其通过 QB0 显示出来。

项目十三　PLC 模拟量控制系统编程与调试

学习目标

1. 通过展示现代工业控制系统的场景,让学生了解职业定位,培养学生的社会责任感。
2. 掌握 PLC 模拟量输入/输出扩展模块的性能参数和使用方法。
3. 掌握中断指令、子程序指令、PID 指令的应用。
4. 熟悉恒压供水的控制原理,实操完成控制系统电气接线、PLC 编程。
5. 培养学习者关注行业领域发展、应用专业所学解决工程实际问题的能力。

相关知识

在工业控制中，某些输入量(如压力、温度、流量、转速等)是模拟量，某些执行机构(如电动调节阀、变频器等)要求 PLC 输出模拟信号。

模拟量首先被传感器和转换器转换为标准量程的电流或电压，如直流 4～20 mA、1～5 V 或 0～10 V 等。PLC 用 A/D 转换器将它们转换成数字量。带正负号的电流或电压在 A/D 转换后用二进制补码表示。D/A 转换器将 PLC 的数字输出量转换为模拟电压或电流，再去控制执行机构。模拟量 I/O 模块的主要任务就是实现 A/D 转换(模拟量输入)和 D/A 转换(模拟量输出)。

CPU 单元可以扩展 A/D、D/A 模块，从而可实现模拟量的输入和输出。

一、模拟量输入/输出扩展模块的功能

模拟量输入/输出扩展模块的功能如图 13-1 所示。

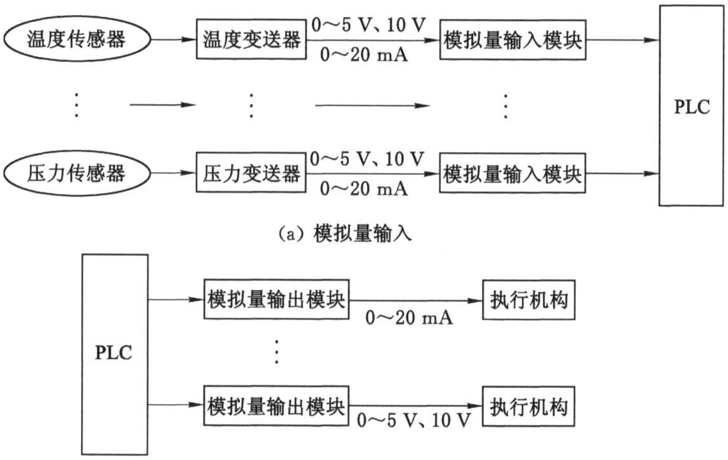

图 13-1　模拟量输入/输出扩展模块的功能

(1) 模拟量输入(A/D)模块：将现场仪表输出的(标准)模拟量信号 0～20 mA、0～5 V、0～10 V 等转化为 PLC 可以处理的一定位数的数字信号。

(2) 模拟量输出(D/A)模块：将 PLC 处理后的数字信号转化为现场仪表可以接收的标准信号 0～20 mA、0～5 V、0～10 V 等。

二、模拟量输入/输出扩展模块的类型

S7-200 SMART 系列 PLC 的模拟量全系列总览见表 13-1。

扩展模块(EM)不能单独使用，需要通过自带的连接器插接在 CPU 模块的右侧，如图 13-2 所示。

1. 模拟量输入模块(EM AE04)

模拟量输入模块 EM AE04(图 13-3)有 4 路模拟量输入，其功能是将输入的模拟量信号转化为数字量，并将结果存入模拟量映像寄存器 AI 中。模拟量输入模块 EM AE04 有 4 种量程，分别为 0～20 mA、－10～10 V、－5～5 V 和－2.5～2.5 V。

表 13-1　S7-200 SMART 系列 PLC 的模拟量全系列总览表

<table>
<tr><th>功能</th><th>模块类型</th><th>通道数</th><th>量程范围</th><th>满量程范围(数据字)</th></tr>
<tr><td rowspan="2">AI</td><td>EM AE04</td><td>4AI</td><td>电压输入：−10～10 V、−5～5 V、−2.5～2.5 V；
电流输入：0～20 mA</td><td rowspan="9">电压：−27 648～27 648；
电流：0～27 648</td></tr>
<tr><td>EM AE08</td><td>8AI</td><td>电压输入：−10～10 V、−5～5 V、−2.5～2.5 V；
电流输入：0～20 mA</td></tr>
<tr><td rowspan="2">AO</td><td>EM AQ02</td><td>2AO</td><td rowspan="2">电压输入：−10～10 V；
电流输入：0～20 mA</td></tr>
<tr><td>EMAQ04</td><td>4AO</td></tr>
<tr><td rowspan="4">AI/AO</td><td rowspan="2">EM AM03</td><td>2AI</td><td>电压输入：−10～10 V、−5～5 V、−2.5～2.5 V；
电流输入：0～20 mA</td></tr>
<tr><td>1AO</td><td>电压输入：−10～10 V；
电流输入：0～20 mA</td></tr>
<tr><td rowspan="2">EM AM06</td><td>4AI</td><td>电压输入：−10～10 V、−5～5 V、−2.5～2.5 V；
电流输入：0～20 mA</td></tr>
<tr><td>2AO</td><td>电压输入：−10～10 V；
电流输入：0～20 mA</td></tr>
</table>

图 13-2　模拟量输入/输出扩展模块

对于单极性满量程输入范围对应的数字量输出为 0～27 648；双极性满量程输入范围对应的数字量输出为−27 648～27 648。

EM AE04 有 4 个模拟量输入通道，每个通道占用两个端子，通道 0、通道 1 不能同时测量电流和电压信号，通道 2 和通道 3 同理。L+端是电源端，需要外接 24 V 直流电源。

2. 模拟量输出模块(EM AQ02)

模拟量输出模块 EM AQ02(图 13-4)有两路模拟量输出，其功能将模拟量输出映像寄存器 AQ 中的数字量转换为可用于驱动执行元件的模拟量。此模块有两种量程，分别为±10 V 和 0～20 mA，对应的数字量为−27 648～27 648 和 0～27 648。

AQ 中的数据以字(16 位)的形式存取，电压模式的有效位为 11 位+符号位；电流模式的有效位为 11 位。

EM AQ02 具有两个模拟量输出通道，每个通道占用两个端子，电源端 L+需要外接 24 V 直流电源。

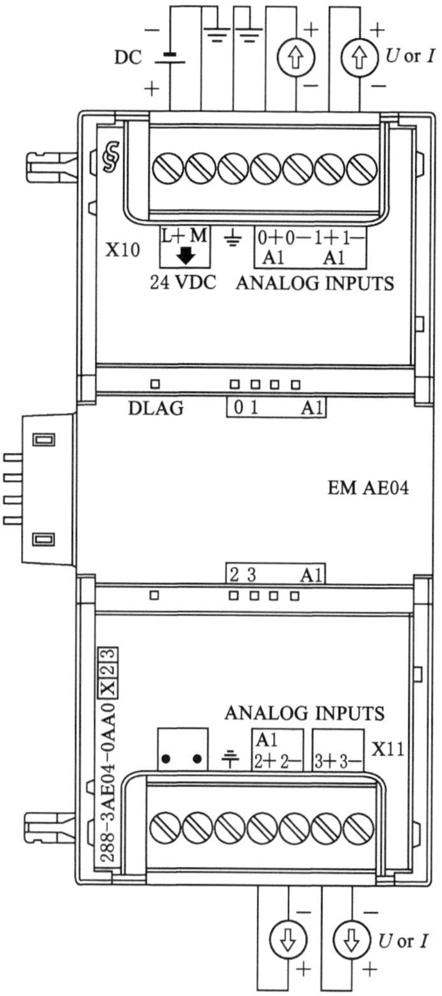

图 13-3 EM AE04 的端子及接线

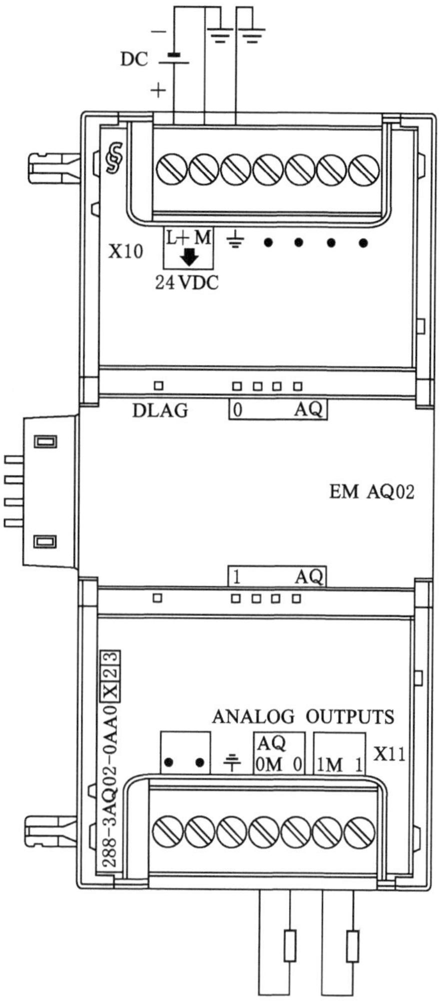

图 13-4 EM AQ02 的端子及接线

3. 模拟量输入/输出模块(EM AM06)

模拟量输入/输出模块(EM AM06)有 4 路模拟量输入和 2 路模拟量输出,其常用技术参数见表 13-2。EM AM06 的端子及接线如图 13-5 所示。

表 13-2 EM AM06 的常用技术参数

模拟量输入特性		模拟量输出特性	
模拟量输入点数	4	模拟量输出点数	2
输入范围	电压输入:−10～10 V、−5～5 V、−2.5～2.5 V 电流输入:0～20 mA	信号范围	电压输出:±10 V 电流输出:0～20 mA
数据字格式	双极性全里程范围:−27 648～+27 648 单极性全里程范围:0～27 648	数据字格式	电压:−27 648～+27 648 电流:0～27 648
分辨率	电压模式:12 位+符号位 电流模式:12 位	分辨率	电压模式:11 位+符号位 电流模式:11 位

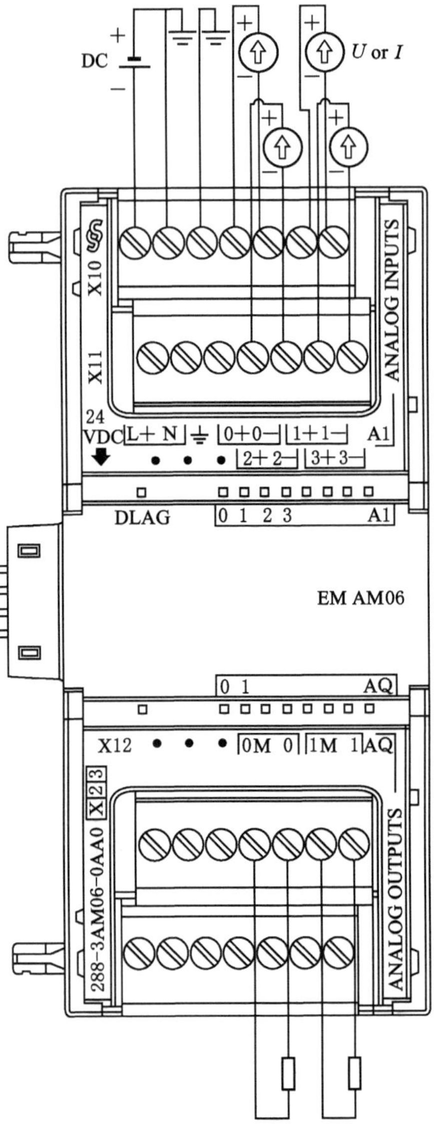

图 13-5　EM AM06 的端子及接线

模拟量电流、电压信号根据模拟量仪表或设备线缆个数分成四线制、三线制、两线制三种类型，不同类型信号的接线方式不同。

① 四线制接线方式。四线制信号是指模拟量仪表或设备上信号线和电源线加起来有 4 根线。仪表或设备有单独的供电电源，除了两个电源线外，还有两个信号线。如图 13-6(a) 所示。

② 三线制接线方式。三线制信号是指仪表或设备上信号线和电源线加起来有 3 根线，负信号线与供电电源 M 线为公共线。如图 13-6(b)所示。

③ 二线制接线方式。两线制信号是指仪表或设备上信号线和电源线加起来只有两个接线端子。由于 S5-200 SMART 系列 CPU 模拟量模块通道没有供电功能，所以仪表或设备需要外接 24 V 直流电源。如图 13-6(c)所示。

④ 不使用的模拟量输入通道要将通道的两个信号端短接。如图 13-6(d)所示。

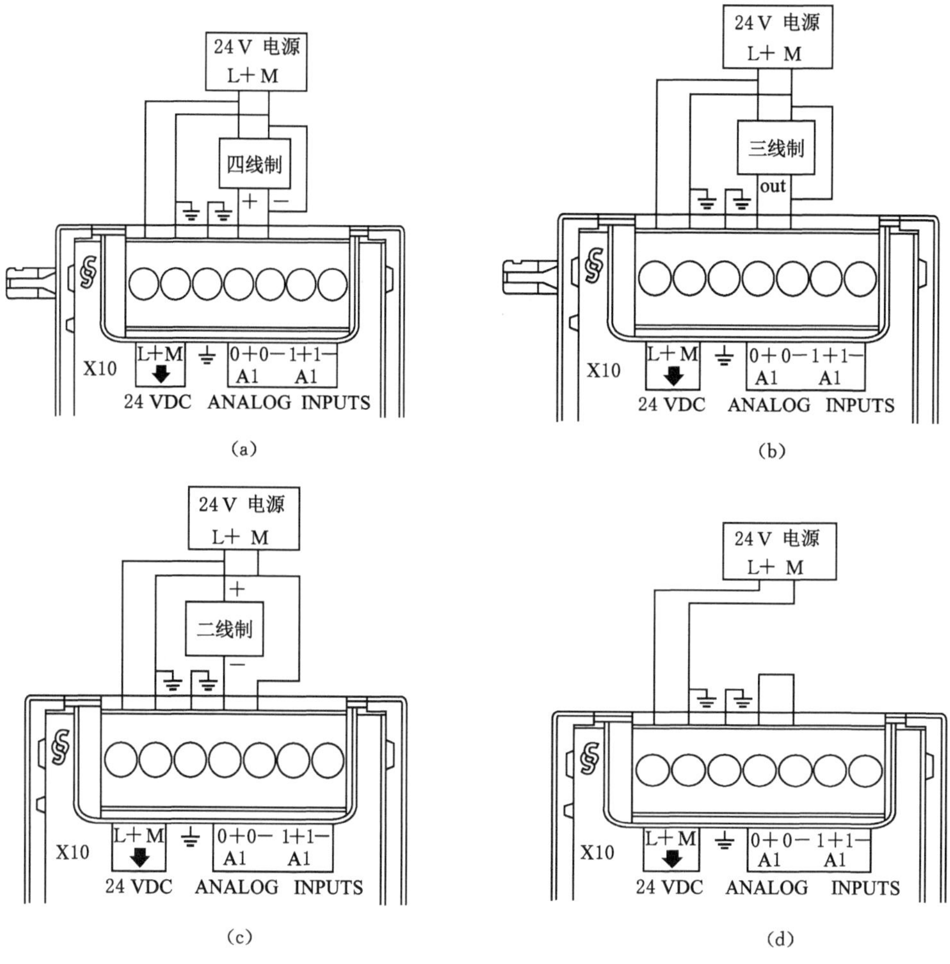

图 13-6 模拟量信号接线

三、PID 控制指令

1. 模拟量闭环控制系统的组成

模拟量闭环控制系统的组成如图 13-7 所示。

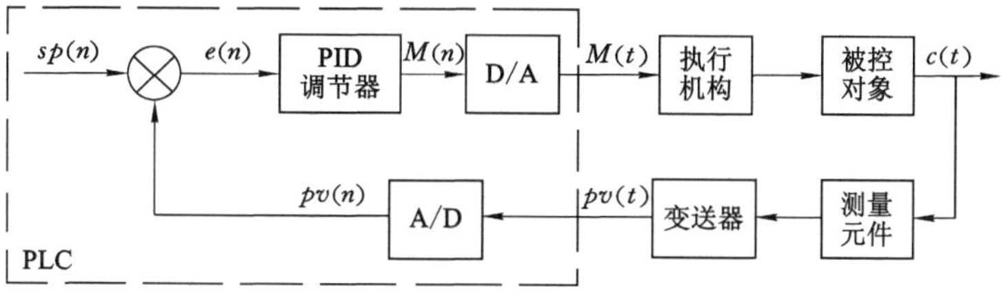

图 13-7 模拟量闭环控制系统的组成框图

2. PID 指令

PID 指令格式见表 13-3,控制回路参数见表 13-4。

表 13-3　PID 指令格式

梯形图	语句表	说明
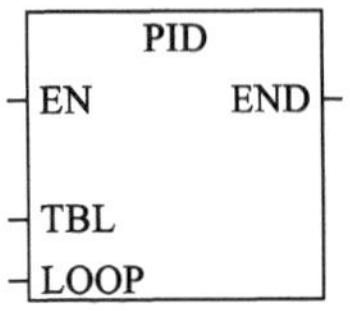	PID TBL，LOOP	TBL：参数表起始地址 VB，数据类型：字节 LOOP：回路号，常量(0～7)，数据类型：字节

表 13-4　PID 控制回路参数表

偏移地址	参数	数据格式	参数类型	数据说明
0	过程变量当前值	双字、实数	输入	在 0.0～1.0 之间
4	给定值	双字、实数	输入	在 0.0～1.0 之间
8	输出值	双字、实数	输出	在 0.0～1.0 之间
12	增益	双字、实数	输入	比例常量，可正可负
16	采样时间	双字、实数	输入	以秒为单位，必须为正数
20	积分时间	双字、实数	输入	以分钟为单位，必须为正数
24	微分时间	双字、实数	输入	以分钟为单位，必须为正数
28	上一次的积分值	双字、实数	输出	在 0.0～1.0 之间
32	上一次过程变量	双字、实数	输出	最近一次 PID 运算值

(1) PID 控制

在工业生产中，常需要用闭环控制方式实现温度、压力、流量等连续变化的模拟量控制。无论是使用模拟控制器的模拟控制系统，还是使用计算机(包括 PLC)的数字控制系统，PID 控制都得到了广泛的应用。

过程控制系统在对模拟量进行采样的基础上，一般还对采样值进行 PID(比例＋积分＋微分)运算，并根据运算结果，形成对模拟量的控制作用。控制结构如图 13-8 所示。

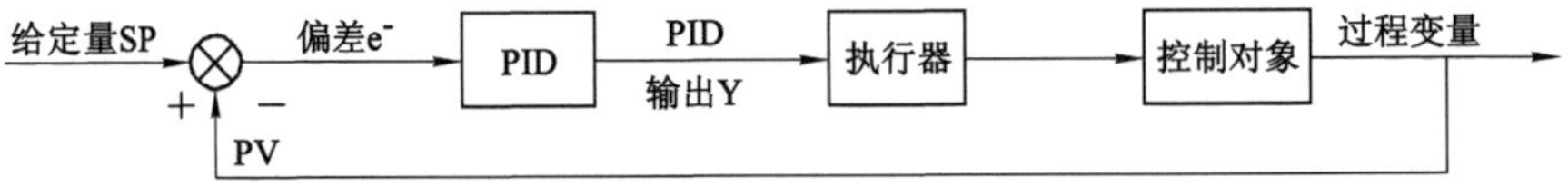

图 13-8　PID 控制系统结构图

PID 运算中的比例作用：可对偏差做出及时响应。

积分作用：可以消除系统的静态误差，提高精度，加强系统对参数变化的适应能力。

微分作用：可以克服惯性滞后，加快动作时间，克服振荡，提高抗干扰能力和系统的稳定性，可改善系统动态响应速度。

因此，对于速度、位置等快过程及温度、化工合成等慢过程，PID 控制都具有良好的实际效果。若能将三种作用的强度适当配合，则可以使 PID 回路快速、平稳、准确地运行，从而获得满意的控制效果。

PID 的三种作用是相互独立、互不影响的。改变一个参数，仅影响一种调节作用，而不影响其他调节作用。

S7-200 SMART 系列 CPU 提供了 8 个回路的 PID 功能，用于实现需要按照 PID 控制规律进行自动调节的控制任务，如温度、压力和流量控制等。PID 功能一般需要模拟量输入，以反映被控制物理量的实际数值，称为反馈；而用户设定的调节目标值，即为给定。

PID 运算的任务就是根据反馈与给定的差值，按照 PID 运算规律计算出结果，输出到固态开关元件（控制加热棒）或者变频器（驱动水泵）等执行机构进行调节，以达到自动维持被控制的量跟随给定变化的目的。

S7-200 SMART 中 PID 功能的核心是 PID 指令，PID 指令需要指定一个以 V 为变量存储区地址开始的 PID 回路表以及 PID 回路号。PID 回路表提供了给定和反馈以及 PID 参数等数据入口，PID 运算的结果也在回路表中输出。

（2）PID 调节指令格式及功能

PID 调节指令格式如图 13-9（a）所示。图 13-9（b）所示为参数起始地址为 VB2，PID 调节回路号为 0。

图 13-9　PID 调节指令

说明：

① LOOP 为 PID 调节回路号，可在 0～7 范围选取。为保证控制系统的每一条控制回路都能得到正常调节，必须为调节回路号 LOOP 赋不同的值，否则系统将不能正常工作。

② TBL 为与 LOOP 相对应的 PID 参数表的起始地址。它由 36 个字节组成，存储着 9 个参数，其格式及含义见表 13-5。

表 13-5　PID 回路表

偏移地址(VB)	变量名	数据类型	变量类型	描述
T+0	过程变量当前值	实数	输入	过程变量，0.0～1.0
T+4	给定值	实数	输入	给定值，0.0～1.0
T+8	输出值	实数	输入/输出	输出值，0.0～1.0
T+12	增益	实数	输入	比例常数，正、负
T+16	采样时间	实数	输入	单位为秒，正数
T+20	积分时间	实数	输入	单位为分钟，正数
T+24	微分时间	实数	输入	单位为分钟，正数
T+28	积分项前值	实数	输入/输出	积分项前值，0.0～1.0
T+32	过程变量前值	实数	输入/输出	最近一次 PID 变量值

（3）PID 回路表的格式

PLC在执行PID调节指令时，需对算法中的9个参数进行运算，为此，S7-200 SMART的PID指令使用一个存储回路参数的回路表，PID回路表的格式及含义见表13-5。

说明：

① PLC可同时对多个生产过程（回路）实行闭环控制。

② 反馈量和给定值为PID算法的输入，只可由PID指令读取并不可更改。通常反馈量来自模拟量输入模块，给定量来自人机对话设备，如TD200、触摸屏、组态软件监控系统等。

③ 回路输出值由PID指令计算得出，仅当PID指令完全执行完毕才予以更新。该值还需用户按工程量标定通过编程转换为16位数字值，送往PLC的模拟量输出寄存器。

④ 增益、采样时间、积分时间和微分时间是由用户事先写入的值，通常也可通过人机对话设备（如TD200、触摸屏、组态软件监控系统等）输入。

⑤ 积分项前值由PID运算结果更新，且此更新值用作下一次PID运算的输入值。积分和的调整值必须是0.0～1.0之间的实数。

（4）输入/输出量的处理

① 输入回路归一化处理

输入寄存器→16位整数→32位整数→32位实数→标准化(0.0～1.0)

将实数转换成0.0～1.0间的标准化数值，送回路表地址偏移量为0的存储区，用下式计算：

实际数值的标准化数值=(实际数值的非标准化实数/取值范围)+偏移量

式中，取值范围：单极性为32 000，双极性为64 000；偏移量：单极性为0，双极性为0.5。

② 输出回路处理

标准化(0.0～1.0)→32位整数→16位整数→输出寄存器

PID的运算结果是一个在0.0～1.0范围内标准化实数格式的数据，必须转换为16位的按工程标定的值才能用于驱动实际机械（如变频器等），用下式计算：

输出实数数值=(PID回路输出标准化实数值−偏移量)×取值范围

式中，取值范围：单极性为32 000，双极性为64 000；偏移量：单极性为0，双极性为0.5。

四、PID向导的应用

STEP7-Micro/WIN SMART提供了PID Wizard（PID指令向导），可以帮助用户方便地生成一个闭环控制过程的PID算法。用户只要在向导的指导下填写相应的参数，就可以方便快捷地完成PID运算的自动编程。用户只要在应用程序中调用PID向导生成的子程序，就可以完成PID控制任务。向导最多允许配置8个PID回路。

PID向导既可生成模拟量输出的PID控制算法，也支持开关量输出；既支持连续自动调节，也支持手动参与控制，并能实现手动到自动的无扰切换。除此之外，它还支持PID反作用调节。

PID功能块只接受0.0～1.0之间的实数作为反馈、给定与控制输出的有效数值。如果是直接使用PID功能块编程，则必须保证数据在这个范围之内，否则就会出错。其他如增益、采样时间、积分时间和微分时间都是实数。但PID向导已经把外围实际的物理量与PID功能块需要的输入/输出数据之间进行了转换，不再需要用户自己编程就可进行输入/输出的转换与标准化处理。

例如，对一台电动机进行转速控制，要求电动机的转速调整为额定转速的80%，系统采用

PID 控制，设比例增益为 0.5，采样时间为 0.1 s，积分时间为 10 min，微分为 5 min。在此控制中，由于考虑电动机可能要正反转，故设定输出为双极性模拟量，试编写 PID 控制程序。

（1）主程序

主程序如图 13-10 所示。

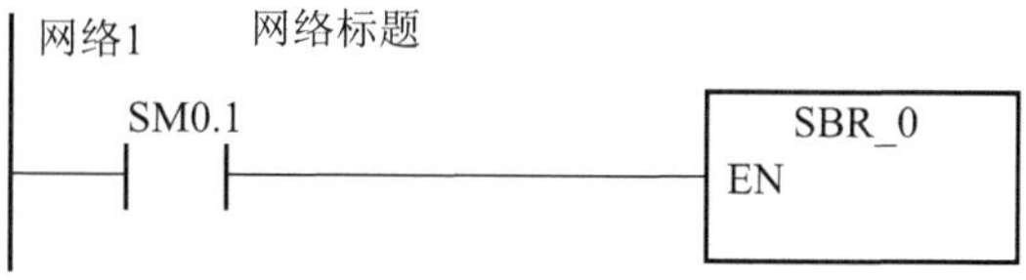

图 13-10　主程序

（2）子程序

子程序如图 13-11 所示。

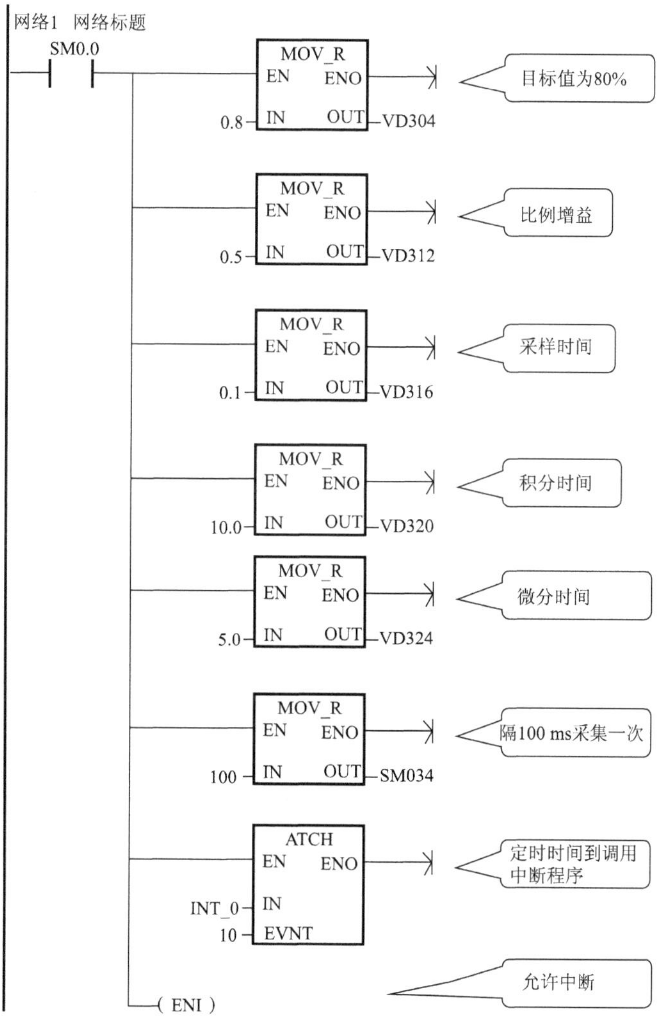

图 13-11　子程序

(3) 中断程序

中断程序如图 13-12 所示。

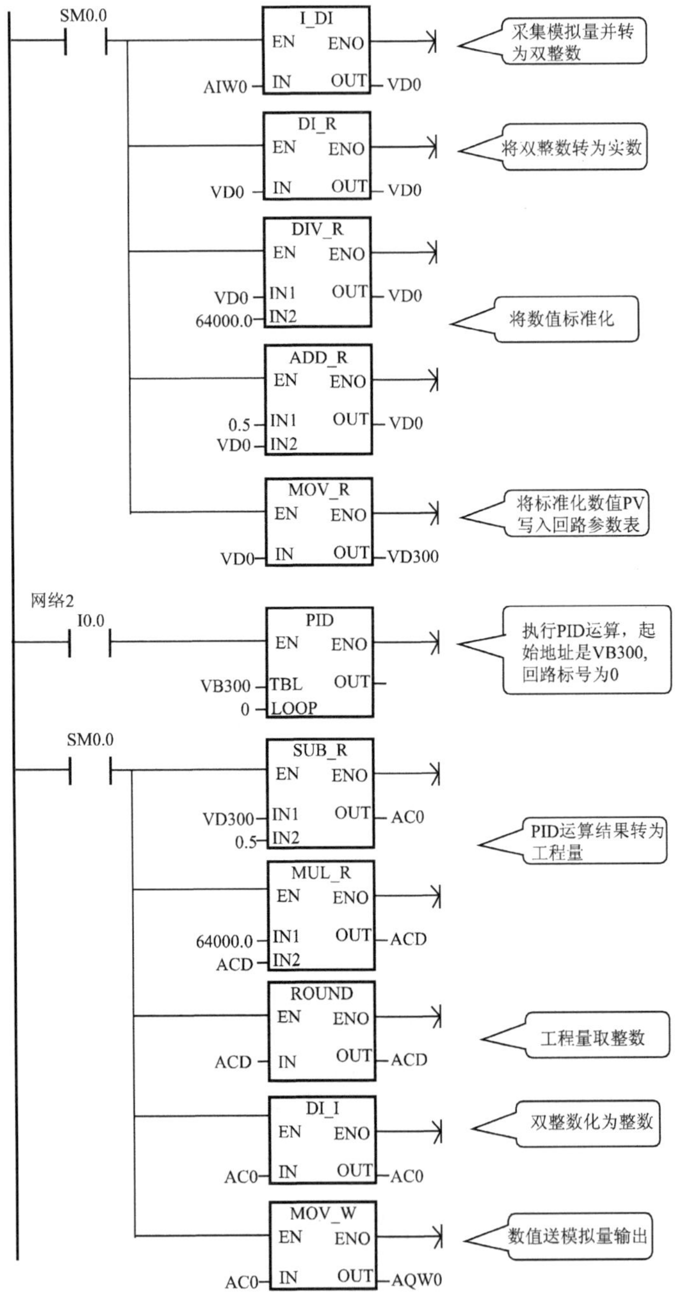

图 13-12 中断程序

项目导入

如图 13-13 所示，用 PLC 实现液位控制：泵机由变频器驱动，在系统启动后要求储水箱水位（－300～＋300 mm）保持在水箱中心（－150～＋150 mm），若水箱水位在高于或低于水箱中心 150 mm 时，系统发出报警指示。

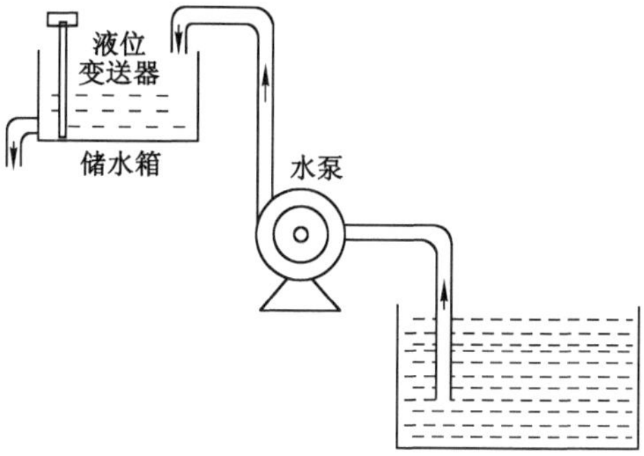

图 13-13 液位控制示意图

项目分析

1. 确定 I/O 设备

PLC 检测液位传感器的输出电压值，通过 PID 调节的方式，输出模拟量电压控制变频器的运行状况，从而保持水位处于水箱中心水位。这里扩展了 EM AM06 模块，用于连接模拟量的输入与输出，电源经接触器连接变频器至电动机。液位控制电路图如图 13-14 所示。

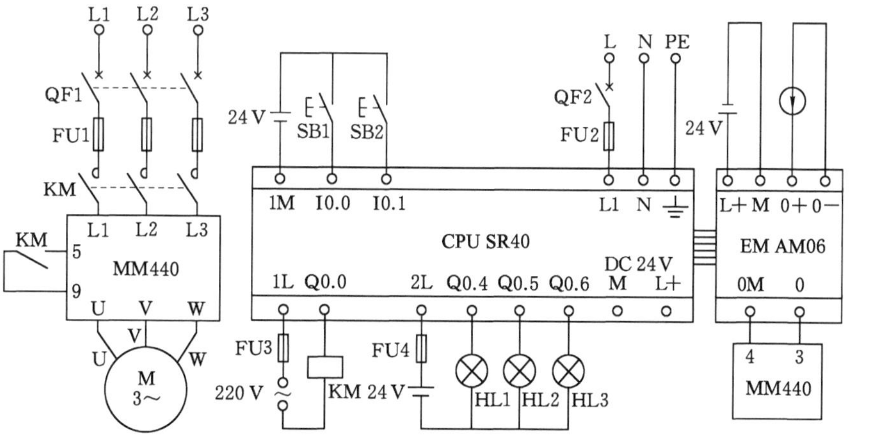

图 13-14 液位控制电路图

2. I/O 分配

液位控制 I/O 分配见表 13-6。

表 13-6　液位控制 I/O 分配表

输入		输出	
输入继电器	元件	输出继电器	元件
I0.0	启动按钮 SB1	Q0.0	接触器 KM 线圈
I0.1	停止按钮 SB2	Q0.4	电动机运行指示 HL1
AIW16	液位传感器	Q0.5	水位上限报警指示 HL2
		Q0.6	水位下限报警指示 HL3
		AQW16	模拟量电压输出

3. 变频器的参数设置

变频器的参数设置见表 13-7。

表 13-7　变频器的参数设置

参数号	设置值	参数号	设置值
P0700	2	P0758	0
P0701	1	P0759	10
P0756	0	P0760	100
P0757	0	P1000	2

4. 控制程序

(1) 主程序

液位控制主程序如图 13-15 所示。

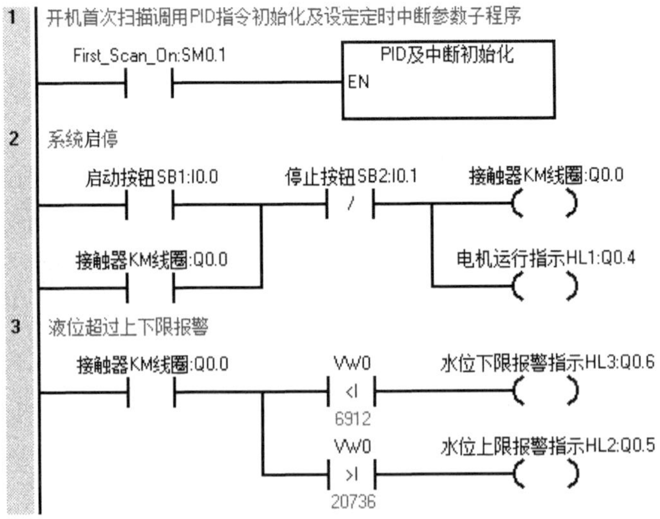

图 13-15　液位控制主程序

(2) 子程序

液位控制子程序如图 13-16 所示。

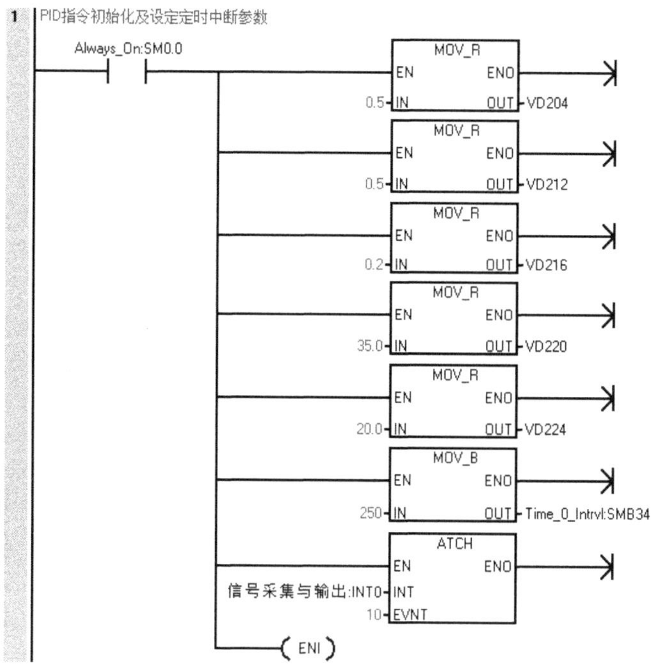

图 13-16　液位控制子程序

(3) 中断程序

液位控制中断程序如图 13-17 所示。

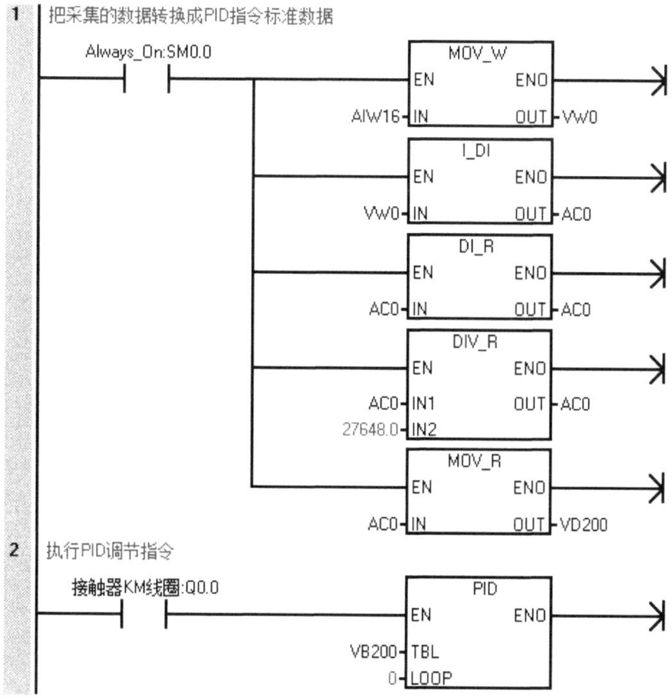

图 13-17　液位控制中断程序

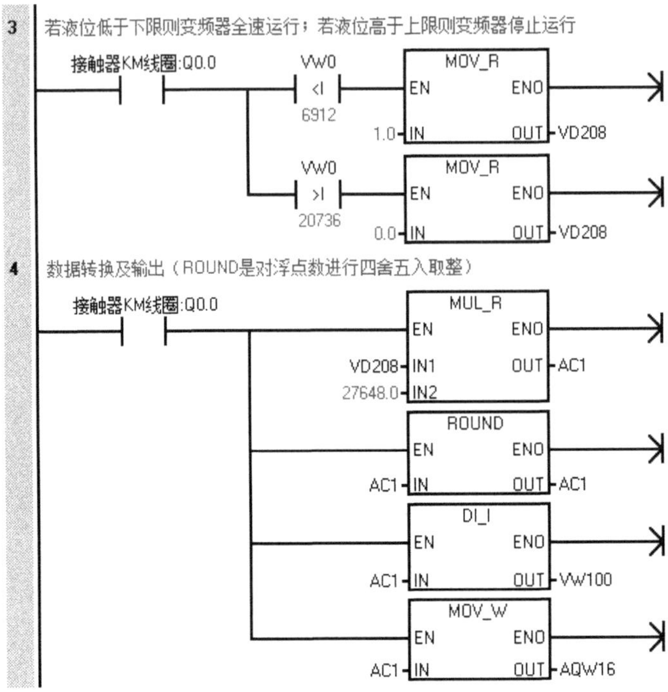

液位控制的编程与调试微课讲解

图 13-17(续)

项目实施

一、工具及器材

工具及器材见表 13-8。

表 13-8 工具及器材

序号	名称及说明	数量	备注
1	PLC 主机模块(S7-CPU SR40)、扩展模块 EM AM06	1	
2	计算机(编程/监控)	1	
3	以太网电缆	1	
4	电源线	1	
5	变频器 MM440	1	
6	按钮、指示灯、接触器	若干	
7	连接导线	若干	
8	万用表、螺丝刀(十字口和一字口)、剥线钳、尖嘴钳、斜口钳等	1	

二、操作步骤

(1) 完成 PLC 主机模块与输入设备及输出设备之间的信号线、电源线连接。

(2) 下载程序,在线监控程序运行。

(3) 针对程序运行情况,调试程序符合控制要求。

三、项目完成情况评价

项目完成情况评价见表 13-9。

表 13-9　项目完成情况评价（评分细则见附录）

内容	职业素质	专业知识	岗位技能	实操安全	答辩及作业	项目完成结果
占比	20%	20%	20%	10%	10%	20%
同学 1	□优□良 □中□差	□优□良 □中□差	□优□良 □中□差	□优□良 □中□差	□优□良 □中□差	□优□良 □中□差
同学 2	□优□良 □中□差	□优□良 □中□差	□优□良 □中□差	□优□良 □中□差	□优□良 □中□差	□优□良 □中□差
同学 3	□优□良 □中□差	□优□良 □中□差	□优□良 □中□差	□优□良 □中□差	□优□良 □中□差	□优□良 □中□差
教师	□优□良 □中□差	□优□良 □中□差	□优□良 □中□差	□优□良 □中□差	□优□良 □中□差	□优□良 □中□差
总结及自评						
小组同学 签名：			教师 签名：		综合评价：	

知识拓展

一、PLC 实现的炉温控制

系统由一组 10 kW 的加热器进行加热，温度要求控制在 50～60 ℃，炉内温度由一温度传感器进行检测，系统启动后当炉内温度低于 50 ℃时，加热器自行启动加热；当炉内温度高于 60 ℃时，加热器停止运行。同时，要求系统炉温在被控范围内绿灯常亮，低于被控温度 50 ℃时黄灯亮，高于被控温度 60 ℃时红灯亮。

1. I/O 分配

炉温控制 I/O 分配见表 13-10。

表 13-10　炉温控制 I/O 分配表

输入		输出	
输入继电器	元件	输出继电器	元件
I0.0	开始按钮 SB1	Q0.0	接触器 KM 线圈
I0.1	停止按钮 SB2	Q0.4	绿灯 HL1
AIW16	温度传感器	Q0.5	黄灯 HL2
		Q0.6	红灯 HL3

2. 控制电路

炉温控制电路如图 13-18 所示。

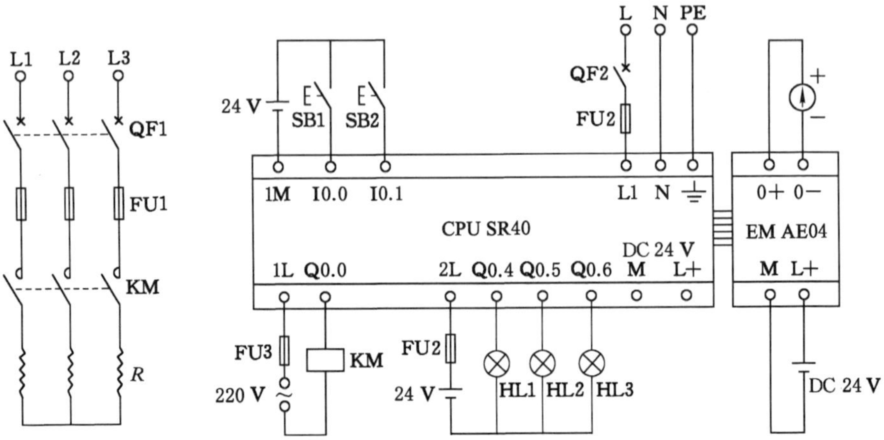

图 13-18 炉温控制电路图

3. 控制程序

(1) 主程序

炉温控制主程序如图 13-19 所示。

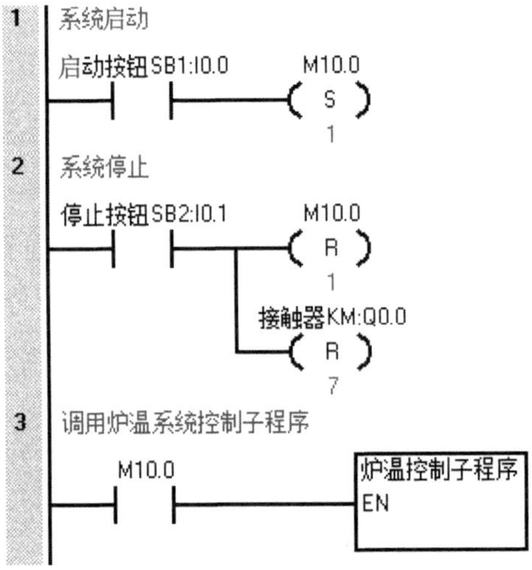

图 13-19 炉温控制主程序

(2) 子程序

炉温控制子程序如图 13-20 所示。

二、PLC 实现电热水炉温度控制

电热水炉温度控制示意图如图 13-21 所示。要求当水位低于低位液位开关时，打开进水电磁阀进水；当水位高于高位液位开关时，关闭进水电磁阀停止进水。加热时，当水温低于 80 ℃时，打开电源控制开关开始加热；当水温高于 95 ℃时，停止加热并保温。

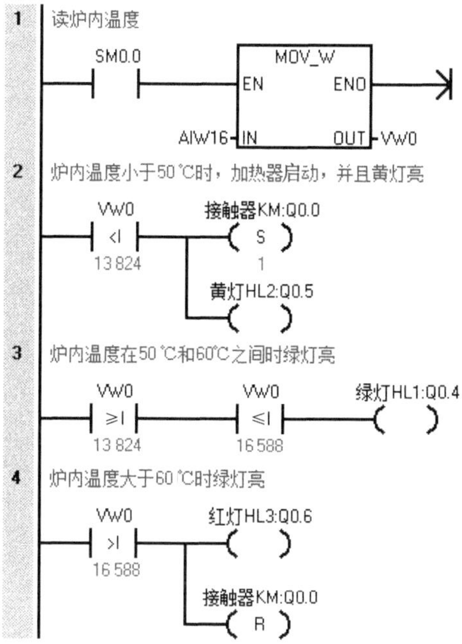

图 13-20　炉温控制子程序

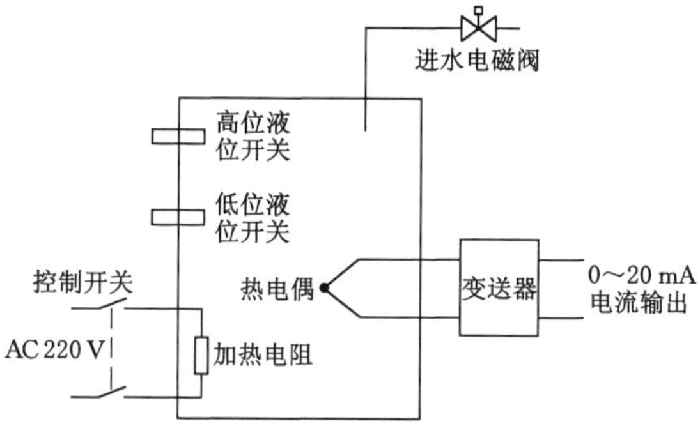

图 13-21　电热水炉温度控制示意图

1. I/O 分配

电热水炉温度控制 I/O 分配见表 13-11。

表 13-11　电热水炉温度控制 I/O 分配表

输入		输出	
输入继电器	元件	输出继电器	元件
I0.0	开始按钮 SB1	Q0.1	电磁阀
I0.1	停止按钮 SB2	Q0.2	加热电阻
I0.2	高液位开关		
I0.3	低液位开关		
AIW16	温度传感器		

2. 控制电路

电热水炉温度控制电路如图 13-22 所示。

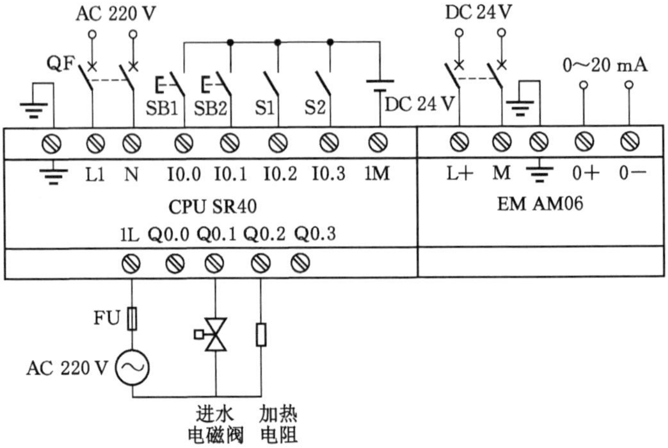

图 13-22　电热水炉温度控制电路图

3. 模拟量扩展模块组态

模拟量扩展模块组态如图 13-23 所示。

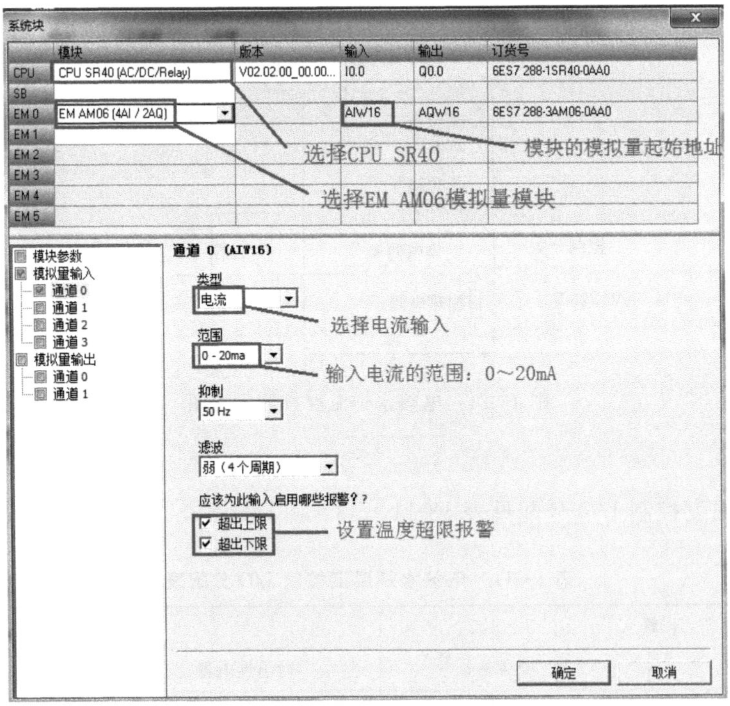

图 13-23　模拟量扩展模块组态

4. 控制程序

电热水炉温度控制程序如图 13-24 所示。

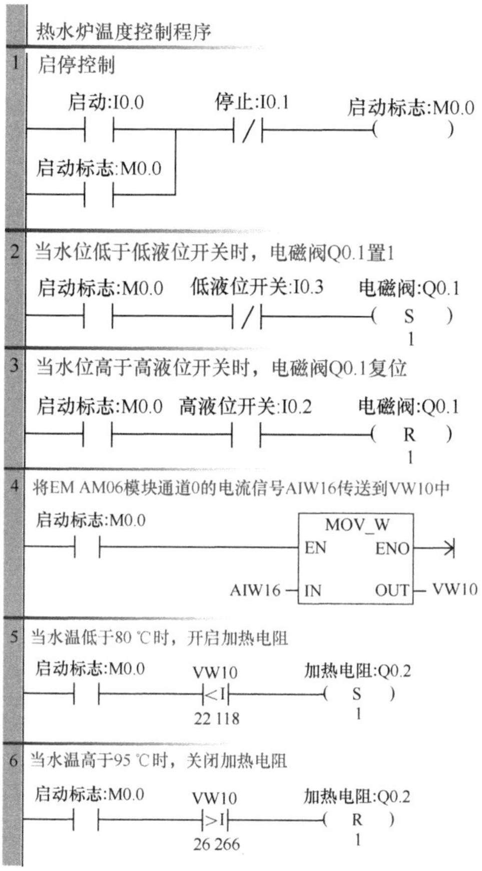

图 13-24 电热水炉温度控制程序

三、PLC 实现变频器的速度控制

用 PLC 实现由变频器驱动的传输链速度控制。控制要求：① 传输链速度控制分为 5 个工作速度：1 速为 15 Hz，2 速为 20 Hz，3 速为 30 Hz，4 速为 35 Hz，5 速为 40 Hz。② 传输链速度控制有加速和减速按钮，每按一次按钮，变频器的速度就会增加或减少 1 Hz。

1. I/O 分配

传输链速度控制 I/O 分配见表 13-12。

表 13-12 传输链速度控制 I/O 分配表

输入		输出	
输入寄存器	输入设备	输出寄存器	输出信号
I0.1～I0.5	速度选择开关 SA	Q0.0	变频器启动变频器 5 端子
I0.6	启动 SB1	Q0.4	变频器运行指示 HL1
I0.7	停止 SB2	Q0.5	变频器报警指示 HL2
I1.0	加速按钮 SB3	AQW16	模拟量电压输出
I1.1	减速按钮 SB4		
I1.2	变频器 19、20 端子		

2. 控制电路

传输链速度控制电路如图 13-25 所示。

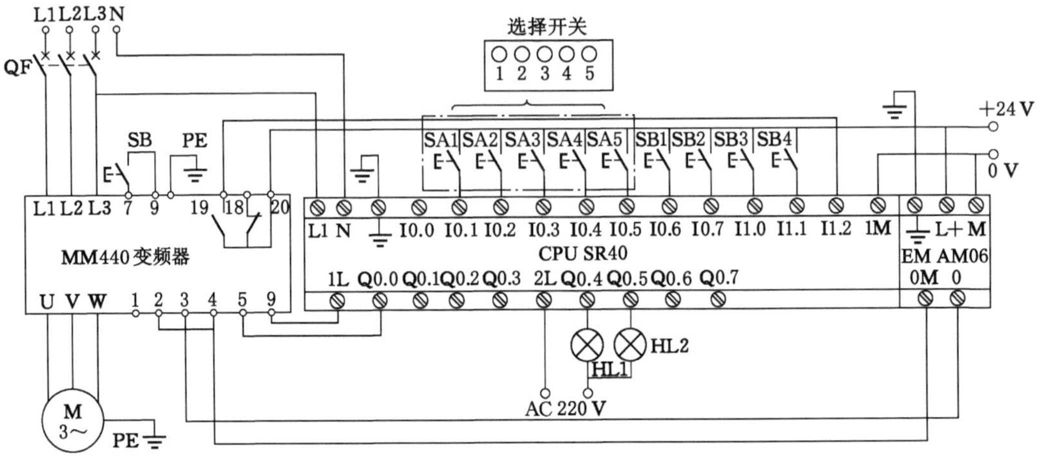

图 13-25　传输链速度控制电路图

3. 变频器参数设置

变频器参数设置见表 13-13。

表 13-13　变频器参数设置

参数号	参数名称	出厂值	设定值	说明
P0003=1,设用户讯问级为标准级 P0004=7,命令和数字 I/O				
P0700[0]	选择命令给定源(启动/停止)	2	2	命令源选择由端子排输入
P0002=1,设用户讯问级为扩展级 P0004=7,命令和数字 I/O				
P0701[0]	设置端子 5	1	1	ON 接通正转,OFF 停止
P0703[0]	设置端子 7	9	9	故障确认
P0731[0]	选择数字输出 1 的功能	52.3	52.3	将数字输出 1 设置为变频器故障
P0003=3,设用户讯问级为专家级 P0004=7,命令和数字 I/O				
P0748	数字输出反相	0	1	P0748=1 时,变频器上电,数字输出 1 的继电器不得电,一旦变频器故障,数字输出 1 的继电器得电,其常开触点 19、20 闭合,切断变频器的电源
P0003=1,设用户讯问级为标准级 P0004=10,设定值通道和斜坡函数发生器				
P1000[0]	设置频率给定值	2	2	选择 AIN1 给定频率
* P1080[0]	下限频率	0	0	电动机的最小运行频率(0 Hz)

表 13-13(续)

参数号	参数名称	出厂值	设定值	说明
* P1082[0]	上限频率	50	50	电动机的最大运行频率(50 Hz)
* P1120[0]	加速时间	10	5	斜坡上升时间(5 s)
* P1121[0]	减速时间	10	5	斜坡下降时间(5 s)
P0003=2,设用户讯问级为标准级 P0004=8,模拟 I/O				
P0756[0]	设置 ADC1 的类型	0	0	AIN1 通道选择 0~10 V 电压输入,同时将 I/O 板上的 DIP1 开关置于 OFF 位置
P0757[0]	标定 ADC1 的 x_1 值	0	0	设定 AIN1 通道给定电压的最小值 0 V
P0578[0]	标定 ADC1 的 y_1 值	0.0	0.0	设定 AIN1 通道给定频率的最小值 0 Hz 对应的百分比为 0%
P0759[0]	标字 ADC1 的 x_2 值	10	10	设定 AIN1 通道给定电压的最大值 10 V
P0760[0]	标定 ADC1 的 y_2 值	100.0	100.0	设定 AIN1 通道给定频率的最大值 50 Hz 对应的百分比为 100%
P0761[0]	死区宽度	0	0	标定 ADC 死区宽度
P0003=2,设用户讯问级为标准级 P0004=20,通信				
P200[0]	基准频率	50.00	50.00	基准频率设为 50 Hz

4. 控制程序

传输链速度控制是通过 EM AM06 输出的 0~10 V 模拟量电压信号控制变频器在 0~50 Hz 之间调速,5 种速度与模拟量电压及数字量之间的对应关系见表 13-14。

表 13-14 传输链速度模拟量电压及数字量之间的对应关系

频率/Hz	15	20	30	35	40
模拟电压/V	3	4	6	7	8
数字量	8 294	11 059	16 589	19 354	22 118

传输链速度控制程序如图 13-26 所示。

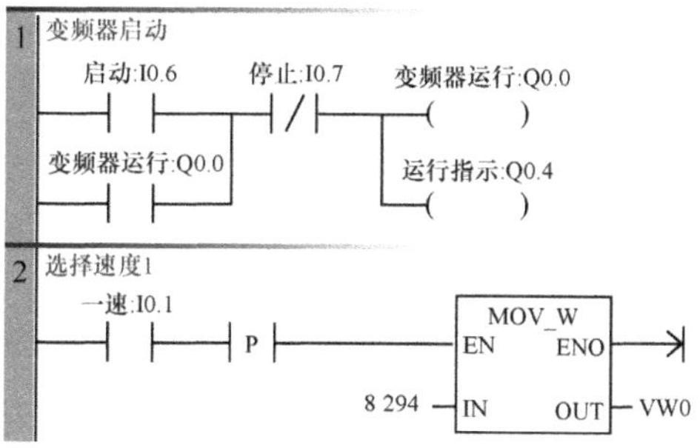

图 13-26 传输链速度控制程序

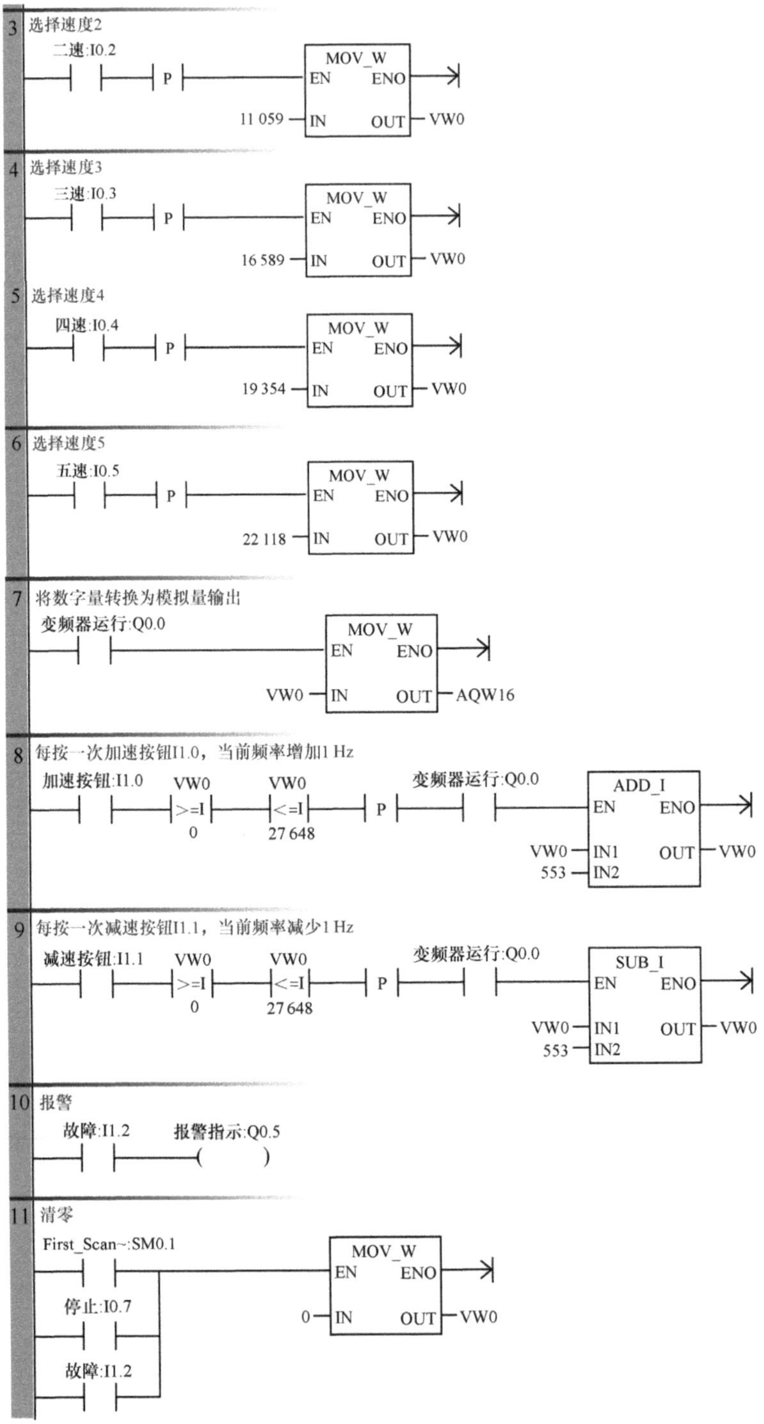

3 选择速度2
二速:I0.2
P
MOV_W
EN ENO
11 059 IN OUT VW0
4 选择速度3
三速:I0.3
P
MOV_W
EN ENO
16 589 IN OUT VW0
5 选择速度4
四速:I0.4
P
MOV_W
EN ENO
19 354 IN OUT VW0
6 选择速度5
五速:I0.5
P
MOV_W
EN ENO
22 118 IN OUT VW0
7 将数字量转换为模拟量输出
变频器运行:Q0.0
MOV_W
EN ENO
VW0 IN OUT AQW16
8 每按一次加速按钮I1.0，当前频率增加1 Hz
加速按钮:I1.0
VW0 >=I 0
VW0 <=I 27 648
P
变频器运行:Q0.0
ADD_I
EN ENO
VW0 IN1 OUT VW0
553 IN2
9 每按一次减速按钮I1.1，当前频率减少1 Hz
减速按钮:I1.1
VW0 >=I 0
VW0 <=I 27 648
P
变频器运行:Q0.0
SUB_I
EN ENO
VW0 IN1 OUT VW0
553 IN2
10 报警
故障:I1.2
报警指示:Q0.5
11 清零
First_Scan~:SM0.1
停止:I0.7
故障:I1.2
MOV_W
EN ENO
0 IN OUT VW0

图 13-26(续)

技术交流

S7-200 SMART数据的存取

The S7-200 SMART stores information in different memory locations that have unique addresses. To access a bit in a memory area, you specify the address, which includes the memory area identifier, the byte address, and the bit number.

You can access data in most memory areas(V, I, Q, M, S, L, and SM) as bytes, words, or double words by using the byte-address format. To access a byte, word, or double word of data in the memory, you must specify the address in a way similar to specifying the address for a bit. This includes an area identifier, data size designation, and the starting byte address of the byte, word, or double-word value.

Data in other memory areas(such as T, C, HC, and the accumulators) are accessed by using an address format that includes an area identifier and a device number.

● Analog Inputs: AI

The S7-200 SMART converts an analog value(such as temperature or voltage) into a word-length(16-bit) digital value. You access these values by the area identifier(AI), size of the data(W), and the starting byte address. Since analog inputs are words and always start on even-number bytes(such as 0, 2, or 4), you access them with even-number byte addresses(such as AIW0, AIW2, or AIW4). Analog input values are read-only values.

● Analog Outputs: AQ

The S7-200 SMART converts a word-length(16-bit) digital value into a current or voltage, proportional to the digital value(such as for a current or voltage). You write these values by the area identifier(AQ), size of the data(W), and the starting byte address. Since analog outputs are words and always start on even-number bytes(such as 0, 2, or 4), you write them with even-number byte addresses(such as AQW0, AQW2, or AQW4). Analog output values are write-only values.

● Sequence Control Relay(SCR) Memory Area: S

SCRs or S bits are used to organize machine operations or steps into equivalent program segments. SCRs allow logical segmentation of the control program. You can access the S bits as bits, bytes, words, or double words.

巩固练习

1. 模拟量输入模块、输出模块的作用是什么?
2. 模拟量输入信号在 PLC 内部处理时应考虑哪些问题?
3. S7-200 SMART 系列 PLC 在工程实际中对模拟量的处理方式是什么?
4. 简述 PID 参数自整定的方法。

参考文献

[1] 本书编写组. 工厂常用电气设备手册[M]. 北京:中国电力出版社,1990.

[2] 李道霖. 电气控制与 PLC 原理及应用[M]. 3 版. 北京:电子工业出版社,2015.

[3] 李树元,孟玉茹. 电气设备控制与检修[M]. 2 版. 北京:中国电力出版社,2016.

[4] 廖常初. PLC 编程及应用[M]. 3 版. 北京:机械工业出版社,2008.

[5] 刘增良,刘国亭. 电气工程 CAD[M]. 2 版. 北京:中国水利水电出版社,2005.

[6] 马誌溪. 电气工程设计[M]. 2 版. 北京:机械工业出版社,2012.

[7] 齐占庆,王振臣. 电气控制技术[M]. 北京:机械工业出版社,2006.

[8] 史国生. 电气控制与可编程控制器技术[M]. 北京:化学工业出版社,2004.

[9] 汤煊琳. 工厂电气控制技术[M]. 2 版. 北京:北京理工大学出版社,2013.

[10] 王本轶. 机电设备控制基础[M]. 2 版. 北京:机械工业出版社,2015.

[11] 王兆义,杨新志. 小型可编程控制器实用技术[M]. 2 版. 北京:机械工业出版社,2007.

[12] 吴晓君,杨向明. 电气控制与可编程控制器应用[M]. 北京:中国建材工业出版社,2004.

[13] 西门子(中国)有限公司自动化驱动集团. 深入浅出西门子 S7-200 PLC[M]. 3 版. 北京:北京航空航天大学出版社,2007.

[14] 杨林建. 机床电气控制技术[M]. 北京:北京理工大学出版社,2008.

[15] 郁汉琪. 电气控制与可编程序控制器应用技术[M]. 南京:东南大学出版社,2004.

[16] 张凤珊. 电气控制及可编程序控制器[M]. 2 版. 北京:中国轻工业出版社,2010.

[17] 张万忠. 可编程控制器应用技术[M]. 2 版. 北京:化学工业出版社,2005.

附　录

附录一　项目学习效果评价细则

序号	评价项目	评价内容及标准
1	职业素质(20%)	1. 遵守实训室管理制度和作息制度； 2. 爱护实验工具和设备，节约使用材料，规范、文明操作； 3. 执行电工安装规范、操作规程； 4. 有较强的求知欲，勇于实践； 5. 积极研究问题，细致阅读资料、技术手册； 6. 实事求是、善于创新； 7. 吃苦耐劳、认真严谨、精益求精； 8. 面对困难坚持不懈，想方设法解决问题； 9. 团队分工合理，工作过程中相互协商、讨论
2	专业知识(20%)	1. 熟悉项目涉及的各器件构造、电路原理； 2. 掌握项目实现的步骤和方法； 3. 熟悉电路图识图绘图、PLC 程序的指令及编制； 4. 掌握电动机运行控制实现原理及方法； 5. 掌握电气控制主电路、控制电路、辅助电路的分析； 6. 熟悉典型电气控制系统的设计方法； 7. 掌握电气故障的分析和排查的思路及方法； 8. 熟悉控制系统的调试平台
3	岗位技能(20%)	1. 熟练掌握常用电工工具的使用； 2. 熟悉元件，安装正确规范，布线符合工艺标准； 3. 熟练使用电工仪器、仪表； 4. 熟练掌握典型电气控制电路的安装、调试和检测方法； 5. 掌握元器件的选用，理解设备参数的含义； 6. 能够准确、快速地完成典型电路的实际接线； 7. 熟练调整电气控制系统中各部件之间的协作关系； 8. 掌握典型电控系统的故障排查及维修
4	实操安全(10%)	1. 熟悉安全用电常识，具备主动防范意识； 2. 安装接线细致规范，不盲目通电调试； 3. 通电前准备充分，调试过程规范，测试完毕现场规整
5	答辩及作业(10%)	按照现场抽查、问询、评定作业等方式进行评估
6	项目完成结果(20%)	按照项目具体要求，任务完成的程度、质量和效果评定

备注：按照优、良、中、差四级分制评定。

附录二　常用电气图形符号

序号	符号	名称与说明
1	—	直流 注：电压可标注在符号右边，系统类型可标注在左边
2	—— - - - -	直流 注：若上述符号可能引起混乱，也可采用本符号
3	～	交流 频率或频率范围以及电压的数值应标注在符号的右边，系统类型应标注在符号的左边
	～ 50 Hz	示例 1：交流 50 Hz
	～ 100～600 Hz	示例 2：交流 频率范围 100～600 Hz
	380/220 V 3 N ～ 50 Hz	示例 3：交流，三相带中性线，50 Hz，380 V（中性线与相线之间为 220 V）；3N 可用 3＋N 代替
	3 N～ 50 Hz/TN-S	示例 4：交流，三相，50 Hz，具有一个直接接地点，且中性线与保护导线全部分开的系统
4	～	低频（工频或亚音频）
5		中频（音频）
6		高频（超音频，载频或射频）
7		交直流
8		具有交流分量的整流电流 注：当需要与稳定直流相区别时使用
9	N	中性（中性线）
10	M	中间线
11	＋	正极
12	－	负极
13		热效应
14	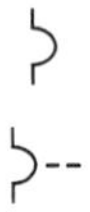	电磁效应 过电流保护的电磁操作
15		电磁执行器操作
16		热执行器操作（如热继电器、热过电流保护）
17	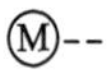	电动机操作
18		正脉冲

续表

序号	符号	名称与说明
19		负脉冲
20		交流脉冲
21		正阶跃函数
22		负阶跃函数
23		锯齿波
24		接地一般符号
25		无噪声接地(抗干扰接地)
26		保护接地
27		接机壳或接底板
28		等电位
29		理想电流源
30		理想电压源
31	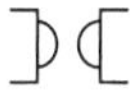	理想回转器
32		故障(用以表示假定故障位置)
33		闪绕、击穿
34		永久磁铁
35		动触点 注:如滑动触点
36		测试点指示 示例点,导线上的测试
37		交换器一般符号/转换器一般符号 注:若变换方向不明显,可用箭头表示在符号轮廓上
38		电机一般符号,符号内的星号必须用下述字母代替: C—同步交流机;G—发电机;G_8—同步发电机;M—电动机;SM—伺服电机;TG—测速发电机;TM—力矩电动机;IS—感应同步器;MG—拟作为发电机或电动机使用的电机;MS—同步电动机(注:可以加上符号—或∽)
39		三相笼式异步电动机

续表

序号	符号	名称与说明
40		三相线绕转子异步电动机
41		并励三相同步变速机
42		直流力矩电动机 步进电机一般符号
43	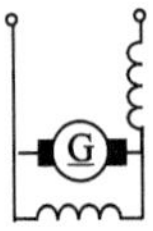	短分路复励直流发电机示出接线端子和电刷
44	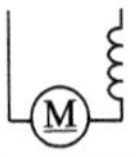	串励直流电动机
45		并励直流电动机
46	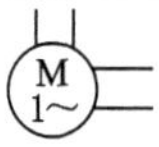	单相笼式有分相扇子的异步电动机
47	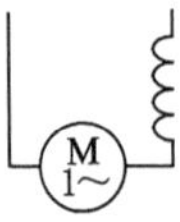	单相交流串励电动机
48		单向同步电动机
49		单向磁滞同步电动机 自整角机一般符号，符号内的星号必须用下列字母代替： CX—控制式自整角发送机；CT—控制式自整角变压器；TX—力矩式自整角发送机；TR—力矩式自整角接收机
50	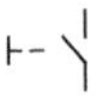	手动开关一般符号
51		按钮开关(不闭锁)
52	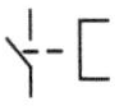	拉拔开关(不闭锁)
53	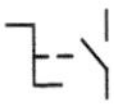	旋钮开关、旋转开关(闭锁)

续表

序号	符号	名称与说明
54		位置开关(动合触点) 限制开关(动合触点)
55		位置开关(动断触点) 限制开关(动断触点)
56		热敏自动开关(动断触点)
57		热继电器(动断触点)
58		接触器触点(在非动作位置断开)
59		接触器触点(在非动作位置闭合)
60	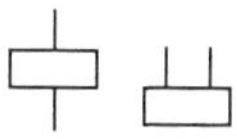	操作器件一般符号 注:具有几个绕组的操作器件,可由适当数值的斜线或重复本符号来表示
61	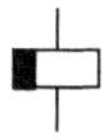	缓慢释放(缓放)继电器的线圈
62	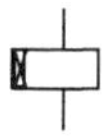	缓慢吸合(缓吸)继电器的线圈
63	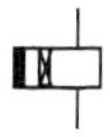	缓吸和缓放继电器的线圈
64	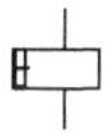	快速继电器(快吸和快放)的线圈
65		对交流不敏感继电器的线圈
66	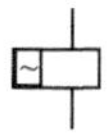	交流继电器的线圈
67	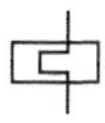	热继电器的驱动器件
68	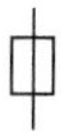	熔断器一般符号
69		熔断器式开关
70		熔断器式隔离开关

续表

序号	符号	名称与说明
71	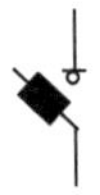	熔断器式负荷开关
72		火花间隙
73		双火花间隙
74	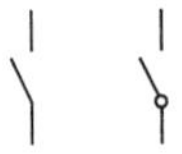	动合(常开)触点 注:本符号也可以用作开关一般符号
75		动断(常闭)触点
76		先断后合的转换触点
77		中间断开的双向触点
78		先合后断的转换触点(桥接)
79	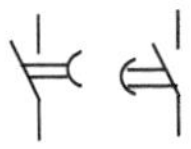	当操作器件被吸合时延时闭合的动合触点
80		有弹性返回的动合触点
81		无弹性返回的动合触点
82		有弹性返回的动断触点
83	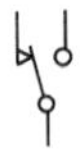	左边弹性返回、右边无弹性返回的中间断开的双向触点
84		指示仪表的一般符号,星号须用有关符号替代,如 A 代表电流表等

续表

序号	符号	名称与说明
85		记录仪表一般符号，星号须用有关符号替代，如 W 代表功率表等
86		电压表
87		电流表
88		无功电流表
89		无功功率表
90		功率因数表
91		相位表
92		频率表
93		检流计
94		示波器
95		转速表
96		记录式功率表
97	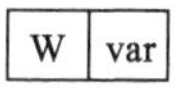	组合式记录功率表和无功功率表
98		记录式示波器
99		电度表（瓦特小时计）
100		无功电度表
101		灯一般符号（信号灯一般符号） 注：① 如果要求指示颜色，则在靠近符号处标出下列字母：RD（红）、YE（黄）、GN（绿）、BU（蓝）、WH（白）； ② 如要指出灯的类型，则在靠近符号处标出下列字母：Ne（氖）、Xe（氙）、Na（钠）、Hg（汞）、I（碘）、IN（白炽）、EL（电发光）、ARC（弧光）、FL（荧光）、IR（红外线）、UV（紫外线）、LED（发光二极管）
102	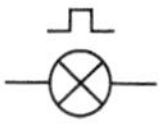	闪光型信号灯
103		电警笛（报警器）

续表

序号	符号	名称与说明
104	优选型  其他型 	蜂鸣器
105		电动器箱
106	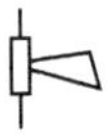	电喇叭
107	优选型  其他型 	电铃
108		可调压的单向自耦变压器
109		绕组间有屏蔽的双绕组单向变压器
110	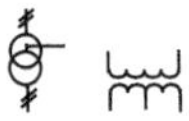	在一个绕组上有中心点抽头的变压器
111		耦合可变的变压器
112	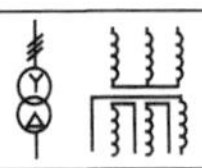	三相变压器 星形-三角形连接
113	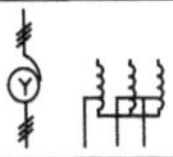	三相自耦变压器 星形连接
114	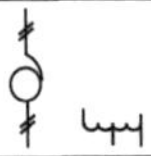	单向自耦变压器
115	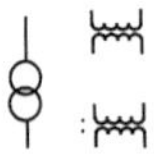	双绕组变压器 示例:示出瞬时电压极性标记的双绕组变压器流入绕组标记端的瞬时电流产生辅助磁通
116		三绕组变压器
117	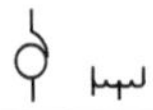	自耦变压器
118		电抗器(扼流圈)
119	优选型  其他型 	电阻器一般符号
120		可变电阻器(可调电阻器)
121	U 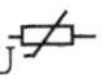	压敏电阻器、变阻器 注:U 可以用 V 代替

附录三　常用低压电器技术数据

1. 常用低压电器的作用

编号	类别	作用
1	断路器	主要用于电路的过载、短路、欠压和失压保护，也可用于不需要频繁接通和断开的电路
2	熔断器	主要用于电路短路保护，也用于电路的过载保护
3	接触器	主要用于远距离频繁控制负载，切断带负荷电路
4	继电器	主要用于控制电路中，将被控量转换成控制电路所需电量或开关信号
5	刀开关	主要用于不频繁地接通和分断电路
6	主令电器	主要用于发布控制命令，改变控制系统的工作状态
7	转换开关	主要用于电源切换，也可用于负荷通断或电路切换
8	启动器	主要用于电动机的启动
9	电磁铁	主要用于起重、牵引、制动等场合
10	控制器	主要用于控制回路的切换

2. 常用热继电器

型号	额定电流/A	发热元件规格			连接导线规格
		编号	额定电流/A	刻度电流调整范围/A	
JB16-20/3 JB16-20/3D	20	1	0.35	0.25～0.3～0.35	4 mm² 单股塑料铜线
		2	0.5	0.32～0.4～0.5	
		3	0.72	0.45～0.6～0.72	
		4	1.1	0.68～0.9～1.1	
		5	1.6	1.0～1.3～1.6	
		6	2.4	1.5～2.0～2.4	
		7	3.5	2.2～2.8～3.5	
		8	5.0	3.2～4.0～5.0	
		9	7.2	4.5～6.0～7.2	
		10	11.0	6.8～9.0～11.0	
		11	16.0	10.0～13.0～16.0	
		12	22.0	14.0～18.0～22.0	
JD16-60/3 JD16-60/3D	60	13	22.0	14.0～18.0～22.0	16 mm² 多股铜芯橡皮软线
		14	32.0	22.0～26.0～32.0	
		15	45.0	28.0～36.0～45.0	
		16	63.0	40.0～50.0～63.0	

续表

型号	额定电流/A	发热元件规格			连接导线规格
		编号	额定电流/A	刻度电流调整范围/A	
JD16-150/3 JD16-150/3D	150	17	63.0	40.0～50.0～63.0	35 mm^2 多股铜芯橡皮软线
		18	85.0	53.0～70.0～85.0	
		19	120.0	75.0～100.0～120.0	
		20	160.0	100.0～130.0～160.0	

3. 常用熔体的安-秒特性

熔体通过电流/A	$1.25I_N$	$1.6I_N$	$1.8I_N$	$2.0I_N$	$2.5I_N$	$3I_N$	$4I_N$	$8I_N$
熔断时间/s	∞	3 600	1 200	40	8	4.5	2.5	1

4. HK2 系列刀开关的技术数据

型号规格	额定电压/V	额定电流/A	极数	型号规格	额定电压/V	额定电流/A	极数
HK2-100/3	380	100	3	HK2-60/2	220	60	2
HK2-60/3	380	60	3	HK2-30/2	220	30	2
HK2-30/3	380	30	3	HK2-15/2	220	15	2
HK2-15/3	380	15	3	HK2-10/2	220	10	2

5. 1B 系列熔断器技术数据

额定电压/V	熔断器额定电流/A	熔断体额定电流/A	额定分析电流/kA	cos φ
380	15	2、4、5、6、10、15	25	
	60	20、25、30、35、40、50、60		0.35
	100	60、80、100	50	0.25

6. LA25 系列控制按钮技术数据

额定绝缘电压/V	AC 380				DC 220	
额定工作电压/V	220	380	220	380	110	220
约定发热电流/A	5		10		5、10	
额定工作电流/A	1.4	0.8	4.5	2.6	0.6	0.3
通断能力	8.7(418 V, cos φ=0.7)50 次		46 A(418 V, cos φ=0.7)50 次		0.8 A(242 V, $T_{0.95}$=300 ms) 20 次	
按钮形式	平钮	蘑菇钮	带灯钮	旋钮	钥匙钮	
操作频率/(次/h)	120				12	
电寿命/万次	AC:50,DC:25				AC:10;DC:10	
机械寿命/万次	100				10	
工作制	断续周期工作制(TD40)					
额定极限短路电流	$1.1U_N$, cos φ=0.5～0.7, 1 000 A, 3 次					
触头对数	1～6(根据需要可以加接)					

7. JS7-A 型时间继电器技术数据

型号	线圈额定电压/V	触点参数								延时范围/s	延时重复误差	最大操作频率次/h
		数量						0 V、cos φ=0.3～0.4 时的通断电流				
		通电延时		断电延时		瞬动						
		常开	常闭	常开	常闭	常开	常闭	接通	分断			
JS7-1A	交流 24、36、110、127、220、380、420	1	1					3	0.3	分 0.4～60 及 0.4～180 两级	≤15%	TD40 时为 600
JS7-2A		1	1			1	1					
JS7-3A				1	1							
JS7-4A				1	1	1	1					

8. DZ5、DZ10、DZ23 系列断路器技术数据

型号	额定电压/V	主触头额定电流/A	极数	脱扣器形式	热脱扣器额定电流/A	电磁脱扣器瞬时动作整定值/A	最大分断电流/A
DZ10-10 DZ10-10F	交流 380 直流 220	10	2	复式电磁式		为电磁脱扣器额定电流的 8～12 倍，一般出厂时整定为 10 倍	1 000
DZ5-20		20	2 或 3	复式电磁式无脱扣	0.15～20		1 200
DZ5-25	交流 220	25	1	液体阻尼式电磁脱扣	0.5～25		2 000
DZ5B-50		50	1		2.5～50		2 500
DZ5-50	交流 380	50	3		10～50		25 800
DZ10-100	交流 220～380	100	3	复式、电磁式、热脱扣式、无脱扣式	15～100		12 000
DZ10-250		250	3		100～250		30 000
DZ10-600		600	3		200～600		50 000
DZ10-100R		100	3		60～100		100 000
DZ10-200R		200	3		120～200		100 000
DZ23-40B	单极：220/380D 多级：380	6，10，16，25，32	1 2 3 4				6 000
DZ23-40C		0.5，1，2，3，4，6，10，16，25，32，40					
DZ23B-63		6，10，16，20，25，32，40，50，63					10 000

9. LX19和JLXK1系列行程开关的技术数据

型号	额定电压与额定电流	结构特点	触点对数		工作行程	超行程	触点转换时间/s
			常开	常闭			
LX19	380 V 5 A	元件	1	1	3 mm	1 mm	≤0.04
LX19-111		单轮,滚轮装在传动杆内侧,能自动复位	1	1	≤30°	≤20°	
LX19-121		单轮,滚轮装在传动杆外侧,能自动复位	1	1	≤30°	≤20°	
LX19-131		单轮,滚轮装在传动杆凹槽内,能自动复位	1	1	≤30°	≤15°	
LX19-212		双轮,滚轮装在U形传动杆内侧,不能自动复位	1	1	≤30°	≤15°	
LX19-222	380 V 5 A	双轮,滚轮装在U形传动杆外侧,不能自动复位	1	1	≤30°	≤15°	≤0.04
LX19-232		双轮,滚轮装在U形传动杆外侧,不能自动复位	1	1	≤30°	≤15°	
LX19-001		无滚轮,仅径向传动杆能自动复位	1	1	<4 mm	3 mm	
JLXK-111	500 V 5 A	单轮防护式	1	1	12°～15°	≤30°	≤0.04
JLXK-211		双轮防护式	1	1	≤45°	≤45°	
JLXK-311		直动防护式	1	1	1～3 mm	2～4 mm	
JLXK-411		直动滚轮防护式	1	1	1～3 mm	2～4 mm	

10. CJ20系列交流接触器主要技术参数

型号	频率/Hz	辅助触头额定电流/A	吸引线圈电压/V	主触头额定电流/A	额定电压/V	可控制电动机最大功率/kW
CJ20-10	50	5	≤36、127 220、380	10	380/220/500	4/2.2
CJ20-16				16		7.5/4.5
CJ20-25				25		11/5.5
CJ20-40				40		22/11
CJ20-63				63		30/18
CJ20-100				100		50/28
CJ20-160				160		85/48
CJ20-250				250		132/80
CJ20-400				400		220/115

11. KT14 系列凸轮控制器的技术数据

型号	额定电流/A	位置数		TD25 时的电动机参数		额定操作频率/(次/h)	最大工作周期/min
		左	右	转子最大电流/A	最大功率/kW		
KT14-25J/1	25	5	5	32	11	600	10
KT14-25J/2		5	5	2×32	2×5.5		
KT14-25J/3		1	1				
KT14-60J/1	60	5	5	80	30	600	10
KT14-60J/2		5	5	2×32	2×11		
KT14-60J/4		5	5	2×80	2×30		

12. HZ10 系列组合开关技术数据

型号	额定电压/V	额定电流/A	极数	极限操作电流(三极产品)/A		可控制电动机的最大功率和额定电流		额定电压和额定电流下的电寿命次数			
								交流		直流之间常数/s	
				接通	分断	功率/kW	电流/A	≥0.8	≥0.3	≤0.002 5	≤0.01
HZ10-10	直流 220 交流 380	6	1	94	62	3	7	20 000	10 000	20 000	10 000
HZ10-25		10	2.3	155	108	5.5	12				
HZ10-60		25									

附录四　教材配套资源二维码索引

电机运转 动画展示	三相异步电动机 微课讲解	低压配电电器 微课讲解	交流接触器 工作原理动画	双金属片式热继电器 工作原理动画
电气控制线路图 绘图识图微课讲解	自锁控制电路 工作原理动画	低压断路器工作 原理动画	低压控制电器 微课讲解	接触器联锁正反转 控制电路动画
工作台自动往返 控制电路动画	电动机 Y-△形 降压启动线路 工作原理动画	单向反接制动 控制电路动画	电动机的运行 控制微课讲解	低压电器施工及 验收规范、电气 设备交接试验标准
机床电气控制电路的 分析与调试微课讲解	S7-200 SMART 系统手册	S7-200 SMART 编程软件	S7-200 SMART 仿真软件	电动机自锁控制系统 编程与实现微课讲解
S7-200 SMART 产品样本	电动机 Y-△形降压 启动控制的编程 与调试微课讲解	计数控制程序编程 与调试微课讲解	程序控制指令 示例微课讲解	运料小车控制系统 编程与调试微课讲解
彩灯控制编程与 调试微课讲解	液位控制的编程与 调试微课讲解	电气简图用图形 符号国家标准		

附录五　学习参考网络资源地址

序号	网站内容	网址
1	本教材超星学习通在线课程网址	http://moocl.chaoxing.com/course/99082432.html
2	生产用电安全知识	https://www.ixigua.com/6836165674688053774/?fromvsogou=1&utm_source=sogou_duanshipin&utm_medium=sogou_referral&utm_campaign=cooperation
3	大型电动机是怎么制造出来的?	https://www.iqiyi.com/v_19rrloncis.html#curid=1147645000_c9295629a4d29e0acc7f853cdaaf8ae2
4	三相异步电动机工作原理	https://www.bilibili.com/video/av84393405/?spm_id_from=333.788.videocard.5
5	三相电机星形-三角形接法原理	https://www.bilibili.com/video/BV1Nt411J79n/?spm_id_from=333.788.videocard.5
6	电气控制系统装接与调试	https://www.bilibili.com/video/BV14Q4y1P7DG?from=search&seid=2771313975914648685
7	普通车床操作入门	https://www.bilibili.com/video/BV1DW411T7bS?p=5
8	西门子变频器实操	https://www.bilibili.com/video/BV1D7411H7Zq/?spm_id_from=333.788.videocard.11
9	西门子S7-200Smart从入门到专业综合应用精品课(陈寒清主讲)	https://www.bilibili.com/video/BV1A7411d7hU?p=1
10	三相异步电动机正反转控制电路安装与调试	https://www.bilibili.com/video/av75489036?from=search&seid=3576875253128242571
11	人民电器集团网站	https://www.chinapeople.com
12	德力西电气网站	http://www.delixi-electric.com/cpzx/index.htm
13	正泰电气网站	http://www.chint.net/zh
14	西门子工业自动化网站	https://new.siemens.com/cn/zh.html
15	电工学习网	https://www.diangon.com
16	PLC之家	http://www.plc100.com
17	工控之家网	http://www.gkzj.net
18	《大国工匠》系列纪录片	http://tv.cctv.com/2016/09/30/VIDAtVQu8llYDhLV4Cii285o160930.shtml